第七届世界草莓大会系列译文集–13

现代草莓生产技术

XIANDAI CAOMEI SHENGCHAN JISHU

[美] 诺尔曼·奇尔德斯（Norman F. Childers） 编著
张运涛 雷家军 钟传飞 主译
[美] 毕建龙 校

中国农业出版社

图书在版编目（CIP）数据

现代草莓生产技术 /（美）诺尔曼·奇尔德斯（Norman F. Childers）编著；张运涛，雷家军，钟传飞主译. —北京：中国农业出版社，2017.1(2017.4重印)
ISBN 978-7-109-22631-9

Ⅰ. ①现… Ⅱ. ①诺… ②张… ③雷… ④钟… Ⅲ. ①草莓-果树园艺 Ⅳ. ①S668.4

中国版本图书馆CIP数据核字（2016）第319748号

The Strawberry: A Book for Growers, Others
Norman F. Childers
ISBN: 0-938378-11

中国农业出版社出版
（北京市朝阳区麦子店街18号楼）
（邮政编码 100125）
责任编辑 张 利 王黎黎

北京通州皇家印刷厂印刷 新华书店北京发行所发行
2017年1月第1版 2017年4月北京第2次印刷

开本：889mm × 1194mm 1/16 印张：18.75
字数：530 千字
定价：180 元
（凡本版图书出现印刷、装订错误，请向出版社发行部调换）

祝　贺

第十二届中国草莓文化旅游节（辽宁·东港）于2016年12月26～28日在辽宁东港成功召开！

预　祝

第八次全国草莓大会暨第十三届中国草莓文化节（安徽·长丰）于2017年2月16～19日在安徽长丰成功召开！

鸣　谢

感谢辽宁省东港市人民政府、安徽省长丰县人民政府对本书出版的资助！

中国园艺学会草莓分会

2017年1月2日

《第七届世界草莓大会系列译文集》

编 委 会

译者序

TRANSLATORS' WORDS

草莓是多年生草本果树，是世界公认的“果中皇后”，因其色泽艳、营养高、风味浓、结果早、效益好而备受栽培者和消费者的青睐。我国各省、自治区、直辖市均有草莓种植，据不完全统计，2014年我国草莓种植面积已突破140 000hm^2，总产量已突破350万t，总产值已超过了350亿元，成为世界草莓生产和消费的第一大国。草莓产业已成为许多地区的支柱产业，在全国各地雨后春笋般地出现了许多草莓专业村、草莓乡（镇）、草莓县（市）。近几年来，北京的草莓产业发展迅猛，漫长冬季中，草莓的观光采摘已成为北京市民的一种时尚、一种文化，草莓业已成为北京现代都市型农业的“亮点”。随着我国经济的快速发展、人民生活水平的极大提高，毫无疑问，市场对草莓的需求将会进一步增大。2010年，“草莓产业技术研究与试验示范”被农业部列入草莓公益项目，对全面提升我国草莓产业的技术水平产生了巨大的推动作用。2011年，北京市科学技术委员会正式批准在北京市农林科学院成立“北京市草莓工程技术研究中心”，旨在以“中心”为平台，汇集国内外草莓专家，针对北京乃至全国草莓产业中的问题进行联合攻关，学习和践行“爱国、创新、包容、厚德”的“北京精神”，用“包容”的环境保障科技工作者更加自由地钻研探索；用“厚德”的精神构建和谐发展的科学氛围和良性竞争环境。

我们必须清醒地认识到，我国虽然是草莓大国，但还不是草莓强国。我国在草莓品种选育、无病毒苗木培育、病虫害综合治理及采后深加工等方面同美国、日本、法国、意大利等发达国家相比仍有很大的差距，这就要求我们全面落实科学发展观，虚心学习国内外的先进技术和经验，针对我国草莓产业中存在的问题，齐心协力、联合攻关，以实现中国草莓产业的全面升级。实现生产品种国产化、苗木生产无毒化、果品生产安全化、产品销售品牌化，这是两代中国草莓专业工作者的共同梦想，在社会各界的共同努力下，这个梦想在不久的将来一定会实现。

第七届世界草莓大会（中国·北京）已于2012年2月18～22日在北京圆满结束，受到世界各国友人的高度评价。为了学习国外先进的草莓技术和经验，加快草莓科学技术在我国的普及，在大会召开前夕已出版3种译文集的基础上，中国园艺学会草莓分会和北京市农林科学院组织有关专家将继续翻译出版一系列有关草莓育种、栽培技术、病虫害综合治理、采后加工和生物技术方面的专著。我们要博采众长，为我所用，使中国的草莓产业可持续健康发展。

《现代草莓生产技术》(*The Strawberry Modern Production Techniques*)是由已故佛罗里达大学——诺尔曼·奇尔德斯教授组织48位专家和草莓生产者编写而成，书中共分八个部分，第一部分介绍了美国草莓发展历史和草莓的基础知识；第二部分论述了草莓高垄地膜覆盖栽培的关键技术；第三部分介绍了草莓病、虫、草防控技术；第四部分和第五部分分别介绍了露地多年栽培和保护地草莓栽培技术；第六部分和第七部分分别论述了草莓采收和加工技术；自采果园的销售策略；第八部分介绍了墨西哥，南非、西班牙和地中海流域各国草莓的生产概况。总之这是一本世界草莓领域非常有价值的书籍，推荐给中国草莓界的同仁！

在本书出版之际，我们非常感谢本书版权所有者诺尔曼·奇尔德斯的儿子Mark A. Childers，他非常慷慨，免收了本书的版权费，在此，我代表中国草莓界的全体同仁向他表示崇高的敬意！

在此我们也要非常感谢佛罗里达大学Whitaker Vance博士，Xin Zhao(赵鑫)博士、美国拉森峡谷苗圃公司中国区经理G.科提斯先生为本书的顺利出版提供的帮助！

中国园艺学会草莓分会理事长　张运涛博士

2016年12月12日

致 敬

HONORING

草莓业的杰出领导者

马温·普利茨博士

康奈尔大学（纽约州伊萨卡）

马温·普利茨（Marvin Pritts）是草莓低垄毯式及类似栽培方式的权威专家，在美国和世界上许多地区都知名。他是康奈尔大学果树和蔬菜科学系的主任和教授，为秋季学期大学本科生讲授《浆果管理技术》课程，为培养研究生进行完整的研究项目设计，评价浆果品种特性，发展和试验改良的田间设备和管理技术。他发表了许多科技论文，涵盖浆果栽培技术、统计学及可持续农业等内容。他已编辑出版了4本小果类果树生产指南，这些书已广泛传播并为生产者和专业人士所遵循，他经常应邀开展短途考察和冬季短期培训，到学校和专业会议去作报告，他还参与7个专业和生产者组织，并发挥着领导作用，获得了美国园艺学会、美国果树学会和几个园艺推广组织的“蓝带奖”（最高荣誉Blue Ribbon Awards）。

普利茨博士于20世纪50年代早期出生在宾夕法尼亚柯尼斯维尔的一个煤矿小镇，这里距匹兹堡市约80千米，家里的庭院很大，种有草莓，他帮助管理。他童年时热衷于在树林里采集树叶，捕获蜜蜂、爬行动物及其他各种生物。他于1978年在宾夕法尼亚的巴克内尔大学获得了生物专业学士学位，然后到南卡罗来纳大学攻读生物学硕士学位，1984年在密歇根州立大学获得园艺学博士学位，专业方向是小果类果树、植物生理和病虫害治理，他的研究生教育得到了大学教学和研究助学基金的资助。他在纽约州伊萨卡自己家的后面购置了几英亩地并建立了草莓自采园，其夫人是该园的管理者，有时会让他帮忙，草莓自采园使他们和社区建立了广泛的联系，认识了数百人。

巴克林·鲍灵博士

北卡罗来纳州立大学

巴克林·鲍灵（E. Barclay Poling）是美国中南部地区草莓地膜覆盖栽培的开拓者，这项技术在洛矶山东部地区快速普及，在一些北方地区也可以采用。20世纪80年代末期他把穴盘苗技术引到了北美洲，在北卡罗来纳州、加利福尼亚州和世界上许多地区穴盘苗栽植已成为“最热门”技术。鲍灵是位于罗利的北卡罗来纳州立大学园艺学教授，自1980年从康奈尔大学毕业后一直从事草莓和葡萄的研究，其主要研究方向是草莓苗圃和地膜栽培溴甲烷替代品选择、垄面浮动覆盖管理技术及对温室生产草莓品种的评价。鲍灵博士给本科生讲授《小果类生产和销售》课程，负责给许多学校短期讲授小果类课程，有自己的网页，是北卡罗来纳州草莓生产者协会和圆叶葡萄生产者协会的主要顾问。他发表了许多有关小果类的科技和科普文章，因此很有名气。与人合著了两本书——《庭院小果类果树》和《大西洋中部酿酒葡萄生产指南》。鲍灵获得了许多有影响的奖励，最近成为“代理大学”国家委员会成员（the National Committee for “Agent University”），这是一个培训和发展农业推广技术的机构。

巴克林·鲍灵于1953年9月8日出生在新泽西州克兰伯瑞附近的一个马铃薯农场，是本书第七部分的作者之一卡罗·巴克林的亲戚，在费城批发市场度过了多个夏季，在弗吉尼亚威廉姆和玛丽学院获得了学士学位，1975年和1980年在康奈尔大学分别获得果树学硕士和博士学位，他是康奈尔大学以草莓为专业毕业的第一个研究生；其他学生则选择了苹果和桃子作为专业。他和林迪结婚，一女儿在上高中，林迪在“社区课堂”做历史辅导，他们是位于罗利“哈德逊纪念基督教长老会使命”的积极参与者。

顶级草莓育种家权威（已退休）

罗伊斯・伯令格哈斯特博士

罗伊斯・伯令格哈斯特（Royce C. Bringhurst）博士是加利福尼亚大学戴维斯分校的植物遗传学教授，基于其推出品种的果实总产量，他是世界顶级的草莓育种家，现已退休，他和维克多・吾尔斯（Victor Voth）培育的许多优良品种及推出的先进栽培技术，使加州乃至整个世界草莓产业得到了重大发展。伯令格哈斯特博士在我们1981年出版的第二本草莓专著中获得荣誉称号，本书再次采用相同的照片。他出生在犹他州穆雷，于1947年在犹他州立大学获得学士学位，然后在威斯康星大学分别获得遗传学硕士和博士学位，1950—1953年在加利福尼亚大学洛杉矶分校工作，后来作为果树学草莓育种教授一直在加利福尼亚大学戴维斯分校工作。（照片由Bill Uyeki，The Packer拍摄）

前 言 一
FOREWORD

早在1963年，在罗格斯大学（Rutgers University）举办了“全国草莓大会”（National Strawberry Conference），有350多位充满热情的生产者、研究者和推广人员参加，分发了5 000多份研究进展材料。1980年在密苏里州圣路易斯举办了另外一次“全国草莓大会”，有超过400多位生产者和权威参会，讨论了“80年代草莓产业面临的挑战”议题，分发了数千份资料。

自1970年以来，随着美国州立农业大学和试验站的退出，由草莓生产者逐渐取代了大学对“北美草莓生产者协会”的引领地位，目前由宾夕法尼亚的帕特·霍瑟（Pat Heuser）任执行主席，该协会卓有成效地组织了每年一次的世界性年会，组织生产者和商界人士参观考察，该协会进行的所有工作都与草莓产业发展有关。同时，自20世纪70年代以来，位于旧金山的“加州草莓委员会”，鼓励着该州草莓生产者在新品种和先进技术应用方面引领世界潮流，并把精品草莓推向了世界市场。

20世纪70年代，加利福尼亚大学的维克多·吾尔斯和罗伊斯·伯令格哈斯特开始完善高垄覆膜和滴灌技术并培育优良的栽培品种，在北卡罗来纳州立大学巴克林·鲍灵博士、佛罗里达州多佛草莓生产者马温·布朗（Marwin Brown）和伊利诺伊州草莓生产者巴尔尼·科维斯（Bernnie Colvis）的帮助下，把加州技术和穴盘苗技术推广到了北美东部和其他国家。令人惊喜的是，采用温室和塑料大棚可以生产出高品质的反季节草莓，该产业正在大城市附近兴起。本书将详细介绍从加州到新斯科舍省以及其他主产国的草莓发展情况，将提供对目前草莓业的评价以及草莓研究和未来发展趋势，这也是出版本书的初衷。

我的秘书塔米·科格勒（Tammy Kegler）（佛罗里达大学）

这是我出版的第3本，也可能是最后一本草莓图书（我现已93岁高龄），本书采用了全彩图，涵盖了现代草莓业的所有内容，我将尽可能把书价定得低些，以便读者购买，还因为这可能是我个人对园艺界的最后贡献。我想说的是，由于工作原因结识了上千位

诺尔曼·奇尔德斯（佛罗里达大学园艺科学系）

园艺界的学生、种植者、教师和科学家，与他们相处，我感到非常愉快。我在农业行业工作了75年（我的父亲曾在密苏里州费耶特县工作过）。

编辑本书得到了许多人的帮助，在此，向他们深表谢意！其中有些人给予了特殊的帮助，可能做出了更多的贡献！马温·普利茨是康奈尔大学的一位年轻草莓专家，他对本书做出了很大贡献，感谢您！马温！马温·布朗是佛罗里达州多佛地区的主要草莓生产者，巴尔尼·科维斯是伊利诺伊州切斯特的主要草莓生产者，他们俩人也给了我很多帮助！非常感谢！也感谢弗吉尼亚理工大学的查尔斯·奥戴尔（Charles O'Dell），感谢侯塞·洛佩兹·麦迪那（Jose Lopez Medina）博士（他毕业于阿肯色大学，目前是墨西哥米阔肯阿鲁番农业生物大学的教授），他在从西班牙和墨西哥收集西班牙语文献方面，给予了很大帮助。坦白地讲，我的领导、佛罗里达大学园艺系主任丹·坎特来弗（Dan Cantliffe）博士给予了全方位的支持，鼓励我编好这本书。本书秘书塔米·科格勒（Tammy Kegler），给予了大量编辑方面的帮助。位于佛罗里达德伦斯普灵斯的印刷商杰夫·约翰斯顿（Jeff Johnston）及其贤惠夫人兼秘书达娜（Donna）作了很专业的编排及彩色印刷工作。

佛罗里达大学研究生阿色文·帕兰皮（Ashwin Paranjpe）和塞尔娃·兰顿（Silvia Rondon）正在与园艺系主任丹·坎特来弗（Dan.Gantliffe）讨论以草莓为题的研究生论文

编者：诺尔曼·奇尔德斯博士

前言二 FOREWORD

草莓是世界上栽培最广泛的果树，是许多北半球国家最重要的果品，也是北美很有价值的非主产作物。北美的草莓年产值超过了10亿美元，在加州所有农产品中草莓产值位居第11位，居柑橘、花椰菜和水稻之前。

北美洲每个州或省都有草莓生产，因为它的准入门坎低，因此其栽培越来越多地进入小型农场。草莓很容易直销，需求和价格能够坚挺。美国人平均每人每年消费2.27千克鲜草莓，较20年前的0.91千克显著增加。产自佛罗里达和加州的草莓需求旺盛，特别是加州几乎实现了鲜草莓的周年供应。

草莓维生素C的含量高于柑橘，含有大量的抗氧化物和抗癌成分。另外，它味道鲜美！草莓本身有许多优势，是美国农业的亮点之一。

毫无疑问，在美国，生产者、研究者和教育者已经认识到草莓生产的重要性，在全世界也是如此！西班牙是一个草莓生产大国，埃及、土耳其、中国和伊朗的草莓种植面积也在迅速增加，但是草莓生产者也面临着许多挑战。例如，北美的大多数草莓生产主要依赖于廉价的劳动力、水源、杀虫剂和熏蒸剂。农民工的减少给草莓生产带来了困难，因为草莓的定植和采摘仍然靠人工操作。大多数草莓种植在温暖和光照充足的地区，这些地区常因人口众多而造成水源紧张，此外，把绿色的草莓裸根苗移栽到塑料覆盖的苗床需要大量的水，在温暖地区还要依赖农药来确保高品质草莓果的生产。随着溴甲烷作为熏蒸剂禁用期的临近，以及大多数品种不抗土传病害，这可能是草莓产业面临的最大挑战。

北部的草莓产区以多年结果的低垄毯式栽培为主，水资源不是限制因子，品种常常更耐土传病害，但由于不能每年进行土壤熏蒸，所以杂草压力很大。几乎没有注册登记适合草莓生产的除草剂，特别是种植当年，在劳力稀缺且昂贵的条件下，需要大量农工进行人工除草。重茬地块不能获得高产仍然是北部生产者所面临的问题。

解决杂草问题的方法之一就是通过遗传工程技术培育抗除草剂的品种，抗草甘膦草莓已经问世，目前正在田间试验中。但是，很快让消费者接受这项技术可能还是一个问题，在北方采用一年一栽制技术是解决杂草难题的另一种方法，但同时面临着怎样处理

大量废地膜的难题，草莓生产者每年利用大量的塑料地膜，如果接在一起，一米宽的膜可以绕地球13周，这还不包括熏蒸时覆盖的塑料膜，实际上这些塑料不能再生利用。未来可能会形成另外一种一年一栽模式，即采用生物可降解的覆盖材料或覆盖作物来抑制杂草生长。

某些区域存在特殊的病虫害，给当地生产者带来了难题，东南地区果实和根茎炭疽病严重，正在向北漫延；在中西部上游区，叶角斑病造成很大危害，螨和盲蝽是加州草莓生产上的难题。在公益农业研究项目经费压缩情况下，需要昆虫学家、植病学家和园艺学家共同努力才能解决上述问题。

纽约州伊萨卡康奈尔大学马温·普利茨

世纪之交，草莓产业面临着许多机遇和挑战，本书介绍了草莓生产和病虫害综合治理的现状和技术，也论述了来自美国许多优秀的草莓专家的真知灼见，无论你是生产者、学生、教育者或研究者，本书都会对你有所帮助，从苗圃到市场，从缅因州到加州，从一年一栽制到多年一栽制，本书都作了全面阐述。享受吧！

马温·普利茨于康奈尔大学

目　录
CONTENTS

第一部分　历史，植物学

美国20世纪草莓进展

弗吉尼亚理工大学园艺推广专家查尔斯·奥戴尔（Charlie O'Dell）

查尔斯·奥戴尔

要想了解美国草莓业的今天，首先必须追溯它的源头。早期的殖民者发现了大量原产美洲的弗州草莓（*Fragaria virginiana*），一个殖民者在日记里写到："草莓遍地，无处落脚"。

直到19世纪中叶才开始了草莓的商业生产，随着火车冷藏货柜的应用，草莓栽培面积越来越大，约于1848年在北加州阿拉米达县出现了"加州草莓热"，大多数参考文献都指出，奥克兰"蚌壳堆苗圃和果园（Shell Mound Nurseries and Gardens）"的主人三福德（J.L.Sanford）是加州第一个草莓苗繁育者，而第一个草莓商业生产园于1865年在派扎罗谷（Pajaro Valley）建成。

之后不久，新泽西州大果品种'辛迪来拉'（Cinderella）的栽培者不断增多，而第一个真正的加州品种是'马琳达'（Malinda），该品种来源于草莓生产者詹姆斯·瓦尔特（James Waters），他于1865年初建立了"派扎罗谷苗圃"。

在20世纪，抽气预冷、冷藏车、空运可使草莓果很快运到美国各地的消费者手中，甚至也可运到其他国家。冷冻加工后的草莓也可通过商船跨洋运输；1922年第一艘出口草莓的商船由加州驶往英格兰，船上可能装有冷藏室，史料没有记载其冷藏条件和抵达后的货架寿命！

东部进展。东部草莓的进展重点是乔治·达柔（George M. Darrow）博士的个人成就，他是一位遗传学家、植物学家和草莓育种学家，最初在马里兰州格伦戴尔工作，后来搬到了位于马里兰州贝茨维尔的美国农业部果树实验室工作，于1957年退休。他于1920年开始做杂交，至1933年推出了7个优良新品种，其中有些抗根腐病、红中柱根腐病和黄萎病。达柔的成就、学识，以及和同行密切合作的精神，加快了草莓产业进入21世纪。

乔治·达柔

1976年，美国农业部贝茨维尔试验站开始与北卡罗来纳州、佛罗里达州和路易斯安娜等州农业试验站及该部位于贝茨维尔的设施和位于密西西比普普拉威尔的小果试验站合作，研究草莓炭疽病抗性及其相关抗源。由乔治·瓦尔多（George Waldo）、多纳德·斯哥

维克多·吾尔斯

特（Donald Scott）、艾伦·追普尔（Arlen Draper）、基尼·戛拉塔（Gene Galletta）和斯坦·霍坎逊（Stan Hokanson）（目前）相继进行着达柔的草莓育种项目。本（H.F.Bain）、德玛瑞（J.B.Demaree）、理查德·坎握斯（Richard Converse）、约翰·马克格鲁（John Mc Grew）和约翰·麦斯（John Mass）相继主持了后续的草莓病害研究工作。

到20世纪80年代后期，这个合作团队育出了几个抗炭疽病的亲本无性系、1个适合南方栽培的品种、13个适合中南部和40多个适合东北部和中西部的品种。

现代冷藏设备的发展也促进了20世纪草莓育苗业的发展，在良好贮存条件下可以延长母苗寿命，马里兰州农业局和美国农业部植病专家合作，利用隔离网室进行了病毒检测，为育苗者提供了经过认证的无病毒植株，从而可以在苗圃中定植健康母苗。

西部进展。1944年成立了加州草莓研究所（Strawberry Institute of California）延续了因第二次世界大战而间断的加利福尼亚大学（UC）草莓研究项目。1945年推出了适合加州条件的第一批UC品种，其中的两个品种——‘莎斯塔’（Shasta）和‘拉森’（Lassen）得到了广泛地种植。

1983年，罗伊斯·伯令格哈斯特博士和维克多·吾尔斯推出了‘赛娃’（Selva）和‘常德乐’（Chandler）品种，生产实践证明‘常德乐’对气候条件适应性极广，在全美国地膜覆盖高垄栽培中成为主栽品种。

多格·朔（Doug Shaw）博士继续并发展了加利福尼亚大学的草莓育种工作，于1994年，他推出了‘卡姆罗莎’品种，目前，它是加州商业栽培的主要品种，是目前最耐贮运和货架寿命最长的品种。

多格·朔

在加州从南到北，草莓生产横跨了许多纬度，类似于东部的许多州，但加州的纬度跨度较大。加州是名符其实的“草莓天堂”，在加州不同产区，草莓生产几乎可以周年进行，其产量占全美草莓总产量的80%！

在20世纪，先进的冷藏和塑膜包装移栽苗技术以及贮藏、草莓开花、光周期反应和结实等生理研究的进展，使加州草莓育苗业可以为该州不同纬度产区提供带花芽“冷藏苗”，可以按各纬度的适宜定植期栽植，从而对加州草莓产业产生了巨大的促进作用。

新生产方式。我们不能忽略20世纪塑料在草莓上应用的进展。如果没有地膜覆盖、熏蒸处理和滴灌，我们现在还有地方种草莓吗？

在20世纪80年代中期，土壤熏蒸、滴灌结合地膜覆盖高垄栽培技术从加州推广到了佛罗里达州多佛附近的冬季草莓产区。

巴克林·鲍灵

20世纪80年代初，北卡罗来纳州立大学巴克林·鲍灵博士和同事们研究并改进了这项技术，采用加州品种‘常德乐’加上穴盘苗技术，在该州进行了推广，与传统的低垄毯式栽培技术相比，该技术生产出的草莓果个大、采收期早、果实洁净、病害减少且易采收，在温暖地区产量更高，但作高垄投资增大，需要专门的耕作设备。

在20世纪90年代初期，新泽西州的周·费奥拉（Joe Fiola）、马里兰州的鲍勃鲁斯（Bob Rouse）、弗吉尼亚州的哲瑞·威廉姆斯（Jerry Williams）和我等草莓工作者合作将这项新技术和东部育出的抗寒品种在北部地区进行了栽植方式、适宜栽植期和防霜技术方面的研究，以此来将这项技术向北推广。

目前进展。20世纪90年代，微繁殖或组织培养开始应用到商业生产，使苗圃业能为生产者提供无病毒的苗木，鲍灵博士用温室种植的母株繁出来的匍匐茎苗进行穴盘苗的培育，穴盘苗的大量生产

满足了生产者的需要。

东南部和大西洋中部地区的生产者采用地膜覆盖、高垄栽培彻底改变了美国东部许多地区草莓种植面积下降的趋势。随着20世纪的结束，美国和加拿大的草莓育种者正全力合作以期培育出适应高垄栽培的新品种。

滴灌和塑料覆盖技术的进步给草莓产业带来了许多益处，合作精神起始于达柔（Darrow），后继者们继续遵循，跨州、跨区、跨国界的专业人士联合起来成立协会，极大地促进了草莓产业的发展。就全美国而言，自1980年初以来，草莓联合会与北美洲草莓生产者协会（NASGA）合作，资助并出版了草莓研究进展，美国塑料栽培学会（American Society for Plasticulture）在世界范围内都有会员，其中许多都是草莓生产者，在他们的文集中也报道了许多研究成果。20世纪50年代末期，弗吉尼亚理工大学的海沃德·马赛（Howard Massey）负责组织了该学会；60年代在肯塔基州列克星敦市首次举办了“农用塑料大会”，此次会议由农用塑料的开拓者艾墨瑞·伊墨特（Emery Emmert）博士负责组织、肯塔基大学主办。50年代中期，作为离肯塔基大学仅48千米的伯利亚学院的一名学生，在班里的一次田间旅行时，我看到了伊墨特的第一批塑料温室和塑料地膜覆盖，第二年春天，在父母亲的小农场里，我尝试着用早期的黑色地膜覆盖栽培草莓，但失败了（当时美国还没有滴灌系统，因而无法保持植株的水分）。

美国东部地区性的协会组织有佛罗里达草莓生产者协会、北卡罗来纳州草莓生产者协会及许多州的园艺学会和安大略园艺学会。通过这些协会，同行间的交流与合作促进了草莓产业的发展。

随着20世纪的结束，我们新成立了“东南部小果中心”，由北卡罗来纳州立大学的鲍灵博士负责，这对美国东南部地区草莓种植者和工作者都是有益的。

在美国西部，1980年成立了“加州草莓咨询委员会”以支持该州草莓业发展。最近更名为“加州草莓委员会”，该委员会促进了加州草莓开拓世界市场。如果拨打下面的电话（831-724-1301），就能听到“加州草莓”的音乐录音，这就是促销手段。

停顿片刻！思考一下今天草莓产业所处的位置，与100年前这个产业的状况比较一下！我明白我一直非常幸运能目睹这么多进展。因此，我们都希望看到在100年以后草莓将怎样（和在何地）种植吗！

《美国果树栽培者》1999年11月，第33页。

草莓的生长和发育

佛罗里达大学园艺系瑞伯卡·达尼尔（Rebecca L. Darnell）

佛罗里达大学教授瑞伯卡·达尼尔

草莓（*Fragaria* × *ananassa* Duch.）是一种适应性很强的植物，从低纬度的热带地区到高纬度的亚热带大陆地区都有广泛分布。全球草莓的种植面积已经超过200 000公顷，总产量预计超过300万吨（FAO数据库，2001）。其中美国的产量占全球总产量的27%，其他几个生产大国分别是：西班牙（占12%）、日本（占7%）、波兰（占6%）、墨西哥（占5%）和韩国（占5%）（FAO数据库，2001）。

植物学特性：草莓是一种多年生植物，常被描述为草本植物，因其根系和根茎中有次生木质部，是真正的木本植物（Darrow，1966；Esau，1977）。草莓植株包含短缩茎或叫根茎，其上着生叶片、匍匐茎、根系、新茎侧枝和花序（图1）。短缩茎的节位处长有叶片，叶片基部生有腋芽。

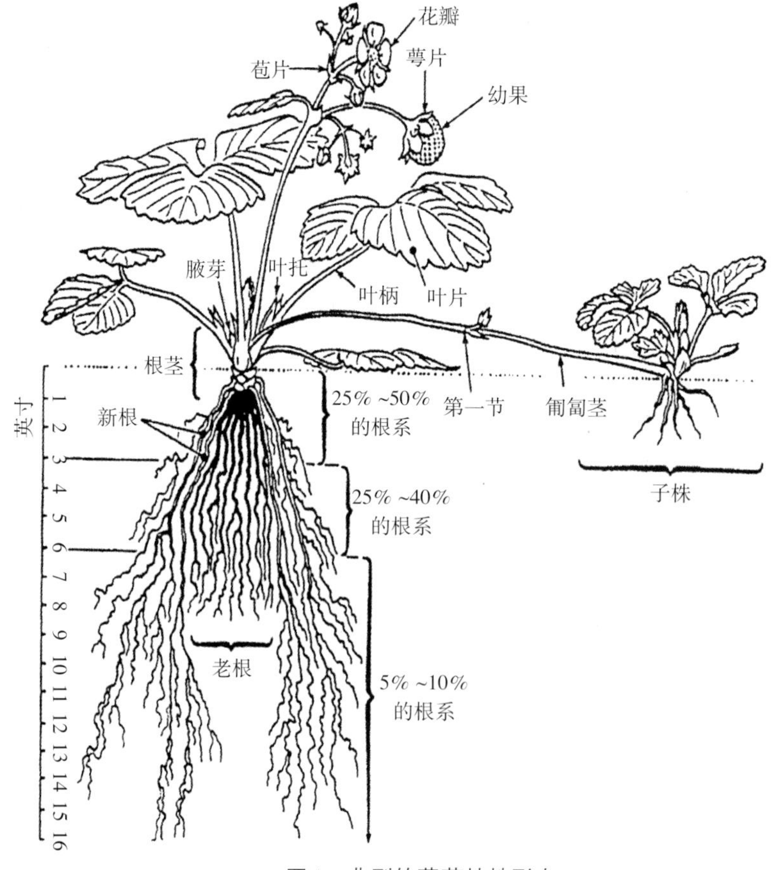

图1　典型的草莓植株形态

（引自Strand, L. L. 1994,《草莓病虫害综合治理》。加利福尼亚大学病虫害综合治理项目，书号3351，伯克利）

在营养生长阶段，随着主茎的生长，其顶端会持续长出叶片。草莓的叶片是三出复叶，围绕主茎呈螺旋式排列（Darrow，1966），在通常情况下寿命为1到3个月。

叶腋处的芽会生长成匍匐茎或新茎侧枝（图1）。匍匐茎是水平生长的茎（具两个节位），在偶数节处会生出“子株”，而第一节通常保持休眠状态或者形成另外一条匍匐茎。仔株也可能生长出匍匐茎。如果环境适宜，腋芽可生长为新茎侧枝，这些新茎侧枝和主茎完全一样，是整个植株的主轴。新茎侧枝就像树木主干长出的分枝一样，不会形成新的根系。

无性繁殖的草莓，不定根会从短缩茎基部长出（图1）。每株草莓通常有20 ~ 30条主根以及上百条次级根（Hancock，1999）。草莓的根系分布浅，90%的根位于地下15厘米以内（Dana，1980）。

草莓的花序是一段变态茎，顶端是一级序花（图2），往下通常侧生出两个二级序花，每个二级序花通常再生出两个三级序花，每个三级序花可能会再生出两个四级序花。花序长在茎的终端（Dana，1980），主茎上的花序最先形成，然后是侧枝上的花序。

花序的形成始于顶端分生组织的膨大和突起，然后是一级序花和第一苞片原基的形成（Taylor等，1997）。接下来是二级序花原基的出现和第一序花器官的形成。在花器官的形成过程中，花原基周围首先会形成一圈花萼原基（Taylor等，1997），然后形成花瓣原基，雄蕊原基，最后是心皮原基。在第一序花中花器官分化的同时，三级和四级序花的花原基也随之开始分化。

在适宜的环境条件下，花序伸展并展露花朵。一级序花先开放，随后是二级序花，然后是三级序花，最后是四级序花。实际生产中，草莓的花朵是两性花，通常有10片花萼，5片花瓣，20 ~ 30枚雄蕊以及60 ~ 600枚雌蕊，不同级别的花朵会有所不同（图3）（Hancock，1999），通过虫媒或风媒授粉。

草莓的果实是聚合果（图4），由具有许多雌蕊的花朵发育而成，每个雌蕊有一个胚珠。授粉受精完成后，胚珠发育成种子，位于草莓真果，也就是瘦果

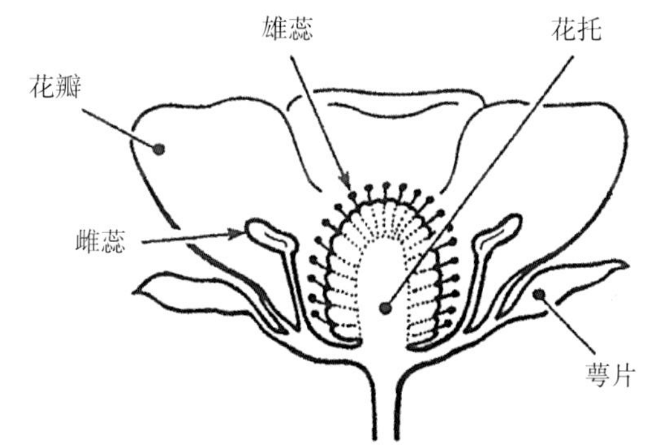

图3　栽培草莓（*Fragaria* × *ananassa*）的两性花

（引自Strand, 1994,《草莓病虫害综合治理》。加利福尼亚大学病虫害综合治理项目，书号3351，伯克利）

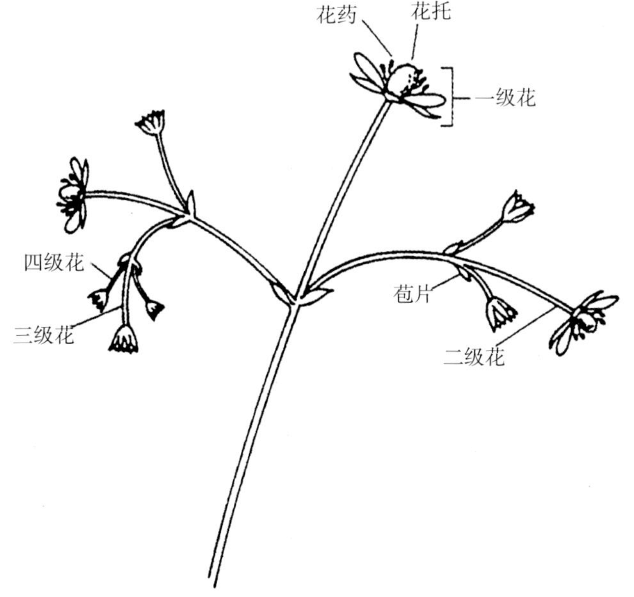

图2　典型的草莓花序具一、二、三和四级花

（引自Dana, 1980）

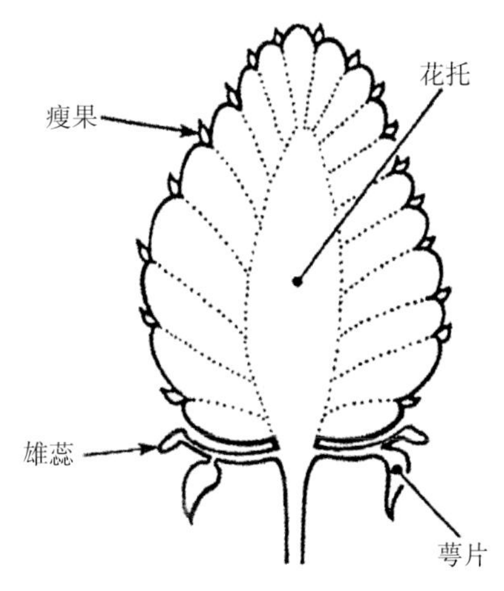

图4　草莓的聚合果

（引自Strand, 1994，加利福尼亚大学病虫害综合治理项目，书号3351，伯克利）

内。瘦果分布在果实可食用部分（花托）的外围，也属于变态茎组织。花托能否正常生长取决于胚珠能否成功受精，成熟果实的大小形状和瘦果的形成数量有一定关系。

果实的生长是细胞分裂和细胞膨大共同作用的结果。盛花期后7天左右细胞停止分裂（Knee等，1977），随后的果实生长主要靠细胞膨大进行。果实的发育周期平均为30天，温度不同，发育周期会有所差异。通常而言，一级序花结出的果实个头最大，其次是二级、三级和四级序花。

环境因素对草莓生长和发育的影响 草莓的营养生长和生殖生长比其他任何水果类作物都更易受到环境的影响。光照，尤其是光周期，以及温度对草莓生长的影响最大。不过，其他环境因素如冬季低温、CO_2浓度、有效氮含量和水分含量也会影响草莓的生长。

光照：光周期对草莓开花的影响巨大，光强的影响相对较小。根据开花对光周期的反应将草莓分为三类：短日照（SD）或六月结果的植株，即在短日照下启动花芽分化；长日照（LD）或持续结果的植株，在长日照情况下启动花芽分化；日中性（DN），这种类型的花芽分化对日照长短相对不敏感。

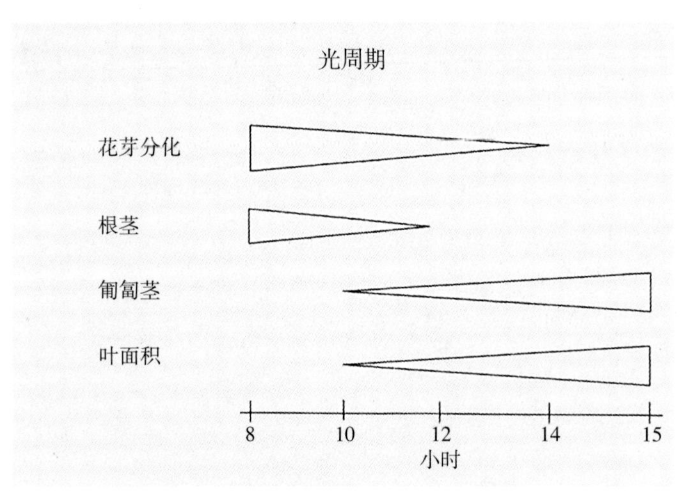

图5 光周期对草莓生长和发育的影响
（绘图由Jim Hancock提供）

草莓对光周期的反应是量性（兼性）的，同一种不同品种的光响应曲线互不相同。一般情况下，当光周期短于14小时时，短日照基因型启动花芽分化（图5），光周期长于12小时时长日照基因型才会启动花芽分化（Darrow，1936）。日中性基因型的花芽分化不受日照影响，而是呈周期性启动，通常是在生长季中每六周启动一次。

草莓花芽分化所需的最小光诱导周期数为7～24个（Hancock，1999；Hartmann，1974a；HeIDE，1977）。随着温度升高，所需光诱导周期的数量会相应增加（Ito和Saito，1962）。

光周期还会影响草莓的营养生长，叶面积，叶柄长度（Heide，1977）和匍匐茎的产生（Dennis等，1970）会随着光周期的增加而增加（图5）。但这也可能是对光合作用的反应，具体答案尚不清楚。一些试验结果表明，某些基因型的匍匐茎的产生不受光周期影响（Piringer和Scott，1964）。另一些试验结果则表明，短日照对匍匐茎的抑制作用可被夜间（无光合作用）持续一段时间的低光强照射所消除（Deniss等，1970）。这是典型的对光敏色素的反应，至少对于某些基因型而言，匍匐茎的产生受光周期调控。同样，短缩茎的形成也受光周期的影响，光周期缩短会使短缩茎数量增加。

光强也会影响草莓的生长和发育。草莓叶片的CO_2同化率随光合光子通量（PPF）的增加而增加，到500～900微摩尔/（米^2·秒）时达到光饱和状态（Cameron和Hartley，1990；Ceulemans等，1986；Chabot，1978），不同品种和不同生长条件下的数值会有所不同。当PPF从0增加到200微摩尔/（米^2·秒）时，CO_2同化率迅速升高，而PPF从200增加到600微摩尔/（米^2·秒）时，CO_2的同化率则缓慢升高（Ferree和Stang，1988）。在草莓的生长过程中，PPF对光饱和点的影响不大，但在高PPF生长条件下，光补偿点会升高（Chabot，1978；Jurick等，1982）。

高光强［PPF ≥ 650微摩尔/（米^2·秒）］可使叶面积增加，叶柄增长（Ceulemans等，1986），叶片、根系和茎的干重增加（Ferree和Stang，1988），匍匐茎的发生量增加（Smeets，1955）。利用高压钠灯、低压钠灯和金属卤化物灯对草莓进行人工补光可以促进短日照和某些长日照品种的营养生长，对日中性品种无显著作用（Maas和Cathey，1987）。Dennis等（1970）发现增大光强可使花序数量增多，但对匍匐茎影响不显著。同样，增大光强后，野生森林草莓（*F. vesca*）的生殖器官和营养器官的生物量都有所增加，但是前者的增加量显著高于后者（Chabot，1978）。在露天条件下，如果整个

生长季的阴面积达到60%，产量会减少20% ~ 45%（Ferree和Stang，1988）。如果在匍匐茎形成的活跃时期采取遮阴措施，匍匐茎的发生会减少，但来年春季的果实产量会有所增加。这表明，在夏末抑制匍匐茎的形成可以增加植株的营养积累，从而促进草莓在翌春的生长。

温度：前人做了大量温度与光周期互作对草莓影响的研究，但是关于温度本身对草莓生殖生长的影响却研究甚少。不过，在以长光周期为主的高纬度地区和以短光周期为主的热带地区，温度是影响草莓成花的主要因素。

大多数草莓叶片同化CO_2的最适温度为15 ~ 25 ℃（Chabot，1978），但是对一些品种而言，当温度超过15 ℃时，CO_2同化速率会显著下降（Sruaamsiri和Lenz，1985a）。CO_2的同化速率一般为12 ~ 18微摩尔/（米^2·秒）（Choma等，1982；Ferree和Stang，1988；Schaffer等，1986），有试验表明个别品种的同化速率可达26微摩尔/（米^2·秒）（Hancock和Flore，1989）。在不同的栽培方式下，草莓会有不同的温度响应曲线（Chabot，1989），CO_2同化的最佳温度或生长的适宜温度也会有所不同。

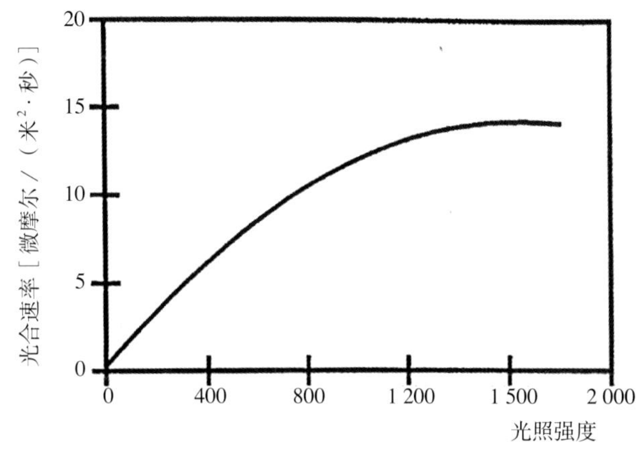

图6　草莓叶片光合速率（A）与光照强度（PPF）的关系

草莓花芽分化的最佳气温是14 ~ 18℃（图7）（Durner等，1984；Heide，1977）。通常情况下，当温度超过26 ~ 28℃时，所有用于生产的草莓品种的花芽分化都会被抑制（Chabot，1978；Durner和Poling，1988）。Heide（1977）发现短日照品种在24℃的生长环境下产生的花朵数量显著少于18℃的。对日中性和短日照基因型的草莓而言，昼/夜温度为18/14℃或22/18℃的成花状况显著优26/22℃（Durner等，1984）。许多研究表明花芽分化的最佳温度是从14℃到18℃，但是花朵发育的最佳温度是从19℃到27℃（Battey等，1998；Hartmann，1947b；Le Miere等，1996）。

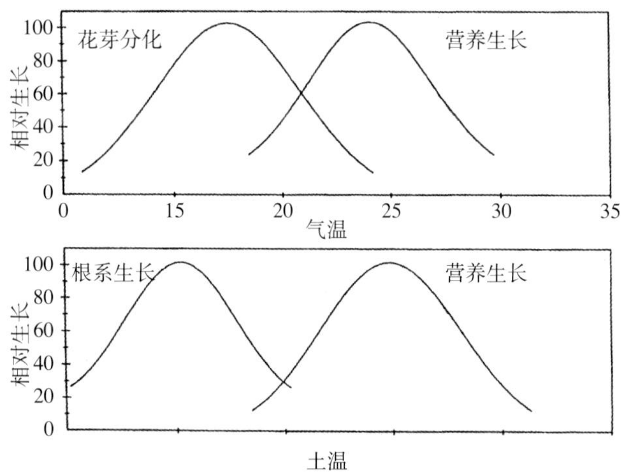

图7　草莓花芽分化和营养生长的最佳气温和土温

草莓营养生长的最佳温度是20 ~ 27℃（图7）（Darrow，1930）。在昼/夜温度为20/10℃和30/20℃的生长条件下，森林草莓（*F. vesca*）的总生物量最大（Chabot，1978）。当昼/夜温度为10/20℃和40/30℃时，生长速率显著下降。

草莓的根系分布于浅层土壤中，浅层土壤的温度变化大，因此对草莓的生长和发育影响显著。土壤温度为25℃左右时，地上部分的营养生长状况最佳，低于或高于25℃下的植株干重都有所减少（图7）（Ganmore-Nuemann和Kafkafi，1983；Proebsting，1957；Roberts和Kenworthy，1956）。土壤温度过低不利于坐果（Ganmore-Nuemann和Kafkafi，1983）。对10℃和32℃的土壤温度进行比较发现，10℃下草莓的花粉粒数量显著减少，而且花药的开裂也被抑制。不过根系生长的最适土壤温度相对较低，平均为7 ~ 10℃（图7）。在适宜的土壤温度条件下，草莓根系为白色且分支少（Ganmore-Nuemann和Kafkafi，1983）；当土壤温度升高，根系变黑且分支增多。进行土壤覆盖可以调控土温，从而影响草莓的生长发育。通常而言，若通过土壤覆盖将土温维持在25℃以下，可以促进生殖生长并抑制营养生长，土温过高则作用相反（Fear和Nonecke，1989）。

光周期和温度互作：影响草莓对光周期响应的主要因素之一就是温度。对许多短日照品种而言，低温对成花的影响要大于短日照对其的影响（Darrow，1936）。对很多短日照品种而言，花芽分化的最佳条件是有12小时的光照而且温度为18℃（Heide，1977）。但是当温度降低到12℃，光周期为16小时或24小时时，某些品种的花芽分化仍会启动。Durner等在1984年对短日照、长日照和日中性三种基因型的成花状况对不同光周期和温度的组合进行了研究，他们发现只有当短日照（如9小时）和昼/夜温度为18/14℃这两个条件同时满足的条件下，短日照品种才会启动花芽分化，如果昼/夜温度为22/18℃，26/22℃或30/26℃，那么无论光周期多长花芽分化都不会启动。日中性和长日照品种的花芽分化也受上述高温的抑制，不过没有像短日照品种那样反应显著。

上述研究表明，处于低温（10 ~ 15℃）和高温（25℃左右）条件下，草莓的花芽分化对光周期不敏感（表1）。低温条件下，无论光周期多长，大部分基因型的花芽分化都会启动；相反，高温条件下，花芽分化几乎被完全抑制。

表1　不同温度范围内短日照、长日照和日中性草莓基因型的花芽分化对短日照（SD）及长日照（LD）的响应

光周期	温度		
	10 ~ 15℃	15 ~ 25℃	>25℃
		短日照基因型	
SD	+[z]	+	–
LD	+	–	–
		长日照基因型	
SD	+	–	–
LD	+	+	–
		日中性基因型	
SD	+	+	–
LD	+	+	–

+[z]表示形成花芽；
–表示不形成花芽。

其他关于光周期和温度互作对草莓成花影响的研究者有Guttridge（1969；1985），Strik（1985），Durner和Poling（1988）以及Darnell和Hancock（1996）。

低温：草莓的芽是否会进入自然休眠仍没有定论。草莓需要一定的低温（0到7℃）来最大限度地促进营养生长。适当地延长低温处理的时间可以使叶片数量增多、叶片增大及匍匐茎数量增多（Bailey和Rossi，1965；Tehranifar和Battey，1997）。低温还能刺激花芽的发育（Tehranifar和Battey，1997），但是不当的低温环境会抑制（Avigdori-Avidov等，1977；Larson，1994；Tehranifar和Battey，1997）或延迟（Durner和Poling，1987）花芽分化，也会导致短日照品种前期产量和总产量的下降（Albregts和Howard，1977，1980）。

二氧化碳浓度：关于增加CO_2浓度对草莓花芽分化影响的研究很少。将CO_2的浓度从300微摩尔/摩尔增加到900微摩尔/摩尔，可增加叶片CO_2同化率（Sruamsiri和Lenz，1985b），但是具体增加多少取决于温度（Campbell和Young，1986）。在低温环境下（18℃），CO_2的增加对CO_2同化率影响不大。但是，随着温度的升高，二氧化碳的增加对其同化率的影响逐渐显著。

Hartz等（1991）对两个短日照品种进行了以下处理：在花芽分化阶段增加不同浓度的CO_2（从700 ~ 1 000微摩尔/摩尔），结果表明，花朵及花序数量均未受到影响。研究者们认为，草莓花芽分化进程涉及复杂的生理过程，诸多因素都可能影响花芽分化。增加CO_2浓度的实验是在塑料大棚中进行的，尽管在此实验中未说明温度状况，但是作者表明在此进行的另一个试验中，塑料大棚内的温度

最高可达41℃。因此，增加CO_2浓度对花芽分化的任何潜在影响都可能被过高的温度破坏。Deng和Woodward于1998年的试验表明，将短日照品种置于56帕的CO_2环境中（从植株定植一直到果实采收），花朵的数量显著多于对照。但是，他们的研究结果没有表明花朵数量的增加是由花芽分化数量的增加所致，还是由前期分化的花序数量增加所致。

氮：氮对草莓生长的影响有诸多争议。有的试验表明当施氮量从每公顷50千克增加到200千克时，产量未显著增加（Lamarre和Lareau，1995；Locascio和Saxen，1967），但有些试验的产量却显著增加（Albregts和Howard，1986）。这可能是由于不同试验的土壤条件、气候条件、栽培措施或供试品种不同所致。除此之外，在不同光周期和温度条件下，生殖生长和营养生长间的关系也不尽相同，这些都会导致不同实验之间结果的不同或对立。

像所有植物一样，草莓对必需营养元素有严格的需求。一般情况下，在对土壤肥力进行改良后，还需补充一些营养元素，其中氮素是主要的补充元素。当叶片含氮量为1.8% ~ 2.8%时，植株的含氮量充足（Goulart，1996），低于这个水平，典型的缺氮症就会表现出来，如老叶失绿变黄等。若组织含氮量过高，生殖生长会被延迟和抑制，产量因此下降。含氮量过高还会加剧病虫害的发生，尤其是白粉病和螨类（Hancock，1999）。

在含氮量充足的条件下，草莓叶片的氮素浓度与CO_2同化率和植株干重呈高度正相关（Moon等，1990）。氮素的存在形式也很重要，对草莓等很多植物而言，硝态氮比铵态氮的吸收速率更大，植株生长发育对硝态氮的响应也更显著（Clausssen和Lenz，1999；Kafkafi，1990）。但是，同时施加两种形式的氮源可以增加干重，其效果比单独施加任何一种等摩尔量的氮源都要显著（表2）（Ganmore-Nuemann和Kafkafi，1983）。草莓组织中充足的氮素含量对果实的优质高产至关重要。在花期和结果期，草莓对氮素的需求大幅度增加（Ganmore-Nuemann和Kafkafi，1983）。这一结果与Albregts和Howard（1981）的研究结果一致：草莓果实中积累的氮素比其他任何器官的总和都要多。但是草莓在结果期也并不总是从外界大量地吸收氮素（Darnell和Stutte，2001），这应该是其他器官中已经储存的氮素向果实中大量转移所致，所以果实中氮素水平的升高总是伴随着其他组织中氮素水平的降低（Albregts和Howard，1981）。所以，在营养生长阶段供应充足的氮素对草莓后续的生长发育非常重要。

表2　NO_3^-/NH_4^+比例对生长8周的草莓植株干重的影响

NO_3^-（毫摩尔/升）	NH_4^+（毫摩尔/升）	干重（克/株）			
		根	根颈	叶	总计
7	0	2.2	1.4	2.6	6.2
5	2	1.9	1.4	3.0	6.3
3.5	3.5	2.5	1.9	4.5	8.9
2	5	1.0	1.2	1.4	3.6
0	7	1.0	1.1	1.8	3.9

引自Ganmore-Nuemann和Kafkafi，1983。

水分胁迫：由于草莓具有根系分布浅、生长速度快、结果能力强等特点，对水分亏缺非常敏感。Sruamsini和Lenz于1986年报道说，当叶片水势降到−1.0兆帕时，CO_2同化率急剧下降，而当叶片水势降到−2.4兆帕时，CO_2同化率几乎为0。相比于正常状态的植株（土壤水分压力为−0.002 ~ −0.010兆帕），受到干旱胁迫的植株（土壤水分压力为−0.028 ~ −0.075兆帕）CO_2同化率会降低17% ~ 24%（Chandler和Ferree，1990）。

不论是营养生长还是生殖生长，都会对水分胁迫有明显反应。当土壤含水量增加到70% ~ 80%田间持水量以上时，干重、叶片数量和大小、匍匐茎的发生和根系长度都有所增加（Larson，1994）。

灌溉可以增加草莓的产量，主要是通过增大果实体积实现的（Blatt，1984；Cannell等，1961）。但是灌溉也可以增加花朵数量从而增加果实数量（Renquist等，1982）。在另一方面，土壤含水量过高会降低果实碳水化合物和有机酸浓度，减少细胞壁厚度，降低果实硬度（Larson，1994）。

休眠/低温驯化/冻害：在某种程度上，植物能够经受低温考验的能力取决于对低温的适应性。植物组织低温驯化的进程与休眠过程类似，夏末或初秋的日照长度变短和随之而来的低温会促进此进程。短日照和低温结合对植株产生的驯化作用大于二者分别产生的作用。随着低温驯化的进程，组织内可溶性糖、氨基酸（尤其是脯氨酸）和其他小分子溶解物（如甜菜碱）的含量升高，自由水含量下降。

一般而言，草莓组织经受低温的能力不如其他果树，当完全驯化后，某些果树能够抵抗-40℃的低温。实际上，经过充分低温驯化的草莓组织，其短缩茎在休眠期能经受的临界低温是-12℃，不过当温度降至-6℃～-4℃时，就能发生冻害（Marini和Boyce，1979）。冻害症状包括：主茎褐化、死亡、花朵和叶片数量减少、叶片变形、匍匐茎过早产生。所有的冻害症状都直接导致减产。

草莓组织所受冻害的程度不仅取决于低温驯化进程，还取决于品种、生长阶段、组织特性、低温类型及低温前和低温期的栽培方式。

不同品种对低温的适应性不同，能经受的低温也就不同（Ourechy和Teich，1976）。比如以叶片数量作为衡量指标，‘哈尼’能经受-14℃的低温，而‘早光’仅能经受-10℃的低温（Warmund和Ki，1992）。‘哈尼’的根颈、花托和花柱也比‘早光’更抗寒。总体上花器官没有营养器官抗寒（表3）。

表3　两个草莓品种冻害发生处的温度

品种	冻害温度（℃）			
	根颈	花托	花柱	其他
‘哈尼’	-14	-5.2	-5.2	-5.3
‘早光’	-10	-4.4	-4.4	-5.2

引自Warmund和Ki，1992。

草莓的花序比其他组织更易受到冻害。未成熟的果实可忍受-2～-5℃的低温，绽开的花朵能经受-0.5～-6℃的低温，花序中最抗寒的部位——未萌发的花芽，可经受-4～-6℃的低温（图8）（Boyce和Strater，1984；Marini和Boyce，1979；Ourecky和Reich，1976；Perry和Poling，1986）。花/果周围的微气候会影响临界温度值。因此，靠近土壤或被落叶覆盖的花果，其温度要高于上层的花果。

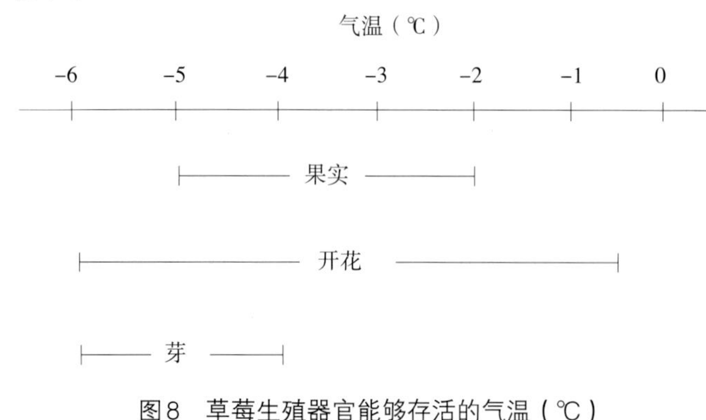

图8　草莓生殖器官能够存活的气温（℃）

低温的类型也会影响冻害发生的程度。低温的频率越高，持续的时间越长，组织受到的伤害越大（Boyce和Smith，1987）。冷冻、解冻的次数越多，组织受到的冻害就越严重，具体表现是低温驯化能力的减弱和抗寒性的丧失。在较高温度下，完全驯化的主茎在两天内就会失去抗寒性（Boyce和Smith，1987）。这个问题在冷暖气候频繁交替的春季尤为突显。

不同的栽培措施，如施肥制度、土壤含水量、土壤覆盖情况、垄床高矮都会影响冻害发生的程度。施肥制度和土壤含水量会影响低温驯化的程度，因此在不同施肥制度和土壤含水量下的临界温度会有所差异。植株体内营养水平过低会影响

低温驯化的程度。此外，在茎组织中，抗寒性与高P/K比呈正相关，与高K/N比呈负相关（Zurawicz和Stushnoff，1977）。在土壤含水量较高的条件下，植株组织内的含水量也较高，这会削弱低温驯化的程度（Steele等，1934；Warmund和Ki，1992）。相比于在较为干旱的条件下驯化的茎组织，在驯化进程中得到充分灌溉的组织更易受到低温伤害。综合而言，在日照时间短、气温凉爽和土壤含水量较低的条件下，低温驯化的程度较高。

土壤覆盖和垄床高度均会影响土壤温度，从而影响植株所处小环境的最低温度。土壤覆盖最多能将土壤温度提高8 ~ 9℃（Boyce和Red，1983），从而减少冻害的发生并提高产量（表4）。但是，过早地进行土壤覆盖会抑制低温驯化，降低产量（Brierley和Landon，1941）。高垄比平垄的土温要低4 ~ 6℃（Boyce和Reed，1983），所以高垄种植会加剧低温造成的伤害。进行充足的土壤覆盖可以弥补高垄的不足，使其产量和平垄相当。

表4　冬季冰冻后高垄和覆盖对草莓产量的影响

	产量（夸脱/公顷）	
	高垄	平垄
覆盖	29 820	25 816
未覆盖	11 589	23 106

引自Boyce和Red，1983。注：1夸脱=1.1升。

C/N的分配：草莓的丰产需要高水平的净CO_2同化率和营养生长与生殖生长之间的最佳碳水化合物分配比例，以及无机元素尤其是氮素的大量吸收和最佳分配。

草莓果实是整个植株中争夺养分能力最强的器官，其干重占整体的20% ~ 40%（Forney和Breen，1985；Schaffer等，1986）。植株结果与否会显著影响体内干物质的分配，不过对总干重影响不显著（表5）。在50天的结果周期内，结果株和非结果株的总干重很接近，但是结果株的根系、根颈和叶片中积累的干物质显著少于非结果株（Forney和Breen，1985）。Schaffer等（1986）发现结果株的叶片干重低于非结果株，不过二者的根系和根颈干重无显著差异。碳氮分配的相关研究表明：果实能积累多少干物质不仅取决于当时的光合作用产物（Antoszewski和Dzieciol，1973），也取决于其他器官（主要是茎和根系）所储存的碳水化合物向果实的转移量（Jurick，1983）。1988年，Darnell和Martin推测：草莓果实发育的前7天所需的碳水化合物（包括增加的干重和呼吸损耗），其中仅有25%是由当时的光合同化物提供的。这表明维持草莓根系和主茎中有足够的碳水化合物储备相当重要。

表5　草莓结果对干物质分配的影响

	干重（克）			干重（克）	
	结果	未结果		结果	未结果
根	4.0	10.0	果实	22.0	—
根颈	1.5	3.0	植株	45.5	43.0
叶	18.0	30.0			

引自Forney和Breen，1985。

关于氮素在草莓生长发育过程中如何分配的研究并不多。Albrechts和Howard于1981年发现，从初花期到收获期，所有器官中的氮素浓度都在下降，这表明氮素会从根系、主茎和叶片中向果实转移。Morard和LaCrois-Raynal于1989年的研究表明，在花序形成期，生殖器官中的氮素含量占整个植株的12%，到果实成熟期时就增加到了50%。以上这些研究结果都表明，在草莓营养生长阶段提供充足的氮素至关重要。

结论：凤梨草莓（*F.* × *ananassa*）是草莓的主要栽培种，它具有很强的适应性和多变性，与其他果树相比具有很多特点。其生长和发育对环境因素极为敏感，尤其是光照和温度。当日照时间短于14小时，短日照品种启动花芽分化，日中性品种的花芽分化对日照时间不敏感。而长日照草莓，在生产上不栽培，其花芽分化的启动需要至少12小时的日照。但是，高/低温可抵消光周期对花芽分化的影响。总体而言，不论哪种基因型，凉爽的气温和短日照条件有利于根状茎的形成，而温暖和长日照条件则有利于匍匐茎和叶片的形成。尽管草莓没有真正的自然休眠期，它也可以经过低温驯化而增强抗寒力，不过没有其他果树那样显著。所以，即便是在冬季寒冷地区生长几年的草莓，也必须注意防止极度低温的伤害。要想使营养生长达到最佳状态，草莓需经历一段时期的低温，但是，过长的低温时期会延迟和抑制生殖生长。草莓的生殖生长比其他果树更需要碳水化合物的积累和储存，以及充足的氮素。因此，只有保证在草莓生长初期有最佳的光合速率和氮素吸收速率，才能为后续的生殖生长提供充足的碳水化合物和氮素。

参考文献（略）

第二部分　草莓地膜覆盖栽培

草莓地膜覆盖栽培

——为当地生产者提供的一种技术

北卡罗来纳州立大学小果类推广专家巴克林·鲍灵

注释：鲍灵博士一直是落基山东部地区发展和应用草莓地膜覆盖栽培的引领者。

引　言

采用任何栽培方式生产草莓都是一种挑战，但是随着地膜覆盖栽培技术的应用及推广专家的技术指导，北卡罗来纳州已成为鲜草莓直销的主要州。该州草莓地膜覆盖栽培面积约有770公顷，每8 650人有1公顷草莓，该产业高度分散经营，几乎全部分散于小型家庭农场、自采销售（PYO）、直接销售、路边小摊销售和100多个县的农产品市场销售。该州也有保护地温室栽培。

采用地膜覆盖栽培技术，从栽植到采收只需7 ~ 8个月，而采用传统的低垄毯式栽培则需12个月。地膜覆盖栽培，采摘期一般为6周，但在冷凉的春季可持续到8周，高温年份可能缩短到4周。在北卡罗来纳州，地膜覆盖栽培主栽品种‘常德乐’比低垄毯式栽培品种‘早光’早熟7 ~ 10天。自20世纪90年代末开始，‘卡姆罗莎’的栽培面积显著增加，目前（2003年）在本州温暖地区，其栽培面积已超过‘常德乐’。

地膜覆盖较毯式栽培还有其他优点：不需要早期进行人工疏花，采前一年没有损失，每年植株长势一致，不受夏季病害、干旱和杂草竞争的影响，果个大、品质好、采摘容易且用工少。

在同一地区低垄毯式栽培园很难与地膜覆盖的自采销售园竞争，因为顾客通常倾向于在高垄地膜覆盖园短时间内采摘更多的果实。在北卡罗来纳州，一个典型的地膜覆盖草莓园区面积为1.2 ~ 1.6公顷，与加州和路易斯安那州的草莓园相比不算大，但对于小规模和业余草莓生产者而言，几英亩的草莓园可以带来不菲的收入。

虽具上述优点，但必须考虑到早期苗木和人工栽苗费用较高、这种栽培方式一般不适于延续至第二年结果、其总产量并不比毯式栽培的高且定植时成本较高，而且这种方式出错后挽救的余地很小，这表明即使有经验的毯式草莓栽培者应该在大面积地膜栽培之前先做小面积（0.2 ~ 0.4公顷）试验，以便积累经验。

根据北卡罗来纳州对草莓地膜覆盖的应用研究结果和生产者的经验写出了本文，但不能保证北卡罗来纳州的“食谱”适用于其他产区，每个产区的生产者新采用此技术时都会面临特定的挑战。

北卡罗来纳州立大学巴克林·鲍灵

经 济 因 素

采用地膜覆盖栽培的建园投入应首先考虑到，因为在《北卡罗来纳州草莓地膜覆盖高垄栽培指南》(1994)出版后，生产成本发生了很大变化。在小册子中，这种生产方式的总资金投入约为每公顷11 000美元，但表1表明2001年每公顷的总生产成本为25 693美元(通货膨胀原因)。在2001年主要费用目录中，定植前是每公顷10 998美元，仅此支出就与1993年的总投入(11 000美元/公顷)相当。表1也表明与采摘有关的总费用约为每公顷33 850美元。至关重要的是生产者要集中精力生产出优质高产的果实。

表1　2001年北卡罗来纳州草莓地膜覆盖栽培每公顷园地的预算(根据通货膨胀对以后年份做出适当调整)[1]

操　作	劳动力	机械	材料	总计(美元)
整地				
移除并处理塑料膜和滴灌管带	396	172	—	568
耕地	6.3	14.65	—	20.95
施用石灰	—	—	65	65
种植大豆做为覆盖作物	61.875	222.825	98.325	398.025
整地总计	501.3	460.775	181.775	1 143.85
移栽前				
订购植物材料、土壤熏蒸剂和塑料膜(10%订金)	14.35	—	549.5	563.85
旋耕覆盖作物	140.1	295.05	—	435.15
装置温室遮阴布	12.375	—	469.35	481.725
弥雾系统	23.7	—	—	23.7
穴盘材料(匍匐茎尖、托盘和土壤)	5.15	—	4 711.1	4 716.25
匍匐茎尖插入穴盘	789.525	—	—	789.525
处理托盘	82.525	—	—	82.525
深松土壤	37.125	20.375	—	57.5
耙地(打碎土块)	6.3	14.65	—	20.95
浸湿土壤介质	20.625	—	—	20.625
穴盘灌溉和施肥(20-20-20)	20.625	2.1	1.8	24.525
喷杀螨剂苯丁锡(Vendex 4升)	20.625	0.425	70	91.05
安装灌溉系统	247.5	5.1	—	252.6
熏蒸前灌溉(0.5″)	2.075	19.025	—	21.1
熏蒸前旋耕土地	70.075	147.525	—	217.6
定植前施肥(硝酸铵、硫酸钾和过磷酸钙)	18.575	26.05	121.15	165.775
定植前土壤熏蒸(溴甲烷)	98.35	720.15	2 184.25	3 002.75
垄间播种一年生黑麦草	2.1	1.575	27.5	31.175
定植前总计	1 611.7	1 252.025	8 129.65	10 998.375
移栽和移栽后				
穴盘苗移栽和补栽2%	639.375	97.95	—	737.325
喷灌移栽的穴盘苗使其缓苗(3次)	253.7	423.825	—	677.525
滴灌(3次，每次2小时)	12.375	77.4	—	89.775
喷杀螨剂联苯菊酯(Brigade)(2次)	11.45	17.3	620	648.75

（续）

操　　作	劳动力	机械	材料	总计（美元）
叶分析样品	5.15	—	10	15.15
防寒滴灌系统	41.25	—	—	41.25
应用全园覆盖	126.2	5.1	2 697.5	2 828.8
移栽和移栽后总计	1 089.5	621.575	3 327.5	5 038.575
休眠期				
网络和天气服务（年费）	—	—	209.7	209.7
移除和重新使用全园覆盖物	742.5	—	—	742.5
鹿的控制	61.875	—	240.625	302.5
订购果实包装盒、肥料等	30.75	—	—	30.75
移除全园覆盖、死亡植株，割去老叶	1 196.25	15.75	—	1 212
休眠期喷药（克菌丹）	5.725	8.65	35	49.375
监测昆虫、螨类	40.975	—	—	40.975
休眠期总计	2 078.075	24.4	485.325	2 587.8
收获前				
整理植株	309.375	—	—	309.375
垄间喷施除草剂百草枯（Gramoxone）和作物油浓缩物（Crop oil conc.）	5.725	8.65	25.375	39.75
监测昆虫、螨类、草莓象鼻虫和蚂蚁	163.9	—	—	163.9
喷杀螨剂联苯菊酯（2次）	11.45	17.3	620	648.75
连接滴灌系统	123.75	—	—	123.75
检查喷灌系统	20.5	—	—	20.5
通过滴灌系统施入土壤杀菌剂精甲霜灵（Ridomil Gold EC）（2次）	81.95	68.4	525	675.35
喷毒死蜱（Losban 4EC）杀草莓象鼻虫	5.725	8.65	29	43.375
叶分析样品（3次）	15.45	—	30	45.45
除匍匐茎和除草	206.25	—	—	206.25
通过滴灌施化肥（钾锰硫酸盐（Sul-Po-Mg）、硼和液体氮）	40.975	34.2	423.25	498.425
重置全园覆盖塑料膜防冻害	495	—	—	495
喷灌防霜冻（4次）	131.1	999.95	—	1 131.05
喷环酰菌胺（Elevate）治理灰霉病	5.55	9.45	35	50
蜜蜂授粉	—	—	175	175
通过滴灌施化肥（钾锰硫酸盐和硝酸钙）	40.975	34.2	48.225	123.4
喷杀螨剂阿维菌素（Agri-mek）	5.725	8.65	207.6	221.975
喷环酰菌胺治理灰霉病和腈菌唑（Nova）治理白粉病	5.725	9.45	185.15	200.325
通过滴灌施化肥（硝酸钾）	40.975	34.2	36.35	111.525
收获前总计	1 756.8	1 276.75	2 890.925	5 924.475
生产成本总计				25 693.075
收获				
自采销售监管	1 732.5	—	1 167.25	2 899.75
收获支出	3 835.25	—	—	3 835.25
滴灌（6次共18小时）	49.2	232.2	—	281.4
喷杀螨剂阿维菌素	5.725	8.65	207.6	221.975
喷克菌丹（Captain）治理灰霉病w/	5.725	9.45	35	50.175
叶分析样品	5.15	—	10	15.15
通过滴灌施化肥（硝酸钾和硝酸钙）（2次）	81.95	68.4	66.825	217.175
喷灌冷却（3次）	61.5	57.075	—	118.575
喷环酰菌胺治理灰霉病和腈菌唑治理白粉病（2次）	11.45	9.45	370.3	391.2
拆装灌溉系统	123.75	2.575	—	126.325
收获总计	5 912.2	387.8	1 856.975	8 156.975
总计			33 850.05	

[1]萨弗雷（Charles Safley）和鲍灵等2003年最新公布："北卡罗来纳州草莓生产预算成本和收益，收获和市场"，罗利，北卡罗来纳州立大学ARE报告28。

表2 平均零售价和每公顷[1]利润及损失的双向分析

每千克售价	产量水平（千克/公顷）			
	13 500	16 875	20 250	23 625
$1.98	–$7 160	–$485	$6 190	$12 865
$2.09	–$5 660	$1 390	$8 440	$15 490
$2.20	–$4 160	$3 265	$10 690	$18 115
$2.33	–$2 360	$5 515	$13 390	$21 265
$2.44	–$860	$7 390	$15 640	$23 890
$2.56	$640	$9 265	$17 890	$26 515
$2.67	$2 140	$11 140	$20 140	$29 140
$2.80	$3 940	$13 390	$22 840	$32 290

[1]销售产量由1/3直销和2/3自采摘组成。在平均加权价每千克2.33美元的情况下，代表每千克果实为3.07美元的直销价和1.96美元的自采摘价。

表2提供了每公顷价格和产量的双向分析，当每公顷商品产量为20.2吨和23.6吨时，可以分别获得13 390和21 265美元的利润。但是，当产量降到16.8吨/公顷，平均零售价为2.33美元（假定自采价为1.95美元/千克，直销价为3.07美元/千克）时，采用地膜覆盖高垄栽培就几乎无利润可言。当地膜覆盖高垄栽培第一年产量较低时，生产者常利用第一年的苗床进行第二年结果（参见——适于第二年结果的地区），但是，进行第二年结果可能也有问题，如炭疽病腐烂果的感染。表2中的双向分析是萨弗雷（Charles Safley）和鲍灵基于北卡罗来纳州2001年的预算所做。

经济和销售概况

这种生产方式的运行费用大约为25 390美元/公顷（表2），北卡罗来纳州生产者约可以获得的商品果产量为19.1 ~ 20.2吨/公顷。但是，采用黑色地膜覆盖栽培，'常德乐'的总产量低于采用毯式栽培的高产品种'阿波罗'（Apollo）和'阿特拉斯'（Atlas），自采价一般为1.96 ~ 2.43美元/千克，直销价比自采价格高0.55 ~ 0.77美元/千克。对于当地的'常德乐'生产者来说，自采、直销或农贸市场销售比送进超市可获得更多利润，这是因为在4 ~ 5月，南方及加州中海岸的低价草莓大量涌入超市。

草莓地膜覆盖栽培需要的设备

应考虑使用训练有素并配备专门设备的专业人员来进行土壤熏蒸处理。在一次操作中可以完成做垄、注射熏蒸剂、覆盖塑料膜和铺设滴灌管带，在没有这种服务的地区，生产者需购买约5 500美元的设备，但需经过认证后才能使用溴甲烷。

草莓地膜覆盖高垄栽培定植新鲜裸根苗后，需要进行喷灌来缓苗，喷水还可以防霜冻，喷灌设备的价格为2 965 ~ 6 178美元/公顷，这主要取决于采用的是价格高的铝材还是较便宜的PVC管。但这不包含柴油、电泵或储水池的费用。每公顷至少需要泵出560 ~ 655升/分钟的水量才能达到防霜的要求。

北卡罗来纳州有近770公顷的草莓园采用了地膜覆盖高垄栽培，其中75%采用了滴灌。较高的垄床（25厘米）需要滴灌，因为水的毛细管作用较弱。正确地使用地膜覆盖和滴灌可以最大限度地控

制根系环境和提高肥水利用率。专家可以给任何规模的草莓园区设计滴灌系统。滴灌带本身附有滴头沿垄向连续灌水。由于地膜覆盖栽培需要年年进行，且一次仅栽培一季，而通常采用较薄的一次性滴灌管带（0.1 ～ 0.2毫米厚）。如采用井水灌溉，因井水一般都很洁净，仅需一个纱网过滤器即可除掉大的颗粒。在考虑滴灌装置之前，需要通过水质检测确定水中的沉淀物和污染物。小溪、池塘、水坑或河流等地表水中含有细菌、藻类或其他水生生物，因此，利用这种水灌溉时必须安装砂粒过滤器。

由于'常德乐'草莓是最重要的销售品牌，以此来吸引客户到园中来，本文将综合讨论在北卡罗来纳州及其他有关地区'常德乐'品种的栽培技术，包括栽前、栽植和栽后的管理。

'常德乐'草莓

'常德乐'（加州大学专利品种号4487）是于1982年以已故加利福尼亚大学杰出作家和园艺家威廉·亨利·常德乐（Wiliam Henry Chandler）先生的名字而命名的草莓品种（由伯令格哈斯特和吾尔斯命名并推出）。1992年，'常德乐'是全世界最重要的草莓品种，目前在南加州仍有一定的栽培面积，也是路易斯安那州以及墨西哥、中美洲、意大利、法国和西班牙等地的主栽品种。采用黑膜覆盖高垄栽培，'常德乐'的产量优于其他品种，加上其耐雨和霜害特性，因此在北卡罗来纳和其他中南部州份得到了广泛栽培，由于'常德乐'具有优良的鲜食和加工品质，在直销市场备受欢迎。在北卡罗来纳州，有少量生产者也把"当地成熟"的'常德乐'草莓推到了超市和特色食品店进行销售。

很多人怀疑北卡罗来纳州对'常德乐'这一地膜覆盖栽培品种的依赖是否正确，因为该品种是为干燥的加州而不是潮湿的东南地区培育。实际上，1991年春，北卡罗来纳州的地膜草莓业几乎被果实炭疽病害毁灭（'常德乐'对炭疽病很敏感），当时很多草莓园严重暴发此病。随着敌菌丹紧急注册的过期（1987年），该州几乎所有'常德乐'草莓园都受到了炭疽病的威胁。

目前生产上尚无有效防治炭疽病的杀菌剂可用。无病'常德乐'苗基本上依赖于夏季冷凉的美国北部地区（马萨诸塞、纽约和新罕布什尔）和加拿大生产，秋季移栽到北卡罗来纳，由于在夏季'常德乐'极易感染炭疽病，所以春季草莓采收结束后，就要进行植株销毁。而且，鼓励生产者实行草莓园轮作，定植后尽量减少喷灌，因此，在北卡罗来纳栽培对炭疽病敏感的'常德乐'品种取决于对卫生条件和植株环境的控制以避免病害的发生，降低损失。

园 地 选 择

在北卡罗来纳州不同地区和土壤条件下进行了地膜覆盖高垄栽培试验，该栽培方式最理想的地区是温暖的海岸平原和低海拔的山麓地带，但是，北卡罗来纳生产者在高山地带采用该栽培方式也获得了成功。林木茂盛的地方及北侧或西北侧有防风林的地块最适于采用该栽培方式，这可减轻冬末和早春强风造成的冻害。但是，过度防风则限制空气流动，而加重真菌病害的发生，空气充分对流，可以使植株在降雨或露后迅速干燥。建议采用南北向垄，这样两行垄上的植株生长和成熟才较为一致，如果垄向为东西方向，在冬季，北边的植株就会受到南边植株的部分遮阴。

土　　壤

土壤类型对高垄的成形有决定性影响。沙壤土和黏壤土很易做成20 ～ 25厘米高的垄，而高黏土和沙石土则很难做垄，一般而言，与成垄有关的土壤物理特性和内部排水性能比土壤肥力因子更为重要。黏土含量太高、沙石量太多以及下面的硬土层，比pH低或缺少矿质营养还要难于治理，后者可通过施用石灰和适宜的肥料来调节。

建议草莓生产者经常更换园地，但在北卡罗来纳州往往连续多年在同一地块种植，这是因为需要考虑灌溉管线和销售市场的位置。溴甲烷作为栽前土壤熏蒸剂的禁用，将促使生产者们不得不重新考虑园地轮作的益处，特别是需要考虑连作地块（未处理）土传病害、线虫和虫害的积聚。

A. 北美草莓生产者协会参观位于北卡罗来纳洛矶点的山姆（Sam）和卡尔·莱维斯（Cal Lewis）苗圃和农场股份有限公司。B ~ D. 对储藏草莓苗进行分级包装，每28株一捆，每箱1 000株。E. 每箱装6夸脱新鲜草莓果实出售。F. 整齐排列的垄床和洁净的垄间及园内销售房，该园区在市区范围内。G. 背景中是蓝莓园区（粉色）。H. 印有商标的果实包装盒。I. 该公司经理山姆·莱维斯。（诺尔曼·奇尔德斯）

栽前土壤施肥

在栽前几个月需要作一次土壤检测，当把土壤pH调到6.0时，要施多少白云岩石灰。对于不能很好保持钾和氮的沙质土，建议栽前每公顷撒施135千克钾和67千克氮肥。钾肥最好用硫酸钾。栽前氮肥一般用硝酸铵，既可以撒施也可在垄中央开一10厘米深的沟来条施。尤其对没有安装滴灌设备的北卡生产园而言，栽前施用的钾肥和氮肥对‘常德乐’草莓在秋季和初冬的养分供给是必需的。

不再推荐使用传统的缓释氮肥量112 ~ 168千克/公顷。目前建议，在花前、花期和结果期通过滴灌施入总施氮量的2/3（112 ~ 135千克/公顷）。两年试验结果表明，花前、花期和结果期通过滴灌施入等量的氮和钾，‘常德乐’草莓可获得最佳产量和品质（资料未发表），因此，栽前需要施入约33%氮、50%钾和全部的磷肥（依据土壤检测结果），栽后通过滴灌系统施入剩余比例的氮钾肥（N ： K=1 ： 1），一般土壤测定的硼含量不十分精确，生产者通常在栽前对土壤喷施硼肥［约1.12千克/公顷，用可溶性硼（20% B）溶于水935升/公顷］。

排　水

高垄能促进土壤排水，但是地膜覆盖高垄栽培常面临着去除过量“地表水”的问题，这是由于50%的园地面积覆盖着不透气的塑料膜所致。因此，园地应有些坡度，当降大雨时表面水可以均匀而平缓地流出，避免造成侵蚀或留下小水坑，当园地坡度大于2%（每100米长有2米落差）时，栽苗后连续的喷灌可能造成严重的土壤侵蚀。与栽植的裸根苗不同，穴盘苗成活不需要高频率的喷灌（参见“植株材料”）。

土 壤 熏 蒸

溴甲烷/氯化苦熏蒸处理一直是加州和佛罗里达州的常规措施，自1960年以来，这两个州一直采用高垄地膜覆盖栽培，用溴甲烷熏蒸可以防治杂草、线虫和病虫害，如果栽前没有进行熏蒸处理不建议进行重茬高垄栽培。每公顷的熏蒸剂用量取决于垄宽和施药浓度，处理时的气温至少为10℃，土壤状况较好，无大块植物残体并具适宜的湿度（利于杂草种子发芽）。为了使土壤有适宜的湿度以便做垄，需要在做垄和熏蒸之前1 ~ 2天，对地面喷灌1.3厘米左右的水。如果气候温暖，大多数熏蒸剂都会在7天左右从垄中散失，另外，为了防止溴甲烷对草莓苗产生药害，在栽前1 ~ 2天，在地膜上打定植孔。

草 莓 垄

在北卡罗来纳东南地区（沙壤土），大多数生产园采用了25厘米高的“超级垄”，这样可以促进形成更多根系和新茎。“超级垄”为草莓根系的生长发育提供了一个几乎很理想的空气—土壤—水环境。

采收结束后挖掘膜下的土壤就很易观察到这种垄对根系生长的有益影响，有些根系深达61厘米，但是大部分根系集中在地表25 ~ 30厘米的土层内，在北卡罗来纳东南的几个地区，‘常德乐’草莓栽植在垄高25厘米的肥沃沙壤土中，连续3年的年产量均超过了40吨/公顷。

标准垄的规格是，垄高25厘米，基部宽度81厘米，顶部宽度76厘米，垄顶部中间稍微隆起以防止膜上积水，从中间向两侧边缘略微倾斜，落差为3.2厘米，如果垄高不足，因‘常德乐’的果柄较长，就会导致果实直接和垄沟的地面接触，而需要在沟底覆些稻草来保持浆果洁净（而25厘米高的垄就不需要覆稻草），垄中心间距为1.37 ~ 1.52米。

安装滴灌管带

安装滴灌管带时要滴孔向上，通常管带埋在垄中心2.5 ~ 5厘米深的位置，安装期间要密切关注以确保滴孔面朝上，防止管带在铺设设备上缠绕。同时关注设备上的缠管轮是否已空。在接入滴灌系统前，要关紧管带端。一般而言，生产者在冬末和早春才开始使用滴灌系统，秋季灌溉用喷灌。

斜坡地的覆盖作物

土壤熏蒸和地膜覆盖完成后，最好在整个地块撒播约56千克/公顷的一年生黑麦，在完成熏蒸的当天，就可以撒播，在斜坡地种植黑麦草可以防止大雨后或缓苗期灌溉对沟底的土壤冲刷，如黑麦草生长过旺，可在冬末其高过垄顶之前，用除草剂将其杀死。如果不将其过早地杀死，种一年生黑麦草比春季在垄沟里覆麦秸还要便宜。在播种黑麦前就要平整好垄沟端。重要的是在熏蒸处理结束后要马上平整好垄沟端，这样垄间的水才易流走，一旦黑麦草长起来，就很难处理地表排水问题。如果你决定在秋季和冬季播种“活的覆盖物”，很显然你不希望在垄沟里施用芽前除草剂，实际上，几乎没有注册的除草剂可用于草莓的地膜覆盖栽培，如果对用什么除草剂及浓度和施用时期有疑问，请与“合作推广服务中心”或咨询顾问联系。

定　植

苗 质 量

草莓地膜覆盖栽培能否成功主要取决于移栽苗的健康状况和长势，从信誉良好的苗圃购买苗木，苗木品种要纯正，无病虫、线虫和病毒，生产者可向北卡罗来纳州草莓生产者协会查询美国和加拿大的‘常德乐’草莓品种来源。

植 株 类 型

一般而言，穴盘苗的售价高于裸根苗，但穴盘苗具有适合水轮或一次钵覆盖种植机机械定植优点；而裸根苗则多用人工定植。定植后，裸根苗的成活依赖于栽后1 ~ 2周内高频率的喷灌（根据气候条件），北卡罗来纳商品生产经验表明，穴盘苗栽植后也需要喷灌，但只需在第一、第二和第三天分别喷灌5小时、3小时和2小时就可以。对于业余生产者来说用穴盘苗比用裸根苗好，因为裸根苗在定植后第一周需要不断喷水，而需要很多时间照看，而且，提倡缺少经验的生产者种植穴盘苗，因为穴盘苗较裸根苗易于管理，另外穴盘苗的定植期比裸根苗稍微延后也不会对产量造成很大影响，这是因为穴盘苗比裸根苗缓苗期短，采用穴盘苗与采用裸根苗的商品产量和果个相当。

贮藏、处理和定植程序

新 鲜 裸 根 苗

定植前可把新鲜裸根苗在4.4℃冷库里存放1 ~ 2天，如果贮藏时间太长，成活率就会降低。在苗圃里，草莓苗采用纸箱或柳筐包装（通常为100 ~ 500株/筐）且包装很紧，这往往易发“热”而造成苗子不适于田间栽植，因此，有必要在栽植前对苗木进行预冷。在气候炎热时栽植，需要用凉水给苗筐降温。

用特制的株距轮在覆膜上开一个6.4厘米长的狭孔，然后人工把裸根苗植入，使用株距轮设备可显著减少人工植苗时间（如不用该设备，每公顷约需人工100小时）。可能栽前需要修剪根系，留12.7 ~ 15.2厘米，定植深度为根茎中心点位置与地表面相平，如果栽植太深，根茎就会腐烂，植株死亡，造成苗木浪费，但如果栽植太浅，根系外露，造成生根差，苗木不固定。苗木大多按合适深度定植，但是也会出现小坑或在根茎周围堆土太多，栽苗后开始灌溉时，小坑可能变平，埋没了根茎，地面凸出部分可能会受到侵蚀，使根系外露。结实的垄有助于防止侵蚀或损坏。

栽苗后需要马上进行喷灌，不能迟于1小时，定植后5 ~ 7天内需要灌溉，每天上午当植株表现

中等萎焉时，开始灌溉，一直到一天中的高温阶段结束为止，几天后，上午开始灌溉的时间可以稍晚，下午停止的时间可以提前。栽后灌溉的主要目的是在移栽苗长出新根能吸收足够多水分来维持植株生长之前，防止叶片脱落。在缓苗期结束时植株应有3片或3片以上成龄绿叶。弥雾冷却只需少量水，每小时只喷0.25厘米的水即可。

穴 盘 苗

匍匐茎小苗和茎尖通常不需要长期储藏，从7月初到10月中旬北方商品苗圃每周都可以采到新鲜茎尖。定植前35天左右，用冷藏车把茎尖运送到生产者的农场，在1.1 ~ 4.4℃条件下，茎尖可以储存2周，而不会降低质量。每箱约装1 000株小苗，包装箱之间要留有空间，使冷气能在箱间流动，草莓茎尖苗是能呼吸的活体植株，必须在冷凉条件下保存，一直到栽植在弥雾条件下让它们生根为止。冷藏相对湿度应保持在75% ~ 80%。

扦插前还要对小苗进行修整，剪掉过多的匍匐茎节，留1.0 ~ 1.3厘米长的匍匐茎“短桩”在新根长成前起着固定小苗的作用。新鲜的茎尖苗在良好的弥雾条件下生根最好，保持叶蒂湿润，而且土中几乎没有过量的水分，一直保持叶片湿润7 ~ 10天，植株才能形成良好根系。随着根系形成，植株可以从土中获取水分，就不再依赖弥雾。在2 ~ 5天内逐渐减少弥雾时间，扦插两周后，把整个苗子从穴孔里拔出时，如根团保持完整，就可停止弥雾。

草莓苗栽在装有特制基质的穴盘中，可用的基质有多种，但应选择含有草炭、沙子、沙砾、蛭石、聚苯乙烯或其他材料的无土基质。如用6.0厘米×30.5厘米×50.8厘米具有60个穴的硬塑料穴盘繁育1 000株苗约需0.11米^{3}基质，研究表明60孔的穴盘适合中小型草莓茎尖苗，如果供应商提供的茎尖苗差异太大，需按大、中、小进行分级，对大茎尖应选用具50孔的穴盘，中等茎尖用60孔穴盘，小茎尖用72孔穴盘，如大（大于12.7厘米）小（5.1 ~ 7.6厘米）茎尖苗混栽在同一穴盘，易造成竞争。小苗受到遮阴，导致根系生长不完整，弥雾期间受到遮阴的小苗易感染灰霉病。

弥雾终止后，把穴盘苗移到完全见光、沙砾铺垫的地块，再生长驯化2 ~ 3周，就可进行园地移栽。在此期间，每天都要浇水，每周补施一次完全液体肥。充满根系的穴盘苗适合机械栽植，也可人工栽植（可比机械栽植提早），栽苗时，根茎（芽）要刚好露出地表，不能埋土。

穴盘苗田间定植比鲜裸根苗定植容易，可用覆膜式盆栽移植机或水轮式蔬菜移植机来移栽和灌溉穴盘苗。认真分级的茎尖苗将繁出更为整齐的穴盘苗，可以提高机械栽植效率。定植后需喷灌数小时。

定 植 期

过去，采用地膜覆盖高垄栽培的生产园一直到9月底或10月初才能从美国北部或加拿大苗圃获得鲜绿裸根苗。在低海拔山区和北卡罗来纳东南部地区，此时是栽植最佳时期，但在气候寒冷地区如北卡罗来纳的高海拔山区及弗吉尼亚、特拉华、马里兰和新泽西等州为获得高产，需要更早的定植期。现在，北卡罗来纳西部可用穴盘苗在9月中旬定植。

定 植 密 度

每垄栽植两行草莓苗，为了改善光照条件和空气流通，两行植株通常采用交叉定植，通常，行距为30 ~ 36厘米，株距为30 ~ 41厘米。如果垄面中心间距为1.52米，株行距为30.5厘米×30.5厘米，每公顷能栽43 000株；株行距35.6厘米×30.5厘米，每公顷能栽36 800株；株行距40.6厘米×30.5厘米，每公顷能栽32 120株。

在北卡罗来纳，关于‘常德乐’的定植密度对商品产量和果实品质的影响尚未做详细调查，通常的株行距为30.5厘米×30.5厘米；但由于‘常德乐’长势很旺，最近许多生产园采用了较大的株距。35.6厘米的株距使采摘更容易、喷药更均匀且灰霉腐烂果更少。但是许多种植者由于定植过早、定植前肥料施用过量或灌水过量等无意中造成了植株“郁闭问题”。

栽后管理

栽后施肥

在北卡罗来纳东南地区，在草莓初花期（2月底）就开始滴灌，一直到采收结束（5月底或6月初）。与植株营养分析相结合，滴灌施肥可以提高氮钾肥效，同时改善浆果硬度和品质。从2月底到5月底或6月初100多天的时间里，通过滴灌每天或每周都要施氮钾肥［施氮量为1.12千克/（公顷·天）］，同时施入等量的K_2O［1.12千克/（公顷·天）］，在本研究项目中，发现滴入钾量较氮量高时并不能提高'常德乐'草莓的产量和品质（资料未发表）。

冬末和初春每两周对植株进行一次营养分析，以确保精准施肥，来达到最佳的植株生长和果实产量。选取完全展开的最新叶片进行营养分析。下面是北卡罗来纳州'常德乐'草莓适宜的养分含量标准（完全展开的叶片）：N：3.0%～4.0%；P：0.2%～0.4%；K：1.1%～2.5%；Ca：0.5%～1.5%；Mg：0.25%～0.45%；Fe：50～150毫克/千克；Mn：30～100毫克/千克；Zn：15～50毫克/千克；Cu：4～15毫克/千克；B：25～50毫克/千克，叶柄用于硝态氮分析。迄今为止，经验表明生长季初期叶柄中硝态氮浓度为5 500～6 000毫克/千克、后期为800～1 200毫克/千克，草莓产量最高。

水分管理

随着草莓植株的生长，需要更多的水来满足根系和叶片生长。秋季，除了栽后前两周缓苗期外，需水较少。冬末，开始滴灌（2月底/3月初），并通过滴灌进行施肥，但在3月至4月初随着叶片和花的快速发育，需水量增加。5月采收时进入需水高峰期；很显然，在炎热干燥条件下需要更多的水分。

水分损失测定

通过开放式容器可以测定水分蒸发量，农业气象报告中通常称其为器皿蒸发量。确定作物日需水量更简单的方法是采用张力计，张力计是由一个能渗透的、尖端为陶瓷的管组成，管内有水，上部真空。张力计放置在根际附近，将尖端埋入土中，随着水分从渗透尖端移出，一个真空读数（土壤吸收Centibars）代表土中的水分状态。张力计在许多蔬菜和草莓产区的沙质土中性能良好。0值代表土壤水分呈完全饱和状态，读数为10时土壤含水量处于正常状态，读数为20～30时就需要灌溉。

张力计通常成对设置，又称为"观测站"，一个15厘米深，另一个30厘米深，当30厘米深的张力计读数为20～30时，开启灌溉系统，当15厘米深的张力计读数降到10以下时关闭灌溉系统。带螺线管开关的张力计，可以完全自动开关灌溉系统。

春霜和冻害的防控

在3～4月采用喷灌仍是防止草莓花期冻害最好且最可靠的方法。在北卡罗来纳，每年春季喷水十几个夜晚，每晚喷8～10个小时是常规技术，例如，连续喷水4个夜晚，平均每晚喷10小时，喷水量为0.32厘米/小时，那么一公顷就需要喷1 272米^{3}水。当水温降至0℃时尤其是结冰时，灌溉水给植株释放热量，只要花果温度保持在0℃以上，就不会出现冻害。气温越低，保持花果在冻害温度以上需要喷的水量越大。开放的花较绿果更易受冻，绿果又比成熟果易受冻。如果风速大于或等于4.44～6.67米/秒时，喷水防冻效果就不稳定，植株、花和果可能出现严重冻害。如果在微风或无风天气当温度降至-5.6℃时约需0.38厘米/小时喷水量才能达到防霜冻效果，降至-7.8～-5.6℃时需要按0.64厘米/小时比率喷水。当气温为1.1℃时，开始喷灌，直到冰融化时才能关闭喷灌装置，随着冰不断融化，不再进行喷水。温度计要在冰水中校正，放在园中最低处的地膜上面，并充分露天（确保温度计不被附近的植株遮蔽）。

垄 覆 盖

必须清楚的是，采用垄覆盖不是防霜冻措施，为达到全面防霜效果，必须使用喷灌装置。垄面覆盖确实可以改善温度，如果采用冬季覆盖，成熟期可能提前，但冬季覆盖的实际价值在于其早熟果能否带来更大的经济效益。

在北卡罗来纳东南部，采用越冬垄覆盖对潜在的防霜效果进行了几个方面的调查，一般而言，覆盖对防冻没有任何经济价值，在北卡罗来纳西部及其以北的气候条件下越冬覆盖采用条状或全园覆盖较为适宜。

在冬末和早春出现平流冻害或风载冻害时，全园覆盖确实可带来经济效益，发生这种冻害时因为风大不能采用喷灌措施来防冻。短时间内可以利用全园覆盖，一旦田间条件转好就可以收回覆盖物并贮存起来，这样可以延长覆盖物寿命——一般可用2 ~ 3年。

参考文献（略）

草莓一年一栽制[1]品种

佛罗里达州多佛市，佛罗里达大学湾区教育研究中心
克瑞格·常德乐和丹尼尔·理戛德

世界上有很多育种项目专门为一年一栽制生产体系培育品种。所有这些项目的育种目标都类似，即选育出优质高产的栽培品种。理想状态下，这些品种的果个大（大于10克，平均单果重大于20克）、易采摘、外观诱人（如色泽亮丽、表皮光滑、形状对称和没有裂缝）、肉硬和口感好。但这些项目之间也有一些差异，如采收期以及病虫害抗性方面的差异。下面简单介绍一些为一年一栽制生产体系培育品种的主要育种项目。也会对这些项目中的重点品种做简单介绍。需要注意的是，一年一栽制生产体系所用品种的生命周期往往比多年一栽制的短。除非特别说明，所列品种均为短日照类型。

公 共 项 目

加利福尼亚大学：加利福尼亚大学草莓育种项目积极培育适于加州栽培的品种。该项目所培育的品种在冬季气候温和的加州沿海地区表现良好。这些品种也适合美国东南沿海平原、墨西哥、西班牙南部、意大利、法国、北非、南美亚热带地区和澳大利亚产区。一般而言，冬末、春季和初夏是这些品种的生产旺季，而对于加洲中部海岸，冬季凉爽且夏季温和，可以在春夏秋三季生产大量果实。加利福尼亚大学项目选出的优系目前都在检测其二斑叶螨及由黄萎病菌和炭疽病菌引起的根茎腐烂病抗性。育种人员只有在征得特别许可后，才可以在其育种项目中合法使用加州品种。

佛罗里达大学育种家克瑞格·常德乐

‘卡姆罗莎’（Camarosa）（1993年推出）‘卡姆罗莎’在加州和其他适合栽培‘常德乐’的产区表现良好。该品种长势强，产量潜力大。果个大、硬度高、深红色且风味佳，完全成熟时可能会变成微紫色。对炭疽果腐病（由*Colletotrichum acutatum*引起）和白粉病敏感（由*Sphaerotheca macularis*引起）。某些公共项目（如加利福尼亚大学项目）（1978，包括苗圃，1988）育出的品种已申请了专利。按照法律规定，育种人员和遗传专家需要得到书面批准，才可以在自己的项目中使用公共或私人品种。

‘钻石’（Diamante）（1997年推出） 是一个日中性[2]品种。已经替代‘赛娃’（Selva）成为加州瓦特森维尔/萨利纳斯产区的主栽品种。该品种比‘赛娃’风味佳、果个大、抗螨和白粉病且植株更

[1] 一年一栽制草莓是指在一年内完成整个生命周期（生长、开花和结果）。
[2] 发育和成熟对日照或黑暗长短没有要求。

直立紧凑。果肉颜色比其他日中性品种浅。

‘芳香’（Aromas）（1997推出） 日中性品种，特别适合加州中海岸地区栽培。产量高，颜色深红。与‘赛娃’相比，植株更直立并更抗白粉病。

‘给维塔’（Gaviota）（1997年推出） 夏植‘派加罗’（Pajaro）和秋植‘卡姆罗莎’和‘常德乐’的替代品种。但是，它不适合南加州初秋移栽。相比于‘卡姆罗莎’和‘常德乐’，该品种株型小而开张。其果实耐雨性强，比‘卡姆罗莎’鲜食品质好。

‘常德乐’（Chandler）（1983年推出） 在南加州，‘常德乐’曾一度是主导品种，现在已在很大程度上被‘卡姆罗莎’替代。但在美国东南仍很重要，因为它产量高、果实诱人且风味浓，适合当地和自采园销售。

‘赛娃’（1983年）、‘海景’（Seascape）（1991年）、‘派加罗’（Pajaro）（1979年）、‘奥格’（Oso Grande）（1987年）和‘派克’（Parker）（1983年）是一些在加州或其他产区小规模栽培的加利福尼亚大学品种。

请访问www.ucop.edu/ott/strawberry，了解更多关于加利福尼亚大学草莓育种项目以及该项目育出的新品种信息。

佛罗里达大学：佛罗里达大学草莓育种项目培育适合佛罗里达州中西部产区的品种。该项目所培育的品种最适于世界亚热带冬季产区，如阿根廷北部和埃及。佛罗里达项目强调发展早熟高产品种（北半球的11月至翌年2月，南半球的5 ~ 8月）并抗某些真菌性病害。对实生苗进行人为的根茎腐烂病（*Colletotrichum gloeosporioides*）侵染测试，对优系进行炭疽果腐病和灰霉果腐病（由*Botrytis cinerea*引起）抗性进行评价。

‘甜查理’（Sweet Charlie）（1992年） 与佛罗里达中西部的其他品种相比，‘甜查理’一般在12月和2月产量较高。它抗炭疽果腐病，因为含酸量低，往往香甜可口。由于在温暖天气货架寿命短，目前该品种在佛罗里达中西部地区呈下降趋势。但如果在当地销售，‘甜查理’往往会因为早熟和风味佳而产生很好的效益。

‘早明亮’（Earlibrite）（2000年推出） 与‘甜查理’一样，在佛罗里达中西部早期产量较高。但果实硬度更高、个头更大，畸形果多于‘甜查理’。

‘草莓节’（Strawberry Festival）（2000年推出） 在佛罗里达中西部栽培时，果肉硬、深红色且风味浓。果梗长而易采摘。该品种易发生炭疽果腐病和根茎腐烂病，因此需谨慎选择苗源。

‘紫红’（Carmine）（2002年推出） 是‘甜查理’的替代品种，在多佛地区栽培时，植株比‘卡姆罗莎’紧凑，果硬、多汁且外表深红。正在冬季气候温和的产区试种。

访问http://strawberry.ifas.upl.edu和www.strawberryplants.com获取关于佛罗里达大学草莓育种项目及该项目所育品种等更多信息。

北卡罗来纳州立大学：北卡罗来纳州草莓育种项目培育适合本州和邻州的品种。此项目选育高垄栽培和温室栽培品种。高垄栽培用于春季果实生产，而温室栽培用于反季节生产。对于美国东南部湿热的海岸平原和山麓地区，炭疽果腐病和根茎腐烂病是最大的困扰，该项目的主要目标是选育抗这两种病的品种。

马里兰大学：马里兰大学草莓育种项目，名为“五佳育种”（Five Aces Breeding），目前该项目与马里兰东海岸的德万·克里斯特（Davon Crest）农场实行公私合营制。德万·克里斯特农场是经过认证、生产无病毒草莓穴盘苗的苗圃。该项目的目标是成为一家专门从事选育和营销适合美国东部一年一栽高垄栽培的品种，最终企业完全私营。目前，其选出的优系正从南佛罗里达到纽约伊利湖附近的许多试验点进行评价。该项目一个令人振奋的目标是将麝香草莓（*F. moschata*）的香味转到栽培草莓中，该工作与加拿大圭尔夫大学的奥兰·沙利文（Alan Sullivan）博士合作。

意大利国家草莓育种项目：该项目包括三个地区性项目：一是为南意大利（西西里、坎帕尼亚和巴西利卡塔地区）选育品种；二是为波河谷地区选育品种；三是为北部山区（皮埃蒙特和特伦蒂诺地

草莓主栽品种：A.‘甜查理’（佛罗里达州）；B.‘卡姆罗莎’（加利福尼亚州，其他地区）；C.‘卡尔巴拉’（Karbarla）（澳大利亚）；D.‘钻石’（加利福尼亚州）；E.‘埃尔桑塔’（西欧）；F.‘阿迪’（北意大利）。

A. 佛罗里达大学多佛草莓研究中心；B. 园艺学家克瑞格·常德乐博士，正在讨论通过常规育种选出的新品种；C. 草莓病理学家丹尼尔·理戛德博士；D. 草莓昆虫学家吉姆·普利；E. 品种和害虫试验区；F. 邻近的草莓生产者马温·布朗；G. 该试验站育出的‘草莓节’品种；H. 草莓推广专家蒂姆·克罗克博士，已退休；I. 秋季定植的‘草莓节’在2月开始结果；J. 在2月份试验站开放日，马温·布朗与科学家们一起为生产者指导；K. 所有草莓试验都用地膜覆盖高垄栽培——常见的佛罗里达模式。（N. Childers 摄）

区）选育品种。南意大利草莓生产是在冬季和早春，波河谷是在春天，北部山区是在夏季。南意大利利用大棚栽培草莓，来增强冬季生产能力，而波河谷和北部山区则大棚和田间栽培并举。育种目标包括提高对碱性土壤（pH 7.5 ~ 8.2）的适应性并抗以下病害：革腐病（由*Phytophthora cactorum*引起）、黄萎病、白粉病、灰霉果腐病和炭疽果腐病。

'阿迪'（Addie）（1982年推出） 中早熟品种，适合在波河谷栽培。

'理想'（Idea）（1982年推出） 晚熟品种，与'阿迪'一样，适合在波河谷栽培。该品种长势强，在没有熏蒸的土壤中也生长良好。果大、橘红且肉硬。

跨区域草莓研究和试验中心（CIREF）：位于法国贝吉拉克。该育种项目的目标是培育短日照[3]和日中性品种，并具'嘎里格特'（Gariguette）品种的外观和风味特点，但要比'嘎里格特'抗革腐病和根茎腐烂病。从1988年该项目启动，该中心已经推出了许多短日照品种如'希福罗特'（Ciflorette）、'希罗'（Ciloe）、'希格林'（Cigaline）、'希莱耐'（Cireine）、'希格丽特'（Cigoulette）和'希弗莱斯'（Cifrance）及日中性品种如'希娇思'（Cijosee）、'希拉好'（Cirafine）、'希拉诺'（Cirano）和'希拉蒂'（Cilady）。

西班牙草莓公共育种项目：该项目始于1985年，由以下三个机构合作：巴伦西亚自治区农业研究所（IVIA）、农业研究培训中心（CIFA）和韦尔瓦大学。该项目的主要目标是为韦尔瓦和巴伦西亚产区研发鲜食品种。对于韦尔瓦地区，早熟（1 ~ 3月）和高产是其重要的育种目标。

以色列科研中心草莓育种项目：此项目已经为温暖的地中海地区育出了很多早熟（11月到1月）丰产品种。尽管没有高海拔或高纬度苗圃（挖苗之前低温），这些品种的果实在11月份（南半球5月）开始成熟。于20世纪90年代末，该项目推出了'马拉'（Malah）、'耶尔'（Yael）和'塔玛'（Tamar）等品种。

澳大利亚草莓育种项目：澳大利亚有两个独特的公共育种项目，一个是在位于墨尔本附近的维多利亚农业局；另一个是位于布里斯班附近的昆士兰园艺研究所（QHI）。维多利亚草莓产区为地中海气候（冬天湿润，夏天干燥）。维多利亚育种目标与加利福尼亚中海岸地区（瓦特森维尔/萨利纳斯地区）的类似，即培育春夏秋季节高产的品种。昆士兰产区是亚热带气候（冬季温和，夏季潮湿）。昆士兰项目培育晚秋和冬季高产品种。而且，因为最近几年冬季多雨，该项目已选育出一些抗裂果的草莓基因型。

'卡巴拉'（Kabarla）（1995年推出） 由昆士兰园艺研究所育出，栽植期极早（南半球3月中旬，北半球9月中旬）。为早熟高产型品种。该品种的果实可溶性固形物和酸含量中等至高，通常情况下果个中等、果肉硬且耐雨性强。

'红兰乐'（Redlands Joy）（1992年推出） 由昆士兰园艺所育出，为中熟品种且高产（南半球7 ~ 8月，北半球1 ~ 2月）。该品种的果实深受消费者欢迎（可能是因为味甜、酸度小），但由于易碰伤，在果实采摘和包装时需要格外小心。

日本枥木县农业实验站草莓育种项目：该项目培育适合保护地（塑料大棚）栽培（秋、冬和春季）的品种。

'女峰'（Nyoho）（1984年推出） 在日本栽培广泛，果实甜且风味佳。

'枥峰'（Tochnomine）（1992年推出） 抗白粉病，果实长圆锥形，深鲜红色，味浓。

'枥乙女'（Tochiotome）（1995年推出） 高产，果实比'女峰'大、硬、甜。

阿根廷和乌拉圭草莓育种项目：由阿根廷国家农业技术研究所（INTA）（位于土库曼附近）和乌拉圭国家农业研究所（INIA）（拉斯—布鲁哈斯的研究中心）实施，旨在培育适应亚热带秋冬春季节的品种。项目的目标与佛罗里达的类似。

[3] 受短日照时间影响。

英国东茂林国际园艺研究所（HRI）：该项目为英国连续5个月（英国南部从5月底到10月中旬）的生长期育出了一系列品种。如果使用塑料大棚，生长期则为7个月，种植期提前，采摘日期推后。

‘飞马’（Pegasus）（1990年推出）　中熟品种，高产稳产，抗黄萎病。

‘艾乐斯’（Eros）（1994年推出）　中熟品种，类似‘埃尔桑塔’，但果个较大。抗红中柱根腐病的几个生理小种（由*Phytophthora fragariae*引起）。

‘探戈’（Tango）（1995年推出）　是一个日中性强的品种，株型紧凑但高产。果实成熟期介于短日照晚熟品种和日中性晚熟品种（如‘赛娃’）之间。

‘保列罗’（Bolero）（1996年推出）　日中性品种，成熟期比‘探戈’晚。果实品质好，抗白粉病。

植物育种和繁殖研究中心（CPRODLO）：位于荷兰瓦赫宁根。该项目育出了适应欧洲温带地区（北纬45°～60°）栽培的草莓品种。通过大田和温室评价品种。

‘戈雷拉’（Gorella）（1960年推出）　适于从北意大利到丹麦的产区栽培，果个大。

‘埃尔桑塔’（Elsanta）（1981年推出）　是西欧多数产区的主栽品种。果肉硬，皮韧性强，因此比这些地区的其他品种易采摘（因为不必担心碰伤）。

私 人 项 目

帝丽斯科草莓协会（DSA）：该公司的总部设在加利福尼亚的瓦特森维尔，为其在加利福尼亚、佛罗里达及世界各地一年一栽产区的会员提供专利品种。该协会近来获得专利授权的品种有‘阿利沙尔’（Alisal）、‘阿尔塔·维斯塔’（Alta Vista）、‘巴埃匝’（Baeza）、‘蒙塔尔沃’（Montalvo）、‘米拉多’（Mirador）和‘科帕奇’（Captiva）。

植物科学有限公司（PSI）：植物科学有限公司的总部也设在加利福尼亚州的瓦特森维尔。该公司是一家研发公司，已经育出了很多专利品种。这些品种只有授权的种植者才能使用。欲获取更多信息，请访问其网站。

在纽约州尼亚加拉瀑布召开的北美草莓生产者协会（NASGA）2001年会上的草莓育种专家发言人，从左到右依次为：位于贝茨维尔美国农业部水果实验室的斯坦·豪卡森；位于加州沃森维尔BHN机构的贝斯·克兰达尔；威斯康星大学河瀑分校的布莱恩 史密斯；加拿大安大略省西姆科园艺研究所的亚当·戴尔；位于俄勒冈州考瓦利斯美国农业部试验站的查德·芬；纽约杰尼瓦农业试验站的考特妮 韦伯；位于新斯科舍省肯特维尔大西洋食品和园艺研究中心的安德鲁·杰米尔森；佛罗里达大学多佛试验站的克瑞格·常德乐。（奇尔德斯摄）

加州巨人有限公司：是一个生产者—运输商公司，位于瓦特森维尔。该公司的育种项目之一就是通过非熏蒸消毒土壤来筛选品种。最近，他们育出了两个品种：‘加州巨人2号’（Cal Giant#2）和‘加州巨人3号’（Cal Giant#3），通过加州位于奇科的太平洋植物出口公司来育苗和销售（www.strawberry-plants.com）。这两个品种在非熏蒸消毒土壤和熏蒸消毒土壤中栽培表现一致。

佛罗里达州那不勒斯JP研究公司

‘宝石星’（Gem Star）（2000年推出） 抗炭疽病，在北卡罗来纳州表现好。

‘财宝’（Treasure）（2000年推出） 适合佛罗里达中西部产区栽培。抗根茎腐烂病，果实外表深红色，表皮抗磨损。

法国米利拉福雷达鹏苗圃（Darbonne，S.A.nursery of Milly-la）：已培育并推出了许多适合露天和保护地栽培的品种。

‘达赛莱克特’（Darselect）（1995年推出） 在法国产区为中熟品种。果实亮红味佳，抗灰霉病。

西班牙纳瓦拉普拉尼萨苗圃：主要为西班牙西南部韦尔瓦产区培育品种。

‘米塞-吐德拉’（Milsie-Tudla）（1996年推出） 早熟，长圆锥形。在西班牙西南部和意大利南部产区栽培。

A. 2月佛罗里达大学多佛试验站野外实习日入口。B. 用于非生产季育种试验的温室。C. 佛罗里达大学多佛试验站附近马温·布朗园区的草莓收获。D. 试验基地附近的租户；垄端是常规包装箱；最右边行是洋葱，自采摘者不愿到边沿采摘，所以马温·布朗在这里种上了洋葱，然后将洋葱卖给采摘者。洋葱还可驱避鼹蜥及某些害虫。E. 在马温·布朗办公室门前为儿童、顾客及参观人员展示的BBI草莓塑料包装盒。F. 在马温·布朗包装间外，是邻居的草莓园区，是为了将BBI集团拓展到1 000英亩的总面积而购置的。

‘吐德新’（Tudnew）（1997年推出）　早熟，长势中等，因此定植间距较小。果肉硬，但如不及时采摘，果实色泽会变暗。

了解更多关于普拉尼萨苗圃的信息，请访问www.planasa.com。

意大利苗圃主联合体（CIV）：总部设在意大利费拉拉，为意大利南北部主要产区培育品种。

‘马尔莫拉达’（Marmolada）（1993年推出）　可以在各种一年一栽方式中产出优质果实。适合意大利北部产区及欧洲其他温带产区。

‘泰希斯’（Tethis）（1997年推出）　适于意大利南部产区，果实诱人，品质优。

‘艾里斯’（Eris）（1997年之前推出）　适于意大利南部产区，为早熟品种，果实浅红色、诱人且风味佳。

英国肯特郡爱德华文森有限责任公司：是一个水果生产公司，于1986年开始，培育适合北欧的四季结果品种。该项目推出的第一个品种是‘艾薇塔’（Evita），最近又推出了‘珠峰’（Everest）和‘四季格拉德’（Everglade）。

亚热带佛罗里达州草莓生产简介[1]

佛罗里达州多佛市，佛罗里达大学湾区教育研究中心 理戛德（D. E. Legard）、霍奇马斯（G. J. Hochmuth）、斯托（W. M. Stall）、大维尔（J. R. Duval）、皮亚斯（J. F. Piuce）、泰勒（T. G. Taylor）和斯密斯（S. A. Smith）

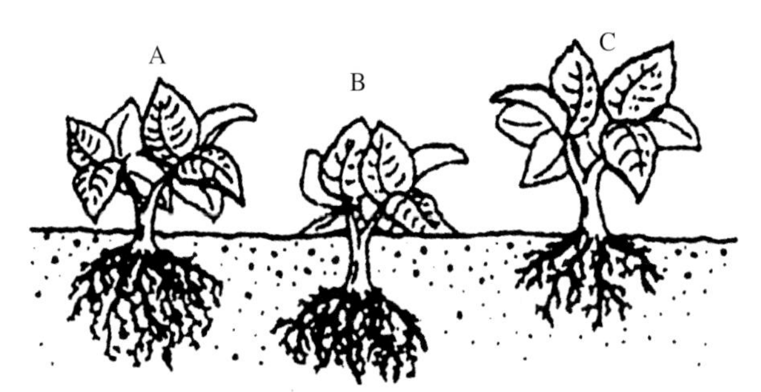

图1　正确的草莓定植深度
A.合适，B.太深，C.太浅

编者按：下列试验性建议（2003年提出）可用作与佛罗里达相似的草莓产区以及气候相似地区的样本。

品种：'卡姆罗莎''早明亮''给维塔''奥格''草莓节''甜查理'和'财宝'。

授粉：草莓花雌蕊的完全授粉及受精会产生最大体积及标准形状的果实。不少昆虫会对花粉起传递作用，但蜜蜂传递最有效：鼓励利用野蜂和蜜蜂花期传粉。使用农药时应小心谨慎避免误杀蜜蜂。

种植：裸根及穴盘苗相关内容见图1，表1。

表1　草莓定植信息

北佛罗里达		9.20～11.10
中佛罗里达	定植日期	10.7～11.1
南佛罗里达		10.1～12.1
栽苗信息	2行垄床	3行垄床
垄床间距（厘米）	122～152	152～213
株距（厘米）	20～36	20～25
行距（厘米）	30～36	25～30
栽植深度	移栽（见图1）	
最早成熟果实所需天数	30～60[1]	30～60
株数[2]/公顷	37 066～61 776	49 421～74 132

[1]从移栽日期开始。
[2]基于最近的株行距算出。

肥料及石灰：如采用喷灌，需在垄床范围内撒施全部五氧化二磷、微量营养物以及25%的氮及氧化钾肥料，然后进行地膜覆盖。在苗床8～10厘米深处追施剩余的氮及氧化钾肥料。缓释氮肥能够满足施肥中部分（25%）氮需求。草莓园土壤矿物质分析结果见表2。

[1] 来自理戛德（D.E.Legard）等2003年修订的《佛罗里达蔬菜生产指南》，佛罗里达大学 SP170。

表2 土壤分析结果和对矿质土壤的施肥建议

目标pH	千克/公顷	VL	L	M	H	VH	VL	L	M	H	VH
		P_2O_5					K_2O				
6.5	168	168	135	112	0	0	168	112	90	0	0

如采用滴灌，撒施所有五氧化二磷、微量营养及20%～25%的氮和氧化钾肥料。在种植后2～3周，根据表3的计划通过滴灌施用剩余的氮及氧化钾。

表3 土壤测定钾含量很低，在122厘米宽的垄中心滴灌施肥计划

作物发育	注入速度［千克/（公顷·天）］[1]		施肥量（千克/公顷）	
季节阶段	N	K_2O	N	K_2O
头2周	0.336	0.336	168	168
2月/3月	0.84	0.84		
所有其他月份	0.672	0.672		

[1] 土壤测定K含量极低，定植前撒施N和K_2O（各33.6千克/公顷），随着土壤检测K含量从极低到低和中等，滴灌施K量减少20%。

植物组织分析：每种营养的分析结果见表4，该分析源于第一次收获时完全展开的最新叶片。

表4 第一次收获时草莓植物组织分析（根据干重计算）

状态	N	P	K	Ca	Mg	S	Fe	Mn	Zn	B	Cu	Mo
	（%）						（毫克/千克）					
缺乏	<3.0	0.2	1.5	0.4	0.25	0.2	50	30	20	20	5	5
适宜浓度范围	3.0～3.5	0.2～0.4	1.5～2.5	0.4～1.5	0.25～0.50	0.2～0.6	50～100	30～100	20～40	20～40	5.0～10.0	5.0～8.0
高	>3.5	0.4	2.5	1.5	0.5	0.6	100	100	40	40	10	8
毒害（>）								800				

叶柄汁液测试：通过榨压新鲜叶柄获取汁液，用于氮、钾分析。测试结果可指导施肥。草莓汁液测试足量范围见表5。

表5 草莓叶柄汁液测试充足范围

作物发育阶段	新鲜叶柄汁液浓度（毫克/千克）	
	NO_3-N	K
11月	800～900	3 000～3 500
12月	600～800	3 000～3 500
1月	600～800	2 500～3 000
2月	300～500	2 000～2 500
3月	200～500	1 800～2 500
4月	200～500	1 500～2 000

取 样[2]

取样时间。在上午9时至下午4时之间读取数值会得到一致的结果。在取样过程中对于气温以及天气状况的合理标准化有助于获取更为一致的测试结果。

叶龄。佛罗里达汁液测试标准图表为完全展开的最新绿叶叶柄设计。

叶部分。叶柄指去除所有小叶后的整个叶茎。

叶片数量。如果一个2 ~ 4公顷的草莓园长势均匀，采20片叶子就足够。叶柄需切成碎片并混合，从混合样品中抽取子样进行粉碎用于最终测定。

汁 液 测 试

设备。使用大蒜或柠檬榨汁器从叶柄碎片中榨取汁液。如果样本很多，可使用液压榨汁机。对草莓这类叶柄汁液含量少的植物可使用榨汁机。其他测试工具包括取样刀、剪刀、纸巾、蒸馏水、切碎用刀和木板、以及测试试剂盒。对氮及钾的测试需用不同的试剂盒。

储存叶柄。新鲜、完整（未被切碎）的叶柄冰藏8小时或冷冻整晚，其汁液中氮及钾浓度基本不会发生变化。叶片应从叶柄处切掉，叶柄需放于塑料袋中，然后将塑料袋放入有冰块的冷藏容器中。

叶柄可放置于塑料袋中在室温（21℃）下储存两小时。可储存叶柄而不可储存汁液。冷藏后的叶柄需升至室温后才能粉碎，以避免汁液与仪器之间的温差影响测试结果。

数值读取时间范围。叶柄汁液营养含量测定必须在压榨后的1 ~ 2分钟内进行，暴露过长可能会使汁液氧化，而改变硝态氮读数。

测试盒使用和管理

测试前，测试盒（购自肥料供应商）中试剂要用已知标准硝酸盐和钾溶液（由制造商在盒中提供）进行校正。比色测试条，如果其化学成分未发生变化，将显示出已知溶液的标准值。测试条上或袋中的化学试剂长时间暴露于光和热中会变质失效。测试电极需经常用标准溶液校准。每测试5 ~ 6个样品需做一次校正。数值读取应在背阴处或实验室中进行，因为阳光直射会影响读数。

昆特试纸的使用。从盒中取出一条试纸（不用时放阴凉处），将其下段放入稀释的汁液中浸泡一秒钟。60秒后，将试纸下段形成的粉红或紫色与盒中提供的标准色度进行比对。色度表中任何两个色块之间的读数都需要运用插值法。另一方法是使用最近推出的试纸读数器。利用读数器读数会更精确。硝酸盐读数单位为百万分之一（毫克/千克），该读数除以4.43就是毫克/千克的硝态氮。

哈奇比色计的使用。两个观测管中都装有叶柄汁稀释液。其中一个管放置在比色计管槽中。将袋中试剂倒入另一装有稀释汁液样品的管中并混合1分钟。然后置于仪器的管槽中，放置1分钟。最后，通过旋转色度轮匹配测定管中的颜色，在表盘上读取硝态氮含量（毫克/千克）。

上述比色法可能会受到汁液中叶绿素颜色的影响。测试前将叶柄汁稀释液用活性炭过滤会提高汁液中硝态氮测定的准确度。

卡迪测定仪（测定氮钾为不同仪器）**的使用。**经校正的两个电极插入待测叶柄汁液中，使汁液薄膜能够持续覆盖电极。在电子刻度盘上读取硝态氮或钾浓度，该电子刻度盘会根据汁液中硝态氮浓度的不同在1×、10×或100×之间自动切换。测定仪需在干燥凉爽的环境中使用和保存。新电极可测定50次，电极替换的费用约为50美元。

[2] George Hochmuth，佛罗里达大学食品与农业科学学院园艺系教授，佛罗里达州盖恩斯维尔。

校正表。必须使用测试盒中的校正（数值）表读取样品值。校正范围之外的数值不准确。如果样品汁液浓度高于校准表，就必须进行稀释。可采用不含硝酸盐的水与汁液以(20 ～ 50) ：1的比例稀释。

测试盒保存。需认真使用测试盒。测试盒及其化学试剂应在安全的地方及制造商指定的温度范围内保存。测试盒不可储存在小货车或是水泵房内。

推　　荐

叶柄汁液中氮与钾浓度的参考值见表5。表中范围为建议性临界值。根据未来研究或实际经验，可能会对该范围进行调整。

灌　　溉

草莓栽植初期需水量较少（ETo的20% ～ 40%）。在生长中期时，如果使用滴灌，对于水的要求则会逐渐上升到ETo的50%，而如果使用喷灌，则上升到ETo的70%。在最后生长阶段，滴灌草莓平均需水量为ETo的60%，喷灌草莓则为ETo的85%。如园内湿度过大，可能会产生严重病害。因此，应定期定时灌溉来保持适宜的土壤湿度，避免过湿。

裸根定植缓苗期需要喷灌。一天中温度最高的时刻需要通过喷水防止移栽苗萎蔫，减少叶片脱落。通常在定植之后7 ～ 12天内不断喷灌。

杂 草 控 制

烯草酮（Clethodim）（商品名‘选择’）。在草莓园中杂草发芽后使用（112 ～ 140克有效成分/公顷）。‘选择’可控制一年生或多年生杂草。每次使用不能超过0.584升/公顷。在喷液量中加入1%（体积比）作物油浓缩液。草莓收获前4天内禁止使用该除草剂。

敌草胺（Napropamide）（草萘胺50WP、草萘胺50DF或草萘胺10G），缓苗期及缓苗期后使用（2 244 ～ 4 487克有效成分/公顷）。可控制一年生草类和一年生阔叶杂草。浇施5 ～ 10厘米深。该除草剂不能控制已长成的杂草。花期至收获期禁止使用该除草剂。

百草枯（Paraquat）（商品名‘超级克无踪’）。在草莓园中杂草发芽后直接喷施（527克有效成分/公顷）。在缓苗后控制垄间一年生阔叶杂草及其他草本植物，并能杀死多年生的杂草地上部。每公顷使用1.76升‘超级克无踪’（兑水后喷雾量为187升/公顷）。需要使用防护物避免喷雾接触到草莓植株。加非离子型表面活性剂。收获前3天内禁止使用百草枯。（据248特殊地方需求在佛罗里达注册）。

百草枯（商品名‘博阿’）。草莓采收后干燥期间使用（516 ～ 701克有效成分/公顷，注册作物包括草莓和所有蔬菜类）。最后一次采收后喷该除草剂。每公顷使用1.76 ～ 2.3升‘博阿’（兑水后喷雾量为187升/公顷）。兑水后每升加3毫升非离子表面活性剂。禁止在处理区域内放牧，禁止将喷药后的果蔬提供给人类及动物食用。

壬酸（Pilargonic acid）（商品名‘斯盖斯’）。草莓移栽前或栽后（需采取防护措施）使用，使用浓度为3% ～ 10%（体积比）。它是一种非选择性叶片触杀型除草剂，无残效，可与土壤剂型除草剂混合使用。可查询标签获取壬酸使用浓度。

a. Eto代表从一均匀绿色覆盖面所需的水量，这一覆盖面需长势良好并得到充足的水分供应，如草皮或绿草覆盖的区域。

b. 针对病虫草害的控制所使用的农药及剂量是2003年针对佛罗里达州的。请密切关注当地的最新规定。

病害治理

佛罗里达州每年都有几种真菌病害造成经济损失。这些病害包括灰霉果腐病（*Botrytis cincerea*）、炭疽果腐病（*Colletotrichum acutatum*）、炭疽根茎腐烂病（*C.gloeosporiodies*）、白粉病（*Sphaerotheca macularis*）、疫霉枯萎病及根茎腐病（*Phytophthora citricola* 和 *P. cactorum*）。唯一重要的细菌病害则是叶角斑病（*Xanthomonas fragariae*）。

控制这些病害主要依赖于栽植无病害苗和喷保护性杀菌剂。目前为生产者推荐的措施是在整个季节中每周都使用保护性杀菌剂。当具体病害问题恶化或是根据经验判断要大发生时，需更多使用杀菌剂。针对草莓病害控制可使用的农药见表6。

表6　草莓病害治理

化学农药	最大浓度/公顷		采收前禁止施用期限	针对病害	选择备注
	单次用量	总用量			
环酰菌胺水溶性散粒剂（Elevate 50 WDG）	2.8千克	5.6千克	4小时	灰霉果腐病	避免连续施用超过2次
精甲霜灵（Ridomil Gold EC）	1.16升	3.48升	30天	疫霉枯萎病	开花前使用
50%克菌丹水溶性粉剂（Captan 50WP）	6.73千克	161千克	24小时[1]	灰霉病、炭疽病	佛罗里达州的特殊标明允许每生长季施用不超过24次
80%克菌丹水溶性粉剂（Captan 80WP）	4.2千克	101千克	24小时[1]	灰霉病、炭疽病	佛罗里达州的特殊标签允许每生长季节施用不超过24次
异氯磷 4L（Captec 4L）	3.3升	26.4升	24小时[1]	灰霉病、炭疽病	
硫黄（许多品牌）[2]			24小时	白粉病	炎热天气可能灼伤叶片
三乙基膦酸铝水溶性散粒剂（Aliette 80WDG[3]）	5.6千克	33.6千克	12小时[1]	疫霉枯萎病	与铜制剂混用可能会引起叶灼伤
铜（许多品牌）[4]			1～2天	角斑病	经常使用铜杀菌剂可能会引起叶灼伤
70%托布津水溶剂（Topsin M 70W or WSB）	1.12千克	4.48千克	24小时	白粉病、灰霉病和炭疽根腐病	将于2001年底停止销售苯菌灵
福美双65（Thiram 65）	5.6千克	28千克	3天	灰霉病和炭疽病	

[1] 需穿防护服喷药。
[2] 如Thiolux、Micro Flo、Enduro、Sulfur和Super-Sul。
[3] 见对红中柱根腐病浸渍和叶面处理的说明书标签。
[4] 如Kocide、Blude、Shield、Basicop和Champion。

害虫管理

针对草莓害虫，表7列出了允许使用的杀虫剂。

生产成本

表8给出了草莓生产成本盈亏平衡的一个例子。

表7　草莓上允许使用的某些杀虫剂

有效成分	商品名	用量	重新进入间隔期（施药后不允许进入期限）	收获前不允许施用期限（天）	控制害虫
阿维菌素	AgriMek 0.15 EC 0.15乳油	1.12升/公顷	12小时	3	二斑叶螨
印楝素	Neemix 0.25%	4.86升/公顷	12小时	0	黏虫、毛虫和尺蠖
	Neemazad 4.5% EC 4.5%乳油	见标签	12小时	0	黏虫、毛虫、尺蠖和蓟马
	Ecozin 3% EC 3%乳油	见标签	12小时	0	蚜虫、甲虫、蛀虫、果蝇和叶蝉
	Azatin 3% XL Plus	见标签	4小时	0	蚜虫、黏虫、甲虫、毛虫、尺蠖、叶蝉和蓟马
谷硫磷 Azinphos-methyl	Guthion 2L	2.34升/公顷	4天	5	蚜虫和杂食卷叶虫
	Guthion50WP	1.12千克/公顷	4天	5	蚜虫和杂食卷叶虫
	Azinphosmethyl 2 EC	见标签	4小时	5	蚜虫和杂食卷叶虫
苏云金芽孢杆菌	Javelin WG	见标签	4小时	0	黏虫、毛虫、地老虎、尺蠖和杂食卷叶虫
	Lepinox WDG	1.12～2.24千克/公顷	12小时	0	黏虫和尺蠖
	Biobit XL	见标签	4小时	1	黏虫、尺蠖和盐沼毛虫
	Biobit HP	见标签	4小时	0	黏虫、尺蠖和盐沼毛虫
	Dipel 2X	见标签	4小时	0	黏虫、尺蠖和盐沼毛虫
	Dipel ES	见标签	4小时	0	黏虫、毛虫、地老虎和尺蠖
	Dipel DF	见标签	4小时	0	黏虫、地老虎、尺蠖和盐沼毛虫
苏云金芽孢杆菌鲇	Agree WG	0.56～2.24千克/公顷	4小时	0	黏虫
	Xentari	见标签	4小时	0	黏虫、地老虎、尺蠖和盐沼毛虫
球孢白僵菌	Botanigard ES	见标签	12小时	0	蚜虫和蓟马
	Mycotrol ES	见标签	12小时	0	蚜虫、蓟马和叶蝉
	Naturalis L	0.73～1.1升/公顷	4小时	0	蚂蚁、蚜虫、黏虫、尺蠖、绿盲蝽、盲蝽和蓟马
联苯肼酯	Acramite 50WS	0.84～1.12千克/公顷	12小时	1	二斑叶螨
联苯菊酯	Brigade WSB	见标签	12小时	0	蚜虫、黏虫、盲蝽、蝽和红蜘蛛
甲萘威	西维因4F	见标签	12小时	7	蚜虫、黏虫、地老虎、叶蝉、杂食卷叶虫、盲蝽和盐沼毛虫
	西维因5%诱饵	见标签	12小时	7	黏虫、地老虎、蟋蟀和蝗虫
	西维因80%	见标签	12小时	7	黏虫、地老虎、叶蝉、杂食卷叶虫、盲蝽和盐沼毛虫
肉桂醛	瓦莱罗	9.37～18.73千克/公顷	4小时	0	叶螨
二嗪磷	二嗪磷50W	见标签	24小时	5	二斑叶螨、蚜虫和仙客来螨
	二嗪磷4AG	见标签	24小时	5	二斑叶螨、蚜虫和仙客来螨
	二嗪磷5WB	见标签	24小时	5	二斑叶螨、蚜虫和仙客来螨

（续）

有效成分	商品名	用量	重新进入间隔期（施药后不允许进入期限）	收获前不允许施用期限（天）	控制害虫
	二嗪磷AG 600WBC	见标签	24小时	5	二斑叶螨、蚜虫和仙客来螨
	二嗪磷AG 500	见标签	24小时	5	二斑叶螨、蚜虫和仙客来螨
	三氯杀螨醇50 WSP	见标签	48小时	3	仙客来螨和二斑叶螨
乙拌磷	乙拌15% 5%颗粒	见标签	48小时	仅用于苗圃植物	蚜虫和螨类（除仙客来螨）
硫丹	赛丹50可湿性粉剂	见标签	24小时	4	仙客来螨和盲蝽
	Phaser 3 EC 3乳油	见标签	24小时	4	仙客来螨和盲蝽
	Phaser 50 WSB	见标签	24小时	4	仙客来螨和盲蝽
甲氰菊酯	Danitol 2.4 EC 2.4乳油	见标签	24小时	2	盲蝽和二斑叶螨
苯丁锡	Vendex 50 WP 可湿性粉剂	1.68～2.24千克/公顷	48小时	1	二斑叶螨
噻螨酮	Savey 50 WP 了解50可湿性粉剂	4.2千克/公顷	12小时	3	二斑叶螨
马拉硫磷	Malathion 5EC 5马拉硫磷乳油	见标签	12小时	3	蚜虫、红蜘蛛、蟋蟀、叶蝉、盲蝽和蓟马
	Malathion 8 EC 8马拉硫磷乳油	1.17～2.34升/公顷	12小时	3	蚜虫、蟋蟀、叶蝉、盲蝽和螨
灭多威	万灵LV	见标签	48小时	3–鲜食果实 10–加工果实	蚜虫、黏虫、杂食卷叶虫、盲蝽和蓟马
甲氧滴滴涕（Methox-chlor）	Methoxychlor 2 EC 甲氧滴滴涕2乳油	4.68–7.01升/公顷	12小时	14	杂食卷叶虫
	Marlate 50WP 甲氧滴滴涕50wp	见标签	12小时	14	杂食卷叶虫
二溴磷	DiBrom8–E	1.17升/公顷	24小时	1	卷叶蛾、螨类、杂食卷叶虫、沫蝉、蚜虫和盲蝽
	DiBrom8Miscible	见标签	24小时	1	卷叶蛾、红蜘蛛、蚜虫、杂食卷叶虫和二斑叶螨
噻螨酮	Savey 50WP	0.42千克/公顷	12小时	3	二斑叶螨
印楝油	三部曲	见标签	4小时	0	蚜虫、粉蚧、螨、锈螨、蜘蛛螨、软盾蚧、粉虱和蓟马
石蜡油	超精细油	1%	4小时	0	蚜虫和螨
脂肪酸钾盐（杀虫皂）	M–Pede	见标签	12小时	0	蚜虫、叶蝉和二斑叶螨
克螨特	Omite30W	6.72千克/公顷	3天	一年生非结果植物	二斑叶螨
	Omite 6 E 克螨特6	6.72千克/公顷	3天	一年生非结果植物	二斑叶螨
	Omire CR	6.72千克/公顷	3天	一年生非结果植物	二斑叶螨
除虫菊酯	Pyrellin EC	1.17～2.34升/公顷	12小时	12小时	螨类和蓟马
硫	硫6 L	6.23～15.19升/公顷	24小时	0	二斑叶螨

表8　在普兰特市草莓不同产量水平的保本生产成本（1999—2000）

每公顷成本		产量（托/公顷）				
		3 500	4 000	4 500	5 000	5 500
可变投资	$14 590.2	$4.17	$9.13	$8.10	$7.30	$6.63
固定成本	7 464.4	5.33	4.68	4.15	3.73	3.40
收获成本/单位面积		11.38	11.38	11.38	11.38	11.38
总成本/单位面积		26.38	25.18	23.63	22.45	21.40

佛罗里达州草莓生产和营销

BBI生产有限公司佛罗里达多佛草莓生产者马温·布朗

佛罗里达多佛草莓生产者马温·布朗

编者按： 在普兰特市（位于佛罗里达州坦帕市东部几英里），马温·布朗被誉为“草莓老板”，这一绰号来源并非由于这位年纪58岁的老头喜欢摆布别人，而是源于他建立的草莓老板公司（BBI）。布朗从七人合伙逐渐做大，他们各自管理着32 ~ 37公顷农场，每年向美国和加拿大各地的杂货店和食品批发店运送100多万托草莓。布朗和他的妻子琳达最先是在20世纪70年代做为供应链底端的草莓佃农，布朗在31岁时转型做了机械师（这后来在草莓生产机械设计方面有所帮助），但由于其内心还是个草莓生产者，最终他还是忍不住重新做佃农。几年后，他便可以自己买地。于1990年，他和罗尼·杨及其妻子合伙在佛罗里达州多佛市开了草莓老板公司（BBI）。如今为满足冬季草莓市场需求，他的种植面积扩大到405公顷。布朗广泛考察了从阿根廷到澳大利亚等地的草莓产区，不断寻求新技术。不管是在塑料栽培方面，还是在自行培养捕食螨、试验垂直种植等方面，他都会全方位与时俱进。他是北美草莓生产者协会（NASGA）及佛罗里达州草莓生产者协会（FSGA）的会员，并积极参与协会活动，全力支持并信任佛罗里达大学在多佛研究站的工作。他说，“我一直在寻找更好的草莓，并希望自己能最先尝试其生产。”他为（墨西哥）移民农工们提供了高质量的住宿条件，并使他们全年都有活干（这样也是为移民子女考虑），来促进他们努力工作。淡季每个合伙人都经营着40公顷的柑橘和春季蔬果（如黄瓜和哈蜜瓜）。布朗的事业进展顺利，还善于利用外交拓展其事业。他们告诉我，“马温真是热爱自己的事业”，也是凭借这种激情他才能够成功。

佛罗里达州拥有2 428公顷的草莓种植面积，在美国排名第二，大多数草莓园区都在普兰特市方圆24千米之内，普兰特被誉为“世界冬季草莓之都”。普兰特市位于坦帕市东部约32千米处。目前，佛罗里达州草莓年产值约2亿美元。虽然市场价值高，但种植和采摘成本每公顷约5万美元，因而草莓是一种生产成本很高的作物。

地膜覆盖高垄栽培草莓很有优势，能够减少杂草、使果实洁净、便于采摘、成熟期均匀，利用滴灌技术可以节约用水，而最重要的是能够减少真菌病害。从管理角度而言，由于佛罗里达州全年气候多变，这不利于草莓生产。这里有亚热带的高湿度，气温变化大，从6℃低温到30℃左右的高温。这种温暖潮湿的气候极利于病虫害发生。考虑到这些因素，草莓在佛罗里达州是一种高危作物。但利用绿色地膜覆盖及裸根苗栽培，结合佛罗里达冬季夜晚凉爽和白天温和的气候特点，这里最适于草莓生产。移栽后最早33天便可开始采果，在整个收获季，约每隔3天就可采摘一次。每一生产季，在同一地块可种植多达3种作物，共采摘50次。产果植株主要种植在北纬42° 以上。有些

植株也可在北卡罗来纳州高海拔地区种植。由于纬度或海拔的原因，草莓苗在10月初移栽时便已形成花芽。

最终目的是生产高品质的果实。好草莓可以种植，但收成却不好。劣质草莓虽不宜种植，收成却很好。这就需要对植株和果实的状况进行持续密切关注。整个生长季，要对滴灌系统的肥料要求进行监控并根据需要进行调整。每公顷可产出4 940 ~ 9 880托草莓果实。有很多因素会影响产出，这包括所栽品种、移栽时植株的状况、该季的病害程度、螨害程度、市场状况以及气候条件（最重要）。湿冷气候会显著降低产量。

佛罗里达多佛和佛罗里达州主要草莓产业的大体位置

农场作业时间安排。本文通过提供了一系列照片呈现了36公顷草莓栽培中的设备和具体操作。6月，播种绿肥作物，来抑制杂草生长并防止土壤侵蚀。7月底通过多次耙地，将覆盖作物混入土壤。大多数覆盖植物需3周才能完全腐烂。紧接着是平整土地。对每块地随机取样，对土壤营养进行分析。根据分析结果在起垄前撒施底肥及微量元素。9月初开始起垄，如园区较大，需2 ~ 3周才能完成。

6月1日至翌年12月1日为飓风季节。年降水量为1 320毫米，由于飓风以及频繁的雷雨，可能会使起垄中断或推迟几日。

起垄和地膜覆盖完成后，需策略性地在较低的垄端挖设浅沟，将流失的水分流到深沟，然后流入循环利用水池或蓄水池。对易流失性土壤，需在浅沟底部铺设地面覆盖，以便更好地保持土壤。

定植后为了缓苗，需重新安装喷灌系统。每行垄的滴灌管端都与低压滴灌系统连接。需要对喷灌和滴灌系统全面检查以防漏水。移栽前在垄间喷施除草剂。10月1日开始移栽。日中性或超短日型品种应首先定植。10月中下旬移栽全短日型品种。10月气温通常为29 ~ 31℃。黑色地膜表面的温度可达44℃，因此需连续11 ~ 12天在最热时段进行喷灌，直到缓苗期完成。然后，每周都要喷施杀菌剂和杀虫剂，每公顷喷雾量为935升。

在垄两端及垄间撒种冬黑麦，用于防止土壤流失及保持果实洁净。缓苗期过后应立即进行滴灌并随滴灌施肥（每天进行）。根据不同的土壤类型，追施不同肥料。每三周进行一次叶分析，以确定所需肥料。

大多数草莓品种在开花同时会长出匍匐茎。每三周手工清理一次匍匐茎，直到12月中旬为止。对草莓园区进行持续监控，防治病害、虫害和螨害。释放捕食性螨控制二斑叶螨是目前流行的做法。需要对病虫害进行综合治理。

11月中下旬开始采收果实，直至翌年4月中旬，此时加利福利亚草莓开始占领主要鲜果市场。从4月至5月，通常进行顾客自采摘销售，同时，部分果实会用于加工。将草莓果泥、整颗或切片的草莓放在189升的桶中冰冻出售给果酱、果冻或饮料生产商。有些草莓地可与春季蔬果进行轮作，常见的有黄瓜、哈蜜瓜、西葫芦以及各种辣椒。

5月和6月，将地膜移除，对土地进行翻耕。农民是一个很有韧性的群体，各方面都很独特。年复一年，一年收成好似一年。

采摘和包装。由于草莓的大多数损伤都由于采摘或包装不当造成，因此，要有一批训练有素的采摘人员，以保证果实包装时质量完好。采摘时，采摘者不仅需要小心，还要选取理想成熟度、色泽和形状的果实，同时避免采摘有腐烂或昆虫损伤的果实。要摘除畸形果并清理受损果实。

A. 布朗的草莓老板公司标识；B. 冷风库及运输设备，周围为农场；C. 草莓老板公司主人（左）罗尼·杨、帕姆·杨、琳达和马温·布朗；D. 马温·布朗正在给美国园艺学会访客介绍公司情况；E. 覆盖植物：金盏花（上）、高粱、苏丹草、豌豆以及毛槐蓝；F. 用圆盘耙耙过绿肥作物后，翻耕平整土地；G. 根据土壤分析结果，施基肥及微量元素；H. 旋耕机将肥料与土壤混合。

A. 隔断条标记出每垄位置；B. 向土壤注入熏蒸剂；C. 双排塑料平垄机取代两个单排平垄机；D. 再次压实垄床土壤；E. 永久带帽喷灌器；F. 再次压实垄床；G. 地膜覆盖前，先找准永久喷灌器位置；H. 将一盘滴灌管带悬挂在拖拉机上。

A、B. 单排滴灌和地膜铺设机以8千米的时速对垄床进行第3次也是最后一次压实；C. 铺设地膜覆盖的同时安装滴灌管带；D. 双垄地薄膜铺设机提高了效率；E. 地膜铺设机联合作业一览；F. 马温·布朗同时使用滴灌和喷灌系统；G. 铲平园内道路，挖设沟渠，为频繁强降雨做准备；H. 整片园区完成铺设地膜。

A. 单垄轮式地膜打孔机正在地膜上打孔；B. 双垄轮式打孔机；C、D. 在覆膜垄移栽草莓裸根苗（三角形定植）；E. 定植深度以根茎露出地表为准，必须完全填实孔洞；F. 缓苗后，为植株喷农药；G. 定植后40 ~ 60天开始结果，依品种不同而不同；H. 园中草莓采摘、当场包装，只经过一次触摸。

在采摘期间，采摘者将草莓直接装入运输箱和零售盒中。这需要一个农场工头在现场监督，保证所摘和包装的果实均已成熟并完好无损。装满一托，采摘者将该托草莓送到货车进行计数（按此发工资）。货车中的质检人员对每托草莓的质量、外形及饱满度进行检查，然后将草莓托摞在叉车托盘上。每装满一托盘，用叉车将其装上平板货车，运往冷库进行预冷。预冷处理后，进行密封充气（二氧化碳），然后装入冷藏车运往买家或连锁超市。在预冷前，质检人员会对其再一次进行随机抽查，以保证草莓的色泽、形状、大小及其他要求的质量性状符合标准。除检查受损、可能腐烂及形状不好的果实外，还要检查包装的外形，确保草莓萼片没有脱落并色泽鲜亮。检查后会对每一封进行评级。有了评级单，销售人员便可将果实指定给不同的订货商。

有多种包装盒可选用。一标准托装有12小筐，每筐容量为1品脱（551毫升）。许多杂货连锁店喜欢用各种容量的蚌壳式透明塑料包装盒，因具便于展示，拿取方便。终端顾客可以透过透明包装盒检查果实质量，选取最诱人的盒，而不需直接接触果实。标准的蚌壳式盒可分为8盎司（227克）、1磅（454克）或2磅（908克）装。半托（6小筐）式包装最近也很流行，尤其是在诸如山姆会员批发超市、好市多会员批发超市及沃尔玛超级中心零售连锁店。长柄包装也很热销，尤其是在圣诞、新年和情人节等节假日。将16 ~ 18颗大个草莓，柄长5 ~ 8厘米，放在一蚌壳式盒内的泡沫包装纸上。长柄在派对和婚礼上越来越受欢迎，适合特色饮料、巧克力浸持或零食展示。

接收和配送。园中采摘的草莓果实需运到中央冷风库，强制空气冷却机迅速将果实的温度降低到1℃。从而减缓草莓的呼吸作用，并抑制果实上病原真菌的生长。为延长果实保鲜期，最好在采摘后1 ~ 2小时内进行冷处理。冷却至适当温度后，将封好的草莓贮藏于1℃，通常是在当天，将其运送至订货商的配送仓库。大型零售杂货连锁店是主要的买家。餐饮机构、批发库以及终端超市需求量稍小。

果实在冷库外运之前，需对其进行气调处理以延长其货架期。具体流程是用一个不透气的塑料袋将叉车托盘上的包装箱进行密封，用真空机将袋内的空气抽空，然后注入12% ~ 15%的二氧化碳，从而延缓果实的自然衰老过程，并抑制病原真菌的生长。

运输。佛罗里达产的大部分草莓都是利用冷藏货车运输，在当季早期也可能利用空运送达美国东北部地区。由于11月和12月是草莓淡季，此时草莓可以卖到好价钱。

佛罗里达的草莓市场大致分布在密西西比河以东。用冷藏车运送，多数能在18小时内运达目的地。如果运往加拿大安大略和魁北克，则需24小时。由于运输时间短，佛罗里达比加州更具市场优势。加州的草莓需要3 ~ 4天才能运抵美国东部市场。

运输期间，温度必须保持在1 ~ 2℃。如果温度高于理想温度，会产生冷凝现象，从而有利于病原菌的生长，草莓也会迅速腐烂。

每辆货车都配有密封温度记录仪，以确保运送过程中贮藏条件不发生变化。如果运输温度过高或过低，运输公司需承担由此而造成的经济损失。

市场营销

销售组织（冷库）。我们通常用到的销售组织称作托运商、销售代理或冷库。生产者的收入来自销售（代理）的分成，减去冷却费用、以及包装盒、仓库储存、包装材料配送（干货）、气调处理以及各项其他服务费用。

托运商负责高效接收并冷却种植者生产的果实，在装货之前将其储存在恒定温度下。托运商可作为销售代理以最优价格出售果实，将其运给信誉良好的接收商，同时及时收费并给生产者付款。托运商负责供应包装材料，还负责收债或破产事宜，但因此向生产者另收费用。

此外，托运商负责检查运输车在装货之前的卫生条件。检查所有运输车辆冷却装置以确保恒温。将一密封的温度记录仪放置在冷藏车内，以便在货物到达时出现有关温度争执时进行核实。

冷库必须有足够空间进行果实预冷，保证及时移走果实及包装材料中的热量。采收两小时内需要将温度降至1℃。这对于延长货架期至关重要。不同于其他水果，草莓不能在采收后后熟。在草莓全熟采摘后，后续的处理方式对于整个配送链中延缓其衰老极为重要。

销售。销售佛罗里达草莓有诸多变数。在亚热带气候地区生产并销售草莓问题很多，销售人员需充分了解这些问题。

由于草莓极易碰伤，因此成功的销售需要特别关注生产、采收、包装、采后处理（如预冷）、长途运输等诸多方面。采收及采后处理决定了这种脆弱水果的货架寿命。草莓易碰伤的另一个原因便是需在全熟采摘。全熟的草莓在采摘后便开始衰老。由于草莓的脆弱性，从生产者手中运往消费者手中的每个环节，都有可能遭受损坏从而降低其质量。从采摘、包装、到配送，如处理不当都会给生产者造成极大的经济损失。草莓的脆弱性决定了其必须在采摘后1 ~ 2天内及时销售。根据不同的条件草莓采摘后如能得到适当处理，其完全的保质期通常会有10 ~ 12天。

就每一家品牌公司而言，行业标准则是拥有一支专业的内部销售团队来应对冷却、出售和配送草莓。每名销售人员都要将草莓出售给特定的顾客，包括食品配送仓库、食品杂货连锁终端、零售铺或餐馆、酒店、航空及游船等餐饮服务部门。一名草莓销售人员最大的资产便是其私人客户名单，其收入为销售额提成、薪水、或薪水加上据能力表现公司所给予的奖金。

一名好销售员需要得到生产者和顾客双方满意。

要成为一名专业的销售人员，不仅需要心智技巧，也需要出色的电话礼仪，这就需要多年的经验及投入。销售并非易事，需要经常处理各种突发情况，比如根据天气变化所产生的采摘量变化，由于草莓本身的脆弱性而需在收获前2 ~ 3周提前销售，这些都是微妙地平衡各方利益。即便不知道突发天气状况会如何影响采摘数量及质量，一名出色的销售人员也能根据当前的信息作出推测。一旦接单或投放了实时竞价广告，托运商需负责保证能够满足客户需求量。销售人员需要承受住各方面的高压，包括极端天气和采摘量的极大变数。如果天气变得异常冷凉，草莓则不能按时成熟，会造成供应不足。如果天气异常温暖，草莓成熟会加快，会造成库存过多，则需尽快售出。频繁的降雨会损坏草莓，使其无法出售，而造成供应不足。由于这些变数，草莓价格会不断变化。

草莓作为一种市场推动的商品，其供需决定了价格。通常，在供应不足时，果实质量并不是影响价格的主要因素，当供应充足时，果实质量则很重要，但由于丰产，价格仍会处于低位。

在高产时期，某些接收商也许会使用不道德的策略把价格压得更低，因为他们知道托运商需要尽全力运输。有时一名接收商会从几名托运商处预订很多草莓，从中选择最好的，而拒绝差的。接收商可能会要求联邦检查员对某些草莓进行检查，因为他知道美国最优等的草莓在当前标准下是无法获得的，这就使得他有了“合法”的拒绝理由。如果供应充足，被接收商拒绝的情况会经常发生。最终的损失者还是生产者。

某些零售连锁超市要求草莓果实达到一定的标准（在不考虑供应状况的前提下）。从某些方面来看，这使得销售最容易。销售人员预先知道所需的等级，就能根据客户的要求匹配相应的等级。这样能向信誉良好的客户销售一大批。

然而，会有为较小连锁店采购的中间商。行业中不道德的商业行为很常见。有时候检察员会接受中间商的贿赂或是故意压低等级，造成允许协商更低价的机会，但中间商也许不会压低再出手的价格从而大发横财。在薄利多销时期，遭受损失的仍是生产者，而消费者在压低零售价情况下也许不能大量获益。

专业草莓销售人员的职责与责任。在草莓收获季节到来之前，销售人员要四处拜访现有客户，提前列出所需数量和包装材料，回顾上几年的销售情况，根据供求对即将来临的收获季节作出规划。讨论并准备收获季节各阶段的促销资料。

与潜在的新客户进行电话沟通，然后寄送介绍其产业及公司的宣传册。如果新客户对宣传册满意，销售人员会跟进访问客户，或者安排客户参观生产园区和冷库。通常，后者更受欢迎，因为许多

A. 根据客户的需求进行不同的包装；B. 目前有13种包装盒可选；C. 采摘农工根据质量要求进行采摘与包装；D. 装满1托（浅型箱）后即送到中央场棚接受成熟度、颜色、大小、形状以及是否有残果等检查；E. 装满的草莓托摞在叉车托盘上；F，G和H. 叉车将装满的托盘载到平板货车上，立即运送到冷风库进行预冷（冷至1℃）。

A. 来自园区的托盘进行强力抽气将果温降至1℃（用柏油帆布盖住托盘顶端）；B. 托盘用透明塑料膜密封，然后注入二氧化碳，在气调状态下运往市场；C. 密封前，大多数托盘储存于1℃，托盘间需留有空隙，以便于冷气环流；D. 大多数运往目的地的运输都由冷藏车完成；E. 水井直径为25 ～ 40厘米，深度为200 ～ 300米，由柴油机带动水泵抽水；F和G. 用于缓苗期喷灌和防冻喷灌回流的储水池；H. 用于滴灌的水需要过滤沙土和其他杂质。

A ~ C. 对一个预测的寒夜，在0 ~ 0.5℃启动喷灌并持续到黎明，直到冰开始融化；D. 这些草莓在冰冻的温度下存活；E. 因园区采摘量的增加而增设的检查棚；F和G. 柏油覆盖帆布在经受强抽气流前后，丹·坎特里非博士和研究生正在访问马温·布朗的冷风库；H. 储存前现场抽查果实质量中的糖/酸含量。

家庭可顺便游览草莓产区附近的名胜。

在收获季节的第一阶段（11月中旬至12月中旬），草莓果实需按天出售。根据上年生产纪录以及长期的天气预报资料估算出3 ~ 4周的生产规划。每一草莓品种及其采收周期都需有各自的规划。同时，与客户展开对话谈论圣诞节及新年的促销活动。每天关注天气状况，因为天气是主要变数。降雨或是意想不到的寒流会对预先的规划和促销产生严重影响。

第二阶段最难规划，因为1、2月的天气变幻莫测，频繁的寒流会增加大量降水的可能性，并产生极低的温度。这种情况也许会持续好几天，使生产停滞，这是销售人员的噩梦。根据以前的销售史、天气模式和生产者信息来估算售价。2月中旬开始的提前促销会延续至整个收获季节。大多数促销都需要提前3 ~ 4周的时间，从而使连锁超市有时间在报纸或电视上投放广告。在这期间，销售团队会开始收集加利福尼亚草莓交易的数据，由于在2月底至4月期间，加州草莓是主要的竞争对手，因此收集到的数据极为重要。2月主要的促销日是情人节，因为在当天，草莓销售很快。3 ~ 4月是最后阶段，这也是佛罗里达草莓销售的高峰期。加州上涨的销量也在监视之中。每天都需要咨询客户其动向，如果由于加州销量上涨导致草莓积压严重或是某些地区供应量减少，有时会要求客户增加采购量。

复活节前的商机会同时到来。在复活节销售草莓要对加州最好的情况及佛罗里达售罄的可能性格外注意。复活节是佛罗里达大量促销草莓的最后商机。同时仍需密切关注任何对加州草莓市场不利的情况，或是对加州草莓收获不利的天气状况，因为这些有可能会使佛罗里达草莓收获季节延长。

额外的销售职责包括监督客户的应付款项、货物的退回、购买习惯、配送、卡车预定及货物到达。在整个收获季节，关注所有终端市场出现的变化或趋势，这些变化或趋势可能影响销售或导致再次配送到行情更好的市场。北部各州的天气是影响配送的主要因素。恶劣的天气会改变货车到达时间而影响销售。在极端天气状况下，终端消费者连续几天不能去超市，而使得货架上的草莓供大于求。在这类情况下，根据日程制定的销售可能会被取消，而给托运商带来麻烦。有时美国某一地区遭受寒流，佛罗里达的草莓必须重新配送到天气状况好的州。这通常会造成市场不稳定，导致价格走低。

有时会由于草莓的质量或不断恶化的市场状况而出现问题。在这类情况下，销售人员有责任与客户协商出最好的解决办法。如果不能达成一项双方都满意的价格，草莓将被重新派送，或是送到“街上”（最终批发商）进行销毁处理。通常重新派送会大量减少获利。这认为是被退回的果实。在草莓供应量最大的时候，易出现这类问题。

收获季节结束后的工作包括与接收商一道解决遗留的问题（如发票不符等问题），监督客户付款缓慢问题。就客户所收到货物量、支付款项、退回的量、及其他行为来评价每一位客户。将前一收获季做参照，为每一名客户的活动提供建议，并感谢他们的支持。

马温·布朗设计的先进起垄机械，2003

A. 首次起垄、注入熏蒸剂及确定垄间距设备；B. 第一、第二次起垄压实及铺设地膜；C. 三行起垄同时进行（确定间距的机械臂拉起）；D. 四垄压实同时进行（第二次压实），时速为10千米；E. 第一、二次垄床压实前后进行；F. 两垄滴灌管带和地膜铺设同时进行。

寒冷地区草莓地膜覆盖栽培十年经验

弗吉尼亚州布莱克斯堡市，弗吉尼亚理工大学园艺推广
专家查尔斯·奥戴尔（已退休）

研究背景

本报告主要回答在卡罗来纳州以北地区打算生产草莓人士的有关问题。报告内容是在弗吉尼亚州布莱克斯堡附近的肯特兰农业试验站对草莓塑料栽培10年研究的总结。该试验站位于北纬37°，海拔近732米。

加利福利亚州大学研究人员经几年努力，在加州研发出了草莓高垄地膜覆盖栽培模式，该模式包括6个方面，一是水肥一体滴灌，节约用量，精准而稳定；二是高垄地膜覆盖，根据加州不同产区决定地膜颜色，可为透明、黑色或白色；三是理想的收获期（目前加州实行周年生产）；四是加利福利亚大学罗伊斯·伯令格哈斯特和维克多·吾尔斯所培育的'常德乐'品种，十分适合该栽培模式，并且在美国东部地区抗寒；五是在起垄前地膜覆盖全园并一次性注入土壤熏蒸剂溴甲烷，来防控土壤病害、虫害、线虫以及草害；以及六是利用覆盖或喷灌技术防霜冻，这对利用黑色地膜造成的早花尤其重要。

使用这一栽培模式，尤其是在受晚春霜冻天气影响的山区和北部地区，其收益主要与生产者的投资、冬季防护措施（园区位置及全园覆盖）以及春季花期和结果初期的防霜措施直接相关。

弗吉尼亚州布莱克斯堡市，弗吉尼亚理工大学园艺推广专家查尔斯·奥戴尔（Charles O'Dell）（已退休），目前为草莓生产者

本报告最后一页是关于使用全园覆盖布的最新信息。利用全园覆盖在美国东南部以北的寒冷地区生产草莓，是一个新尝试，也很有价值。除此之外，全园覆盖还能促进晚秋生长和提供冬季防寒以及春季防霜冻。全园覆盖还可以提前并延长果实收获期。覆盖至花期，可以促进春季生长并提早花期，从而提前并延长果实收获期。

在此鸣谢巴克林·鲍灵博士的帮助和引导，鲍灵博士是一位园艺推广专家，同时也是北卡罗来纳州立大学东南部小果研究中心的创立者。他和北卡罗来纳州农业部门的同事引领了美国东南部地区草莓塑料栽培产业的发展。希望本报告对更寒冷的北卡罗来纳州罗利以北的地区的草莓生产提供建设性信息。

其他信息请见：寒带地区草莓高垄地膜覆盖栽培指南。http://www.ext.vt.edu/pubs/fruit/438-018/438-018.html 含有本文未列出的表格。

北至新英格兰和加拿大新斯科舍，中西部几个州及其他一些地区，有很多生产者对草莓塑料栽培感兴趣。我们对这一栽培方式略作改动，希望能够帮助其他更寒冷地区草莓塑料栽培者获得高收益。

栽　培

在弗吉尼亚地区，传统的草莓低垄毯式栽培方式是经过时间检验并仍然可行的栽培方式，那么为什么要在此时引入昂贵的塑料栽培方式呢？原因很简单，在采摘季一对比便一目了然：与低垄毯式栽培相比，高垄地膜覆盖栽培结出的果实个头大、单位面积产量高（以投入并掌握该栽培技术为基础）、采摘期提前且延长（提前两周甚至更多，延长达10天）、所需杀菌剂少（由于果实不接触土壤）、采摘容易（由于垄高且株间距大以及黑色塑料地膜与红色果实形成的鲜明对比）和防杂草效果好（特别是与土壤熏蒸相结合）。以上所列优势加起来就提高了自采或鲜果批发客户的满意度。实际上，客户在体验了塑料栽培模式下的采摘优势后就再也不想在传统种园区采摘了。

换言之，一旦你给客户提供了这种新型栽培方式下的采摘体验，你就再也回不到以前的老栽培方式了！记住，一旦你采用这种新栽培方式，你就只有一个选择：做好它，否则你只能被这种昂贵的生产系统逼出草莓产业。

那么这种塑料栽培方式对于正在考虑采用该方式的生产者又有哪些弊端呢？如果管理得当，尽管生产成本高，但产出的果实（按单位重量计算）成本会低，并且该栽培方式出错的概率很低。为了成功或实现盈利，该栽培方式要求对细节高度重视。你有时间和能力来及时检查各项步骤是否正确吗？此方式一经注资采用就经不起数次差错！为了使获利最大化，进而保护所投资金、积累成功经验减少后续投资风险，在投资及开始生产之前必须仔细研究该方式，参加地区性的关于草莓塑料栽培教育研讨会、拜访有经验的生产者并参观大学试验推广示范基地。换句话说，该系统的一项弊端就是要求你在准备期间投入更多时间学习，在生产期间投入更多时间管理，如果你的时间不足就很难成功。需知道并了解该方式所需的时间、人力、资金及家庭/情感投入！

例如，如果你在采用低垄毯式栽培的第一年因为霜冻而损失了40%的产量，那么你只损失了一小部分投资且仍有可能实现微薄盈利，但若你在采用塑料栽培方式的第一年由于防霜冻措施不足或其他原因损失了40%的产量，那么你就会赔钱，而且可能数额巨大！这种昂贵教训将会实实在在地给你上一课：在草莓生产中计划是最重要的环节。

实际投资考量

表3列举总结了秋季地膜栽培方式的大部分需求。希望你现在手头有那种在四月和五月不常用的喷灌系统，能够固定且以交错网格模式喷洒18米×18米的区域并覆盖全园区，以用于花期防霜冻。如果没有，我们附上了可以用于寒冷地区冬季防护及春季防霜冻的全园覆盖纤维布的价格，该覆盖布经过了抗紫外线处理，其使用期可长达四年。如果你有水源供应，应当利用这段时间寻找并买到一套便宜的二手喷灌系统。如果找不到，你应估算一下继续使用该覆盖布进行冬季防护和春季防霜的成本。以往种植者的经验已经验证了使用该覆盖布是防霜的绝佳方法。

喷灌系统的喷头必须具有4.2 ~ 5.6千克/厘米^{2}的水压。为了防止在防霜期积水，每个喷口都要堵住一侧，然后用2.5/20或22.9/162.6厘米的喷头替换喷洒臂喷头，使其每小时只喷洒0.1公顷厘米的水。春季的大部分时间，对于保持轻度霜冻水平的−3.3℃及以上，每小时0.15厘米（即每小时每公顷26米^3）的喷水量即能实现绝佳的防霜效果。提前安装好喷灌系统并在气温及露点达到所需时启动（见表1及表2，附菲奥纳博士的论文）。该系统必须持续开启直至植株上的冰全部融化，一般开到第二天的上午9：30或10：00，甚至更晚。

表1　各种关键温度和露点温度条件下对喷灌系统的建议启动温度

临界温度（湿球温度计）		露点温度[1]		建议启动温度（气温）	
℉	℃	℉	℃	℉	℃
32	0	32	0	34	1.1
32	0	31	−0.6	35	1.6
32	0	29	−1.7	36	2.2
32	0	28	−2.2	37	2.8
32	0	26	−3.3	38	3.3
32	0	24	−4.4	40	4.4
32	0	22	−5.6	41	5.0
32	0	20	−6.7	42	5.6
32	0	18	−7.9	43	6.1
30	−1.1	30	−1.1	32	0.0
30	−1.1	29	−1.7	33	0.6
30	−1.1	27	−2.8	34	1.1
30	−1.1	25	−3.8	35	1.6
30	−1.1	24	−4.4	37	2.8
30	−1.1	22	−5.6	38	3.3
30	−1.1	20	−6.7	39	3.9
30	−1.1	17	−8.3	40	4.4

[1] 露点温度就是露水开始形成或蒸汽开始凝结成液体的温度。

表2　不同风速和温度条件下建议的防寒喷灌量[1]

预计最低温度	最小风速（千米/小时）		
	0～1.6	3.2～6.4	8.0～12.8
	使用量（毫米/小时）		
−2.7 ℃	2.5	2.5	2.5
−3.3 ℃	2.5	2.5	3.5
−4.4 ℃	2.5	4.0	7.5
−5.6 ℃	3.0	6.0	12.5
−6.7 ℃	4.0	7.5	15.0
−7.8 ℃	5.0	10.0	17.5
−9.4 ℃	6.5	12.5	22.5

[1] 推广通告287，佛罗里达州农业推广服务，John Gerber 和David Martsolf。

在更寒冷的春季夜晚，加上风吹，园区的露点温度可能会更低，为实现花期防护就需要每小时喷洒0.2厘米（每时每公顷52.4米^3）甚至更多的水量，在这种情况下就需要随时备好大的喷头。在有大风吹、温度可能降到−6.7℃左右的情况下，特别是可以预测到露点会降低时，最好不要进行防霜喷洒，因为风会把均匀喷撒的水吹乱，并造成超冷状态而引发更严重的花期冻害。在植株自行恢复生长前不要急于通过滴灌或施肥人为地促进其生长，否则你面临的可能是在寒冷区域更早的霜害了。

在寒冷、生产限制较大地区，必须做好给果实定高价的准备。不要指望定低价就可以抵扣该系统的高投入并以极小的可能性实现盈利，所以不能指望可以用传统生产者的定价实现盈利。在高位垄上长出的个大、易采摘的草莓值更多钱！生产者们往往通过确保充足的停车位及停车区监管来吸引并留住那些不再去传统园区自采摘的客源。在寒冷、生产限制较大的区域，特别是在生产者初学时期或经过了一个极寒的冬季，实际产量大多在表3所示的低范围内。所以所定的价格也必须在表3中所列出的高价范围内。

优质的二手喷灌系统（包括发动机、水泵、可收缩吸水管、主水管、支水管、眉形接头、T型接头、端头及喷头）不难找到。一般而言，即使有好的二手喷灌系统，你还是有可能要在防霜冻系统上花费几千美元。记住，你还需要有充足的地表水供给（水塘或流动水），以提供在春季花期及果实发育早期晚间/晨间防霜冻灌溉所需的水量。例如，本地区最近几年春季，生产者在花期每6周要进行4 ~ 22次的霜冻防护，每次喷灌要持续4 ~ 7个小时甚至更久，直到植株上的冰全部融化为止。

一公顷园区每小时每公顷需要0.15厘米深的灌溉水，那么每次霜冻发生每公顷至少需要每小时26.2米^{3}的水乘以7小时等于183.4米^{3}水！若乘以1996年春季的每次平均持续5小时的22次喷灌，那么每次霜冻每公顷就需要$26.2 \times 5 \times 22 = 2\,882$米^{3}水！也就是需要一个储有2 882米^{3}的池塘。若该池塘不易被泉水、溪水或地表雨水所补充，在投资该灌溉系统前要确保有充足的水源用于防霜冻。

基 本 要 求

参考表3中列出的投资及可能获得的收入。在本地区，如果冬季防护及防霜冻没做好，每株只能产出不多于半夸脱（1夸脱=1.1升）的果实。但如果冬季不是很冷并做好防霜冻工作且管理得当，株产量可达到1.5夸脱，甚至更多！你的产量或收入目标是多少？你对生产草莓有多认真？你有足够的时间把这件事做好吗？将生产中的每件事做好是草莓地膜覆盖栽培成功的必要条件。

大多数采用地膜覆盖栽培的草莓生产者在初次生产中都雇用过专业人员及其机械设备，所需机械设备已在表4中列出（不包括具有5项功能的超级做垄机），这种做垄机可以按生产者需要作15 ~ 25厘米高的垄。

备注：若在坡地上或有波状隆起的土地上使用做垄机，需要在铺地膜、安置滴灌管带及土壤熏蒸之前，将做垄和施肥单独进行。做垄机必须准确地悬挂到拖拉机上，前后左右都要悬挂好。然后用防摆链或防摆条将其固定好，使做垄机在做垄时不会出错。

备注：当土壤温度低于10℃以下时，不要进行土熏蒸，否则熏蒸剂不能在土壤中均匀分布。以往经验证明早春土壤熏蒸往往效果不好，故而不建议在早春进行土壤熏蒸，而应该在头年秋季完成。

用于拉动超级做垄机（以形成更高的地垄）及驱动灌溉泵（用于高压喷灌防霜冻，也可以选择单机柴油或汽油机来做驱动）的拖拉机，其马力至少应达到50（60更好）。一般而言，二手超级做垄机不像其他二手设备那样容易找。可根据所需垄高、垄宽、熏蒸剂筒的数量、地膜卷数以及其他指标，花5 000美金或更多买一新做垄机。

注意：EPA规定，土壤熏蒸剂是高危且受限农药，需要使用者申请用药执照（包括土壤熏蒸剂施用许可）才能在你的园区使用做垄机进行土壤熏蒸。如果你希望能在弗吉尼亚及本地区为他人进行土壤熏蒸来赚钱购买你的做垄机，就必须获得施药商业执照（以便遵守更严格的监管及汇报要求）。

园地选择：草莓地膜覆盖栽培适合于从沙壤土、较沉的泥沙土到黏壤土等一系列土壤类型。以前耕种过的地块更容易进行再次耕种，也不会有大石块（会阻碍做垄机工作）或不腐的植物残留。使用前季种有覆盖作物的休闲地块时，在起垄之前的2 ~ 3个月要将这些作物残留深耕至地下，以提供足够的残留物分解时间。

备注：未分解完全的有机物残留也会吸收并吸附土壤熏蒸剂，降低其药效。另外，若无以下所列措施，应避免选择朝向北风及西北风的地块，因为高垄植被更易在冬季受到冻害。

A.移植时具有健康叶片及完整湿润土的高质量穴盘苗；B.整地、设垄、垄床中心的滴灌系统保持土壤湿润；C.用于起垄、铺设滴灌管带、注入土壤熏蒸剂和覆盖地膜的设备；D.垄间的一年生黑麦草在冬季能抑制杂草和固定土壤，用除草剂稀禾定（Poast）控制其生长；E.全园覆盖防霜；F.自采摘销售使用的手推车与包装盒。

在严寒的冬季，朝向东及东南方的防护地表现良好。使用：1）防护地块，或在无防护的地块使用防风障碍物，2）在秋季、冬季及早春使用重量为每平方米0.041 ~ 0.068千克的全园覆盖保护布进行植被保护（朝向北风及西北风的地块，需更重的保护布），3）将垄高调整至10 ~ 15厘米（而不是20 ~ 25厘米），4）将移栽期提前至8月底至9月初。在寒冷的弗吉尼亚山区，若遵守上述所有建议，有经验的生产者使用‘常德乐’品种可获得每株1夸脱的产量。自从炭疽病抗性品种问世以来，我们已经研发和公布了2 ~ 3年一栽自采地膜覆盖生产技术（VCE Pub. 438-018）。而目前只有一年一栽方式是可靠的选择。

种植任何果树的地块都应使树体地上部和地下部通气良好，黑色地膜覆盖下的草莓比其他果树花期更早。冷空气较重，若斜坡地或山区平地没有树或其他障碍物遮挡，霜流就会沿坡下行从而减少对该地块的伤害。在斜坡地上可以进行栽培，但是做垄难度高。为使地膜下滴灌系统（仅作施肥及灌溉用，而不能防霜冻）工作正常，垄向需位于等高线上。仔细且有经验的操作者在做垄时不需要任何勘

测设备（如水平仪等）来辅助。将滴灌系统的总管道或总供水线放置在坡地高侧，然后沿等高线起垄但又稍微下斜（坡度小于1%），这样就可以使多余雨水沿垄沟流出而不会发生土壤冲刷或形成小水注，在下大雨时可以避免雨水冲垮垄床，也可以顺利排除寒冷山地园区的雪融。

备注：不断学习使用包括做垄机在内的新设备，第一次在平地上操作要保持头脑清醒！确保在三用钩栓装置上用防摆链或防摆条将做垄机固定在操作高度上，这是在坡地上做垄的必须注意事项！

为了使滴灌水沿垄床均匀分布，垄长不应该超过152米，除非以下情况：1）用更粗的滴灌管带，2）将总供水管放置在园区中央，以此为中心将管带向垄两端延伸，这就需要两倍数量的钳形连接装置（更贵）。对于自采区，为了实现最好的采摘监管效果，垄长不应超过91米。否则，若监管不足，垄远端的果实就不能得到充分采摘，而造成果实过熟腐烂。

草莓园区应实行轮作以减少病虫害，如果连作，连作之间应间隔2 ~ 3年来养地，或种植覆盖作物来保持水土。试验表明，在连作草莓的地块上，再次种植前每公顷施用14.8吨的鸡粪可提供新一轮植株生长结实所需的全部氮磷营养。并根据土壤测定结果在做垄前撒施碳酸钾。这使得土壤储水性有所提升，土壤湿度检测计显示所需滴灌的频率也有所降低。这14.8吨/公顷的鸡粪所含的氮磷释放速度较慢，在整个生长季不用额外施氮肥就可满足植株需要，从而获得迄今为止的最高产量。对于东部品种进行多年一栽连续生产，到第二年的中期才开始需要追施氮肥。只有到了第三年才需要按上面提到的量再次施用家禽粪。若氮磷肥施用过量，就会污染地表和地下水源。

化肥及石灰施用注意事项。在种植前测定土壤营养成分及pH。在6 ~ 6.5的pH范围内，栽前施低水平的氮及高水平的磷及碳酸钾可以使草莓植株旺盛生长，而不仅仅是维持低产水平的存活状态。根据土壤测定结果通过施底肥提高磷钾含量使其达到标准水平的高限，只有在pH测定值低于6时才施用石灰。如果该地块曾种植过豆科作物，就可能不需要预施氮肥了。否则每公顷栽前施用不超过67千克的有效氮。研究表明，栽前大量施氮并不能被草莓植株完全吸收，而可能造成地表及地下水的硝酸盐污染。关于春季化肥施用及滴灌系统施肥管理，稍后将在春季管理注意事项中进行阐述。现在，你可能需要复习一下上述提高草莓产量的鸡粪作为可行的养土固肥施肥策略了。

移栽苗、定植及品种选择注意事项。对于秋季在寒冷地区进行草莓覆膜栽培，每垄栽植两行，行距为35 ~ 45厘米，垄宽为61 ~ 69厘米，并用地膜覆盖。根据品种及生产者的偏好将株距设在30 ~ 35厘米，垄中心间距为150厘米，这样每公顷能栽43 055株（建议‘常德乐’选用此间距），若行间距为35厘米，则每公顷能栽35 954株（‘常德乐’品种可选，建议东部品种在试栽阶段选用此间距）。表7中列出了东部品种的生产结果，尽管品种‘瑞星’（Late Star）在干旱季产量极高，但在2000年潮湿的春季及夏季炭疽根茎腐烂病及果腐病严重，因此，不建议在本地区栽培此品种。

为了降低植株损失及作物胁迫的可能性，建议初次栽培者购买穴盘苗定植，每盘50株。南部及加利福尼亚品种的茎尖应来自于加拿大生产的的无病大田匍匐茎。而美国东部品种茎尖则应来源于由大西洋中海岸地区温室中的组织培养母株匍匐茎，目的是要比利用加拿大大田匍匐茎生产的穴盘苗早。7月底至8月初是寒冷地区移栽东部品种的最佳时期。匍匐茎尖由冷藏货车运送，在插入穴盘前应保存在0℃。将茎尖插入含有商业盆栽培养土的穴盘中，头3、4天放置在弥雾中，最好给以全光照，使植株只在夜间保持干燥，从而降低叶部发病性。在接下来的3周里，只有在培养土开始干燥时才进行浇灌。扦插后的第四周，穴盘苗就可移栽到园区地膜上了。初次栽培者可以直接从商业穴盘苗供应商处（他们从匍匐茎苗原始培育者那里购买茎尖）购买育成穴盘苗，或者，对于东部品种，也可直接从茎尖生产者那里购买，他们也生产穴盘苗。

有经验的生产者通常从加拿大正规苗圃购买匍匐茎尖苗，然后自己育穴盘苗，或者从加拿大正规苗圃购买南方或加州品种裸根苗。然而，移栽裸根苗至少一周内都需要经常使用喷灌系统及滴灌系统（每天多次使用喷灌系统），这往往会导致坡地垄间严重积水，若加上大雨即可能导致严重的土壤侵蚀。对寒冷地区的初次生产者而言，选择美国东部或加州品种，建议从正规苗圃购买穴盆苗，而不是新鲜或冷冻裸根苗）。对寒冷地区而言，最佳种植时间因品种不同而有所不同。‘卡文迪什’

（Cavendish）及‘宝石’（Jewel）早定植（7月31日）产量最高，而‘常德乐’晚定植（8月14至9月2日）则产量最高。

通常使用水轮打孔移栽机在地膜上辅助定植穴盘苗。研究发现，在前面两座后面另加两座，可使垄两侧的4个人同时定植两行，从而提高了定植效率。在坡地上，我们使用单独打孔机，该打孔机带有两个软橡胶轮移动于垄两侧从而确保所打孔不被土壤掩埋。然后，在孔变干之前，用不带打孔轮的移栽机定植。这两个步骤使得在坡地定植容易操作。另外，还应在移栽机上安装水桶来同时对移栽苗进行浇灌。在打孔及定植期间要保持垄床湿润。通常在打孔及定植前用滴灌系统将垄床湿润，这样打出的孔就不会因土壤干燥而塌陷。孔塌陷是旱地上打孔常遇到的问题。在定植时或定植后应立即浇水。在高温天气，定植完成后进行为期几天的喷灌能提高植株存活率，并能促进早秋生长。

根据我们的研究及生产者经验，建议在本地山区及以北的区域栽植‘常德乐’（加利福尼亚品种）。在本地区以南‘常德乐’和早熟的佛罗里达品种‘甜查理’都适于栽植。根据研究及生产者经验，‘甜查理’很易受到霜害，其需冷量低，冬末稍有春天气息便生长开花。新品种一经问世，我们便开始试栽，很多新品种正在做推出之前的最后测试。所有这些品种在全熟时风味更浓郁。在植株上完全成熟的果实，虽然不适于运输，但更易满足当地顾客对口味的要求。如果将氮营养控制在正常范围的低限，在植株上成熟的本地产草莓则更能得到自采顾客及零售店商贩的青睐。我们在对加利福尼亚品种、佛罗里达品种及东部优选品种的测试中发现，高氮营养会使草莓口味变淡。

根据我们的研究经验，建议本地山区及以北的区域在9月的第一周定植‘常德乐’。如在9月底、10月定植，可通过加盖全园防护布延长秋季生长期。我们在生产中尚未对抗寒的东部品种（定植期为7月底至8月中旬）使用防护布。表3显示，若穴盘苗定植晚于8月中旬产量便会降低。如果在8月中旬之前不能完成定植东部品种，秋季使用防护布可能会提高产量。我们及本地区很多生产者，在炎热夏季用地膜覆盖种植东部品种冷藏裸根苗产量不佳。冷藏裸根苗早定植存活率高，但是植株根茎过多和匍匐茎过量会减少果实体积并增加定植和采前移除匍匐茎工作量。

延长采摘期及增加产量的方法。最近在地区性草莓种植培训班中得知，阿拉巴马有一位防护布生产商，他可以生产宽12.7米、长152米（或更长）的防UV损坏防护布。这可能对有以下意向的生产者有帮助：1）模拟东南部温暖地区，延长秋季生长期，并促进秋季健壮根茎的产生；2）冬季防护；3）花期防霜冻；4）提前并延长采摘期；5）相同重量下，这种防护布的价格不到本地所用防护布的一半。在花期之前一直覆盖这种防护布可提前并延长采摘期。防护布下日夜间温度升高，促进秋冬季根茎发育，进而加快春季生长，使采摘期与在秋冬春季未覆盖防护布的植株比提前10天至两周。

本地区目前售卖的防护布价格较高，初期投入让很多生产者对使用防护布这一措施望而却步，但希望摆脱采摘期只有一次高峰的境地。确保冬春季至少用防护布覆盖一部分园区直到花期之前，该部分的采摘期就会提前并延长。已经有很多报道证实，用此措施提前并延长采摘期可大幅增加产量。换句话说，防护布覆盖的区域采摘期提前，但与未覆盖区域的结束期一致。如果手头有防护布及防霜冻新式喷灌设备（该设备不影响防护布覆盖），应尝试这种措施。春季开花时本地区的气温还是很低，覆盖防护布与喷灌结合比单用其中一种措施效果都好。

我们都知道晚春气温升高是使得草莓急速终止结果的原因，所以要努力延长春季结果期。只要午间温度在30℃以下，植株便会持续开花结果。当出现大量匍匐茎时结果期就接近终止，而进入营养生长期。让我们来延长结果期！如果能用这种方法使采摘期提前一周甚至更早，采摘开始早、持续时间长、果个大而收益高就或许可以证明对一年一栽制的高投入是正确的。在秋季定植时使用洁净无病苗，就能减少炭疽和疫霉等病害的发生及扩散。通过轮作及栽前土壤熏蒸，就可以每年在草莓季节结束后利用草莓垄继续种植蔬菜作物。该方法可以使地膜和滴灌系统实现循环使用。

在多风的晚秋和冬春季节，为了固定覆盖防护布，在防护布边缘每隔3米放一个20厘米长的煤渣砖，并在防护布中部另加几块砖压顶。不用的时候将这些砖块垛在园区边沿。将防护布卷成适宜大小并用0.15毫米厚的黑色聚乙烯膜（农资超市有售）盖好，堆置在园区外侧或边缘。黑色塑料层可以减少夏季阳光对防护布的损害，光照在黑色塑料膜上产生的难耐高温又可以在夏季驱避田鼠等啮齿类动物。

以下几种防护层在最近几次的地区性研讨会上得到了园艺专家的大力推荐：爱特膜股份有限公司（Atmore Industries, Inc）生产的GG-40防护布，每平方米0.041千克；GG-51防护布，每平方米0.051千克；及适用于寒冷地区的GG-60防护布，每平方米0.061千克。

商标名只作信息用。弗吉尼亚合作推广中心、弗吉尼亚理工大学、弗吉尼亚州立大学对本文未提及的商标、机构或个人并不歧视。

积雪覆盖。几年前的一天夜里，弗吉尼亚农业试验下了25厘米厚的雪，第二天一早又刮起了寒冷的北风，气温降到−13℃。将一根长温度计插入雪中并触及地面，当时测量出的温度为−1.7℃。雪可以作为天然的保护层。现在人们一定已经研发出了泡沫发生器以及可以在草莓及其他蔬菜上迅速覆盖泡沫的专利拖拉机。这个大约在30年前就已经由一小商业机构设计出但没有人用，声称在草莓上覆盖30厘米厚泡沫就相当于有一层积雪。这将替代现用的保护布，是本行业的福音。另外，水费可能不久将成为一个限制因素。这些可能都是商机。

A. 大学育种专家在生产者园区试验一多年生抗寒新品种；B. 斜坡上栽培草莓，起垄需要每100米下降1米的坡度，冬季覆盖垄间以稳固土壤。

表3　每公顷低、中、高产自采摘地膜覆盖草莓的生产成本、预期收入及3个不同的果实价格水平（2001年）

预期毛收入				管理要求
数量（夸脱）	1.25美元	1.5美元	1.75美元	•远离不能起到霜冻保护和容易发生水涝的平地
		价格/夸脱（自摘）		•喷灌或全园覆盖防霜冻，滴灌提供水肥
8 712	10 890美元	13 068美元	15 246美元	
17 424	21 780美元	26 135美元	30 492美元	•使用穴盘苗定植，株距36厘米，需37 050株/公顷；株距31厘米，需43 037株/公顷（垄中心间距1.5米，每垄栽两行）
26 136	32 670美元	39 204美元	45 738美元	•根据品种和地区调整种植日期，在春季开花前达到4～6个根状茎分枝，太多分枝会造成过度竞争营养，减少果实体积
				•在你的市场区域种植太多，特别是在客户们知道你正在种植以前，便会产生果实供大于求的，从而导致过熟和腐烂，所以，刚开始最好是小规模种植。全年严格管理（现场工作）是一个成功的关键

可变成本	单位	数量	价格	花费
垄间一年生黑麦草覆盖	升	70.84	$24.00	$48.00
‘常德乐’穴盘苗	株	17 424	$0.15	$2 614.00
定植前据土壤分析结果施肥量				
N	千克	27	$0.30	$18.00
P	千克	54	$0.28	$33.00
K	千克	54	$0.20	$24.00
春天滴灌施可溶性氮，				
N	千克	18	$0.75	$30.00
石灰	吨	1	$25.00	$25.00
1.35米×720米塑料地膜	卷	4	$65.00	$260.00
雇工起垄和熏蒸	公顷	0.4	$1 000.00	$1 000.00
农药及喷雾设施	根据所需		$141.00	$141.00
滴灌/折旧	第一公顷	0.4	$3 000/20%	$600.00
包装箱，塑料桶（农场用）	4～5夸脱规格	300	$0.60/25%	$45.00
全园覆盖防护布43克/米^2 可用4年	公顷	0.4	$2 000/25%	$500.00
倾斜防鹿围栏	公顷	0.4	$1 600/20%	$320.00
机械及装备（燃料、油、维修）	美元	$68.06	$1.00	$68.00
运营利息	美元	$5 726.00	10%	$573.00
运营成本				$6 299.00
固定成本				
劳力	小时	400	$6.00	$2 400.00
总固定机械成本	美元	$173.20	1.00	$173.20
总固定防霜冻成本	美元	$1 800.00	10.00%	$180.00
土地费用	美元	$2 000.00	6.00%	$120.00
总费用				$9 172.20
总费用/夸脱果实，每株产0.5夸脱果实（21 780夸脱/公顷）				$1.05
每株产1夸脱果实（43 560夸脱/公顷）				$0.53
每株产1.5夸脱果实（65 340 夸脱/公顷）				$0.35

寒冷地区草莓地膜覆盖栽培关键技术16项

马里兰州皇后镇瓦伊研究与教育中心蔬菜和水果专家
鲍勃·罗斯（Bob Rouse）

结 论

经过10年试验，证明在马里兰州东海岸和南方，可利用高垄地膜覆盖技术栽培‘常德乐’和其他草莓品种。关键技术如下。

1. 最好选用穴盘苗。
2. 驱鹿措施。
3. 由于花期比传统栽培方式提前，而需要采取防霜措施，必须用高垄栽培，结合良好的施肥和害虫治理措施。
4. 冬季需要全园覆盖进行防寒。
5. 全园覆盖通常需要较厚的覆盖膜（最好选用规格为31 ~ 51克/米^{2}的覆盖膜）。
6. 最佳定植期因品种而异，在瓦伊地区‘常德乐’通常在9月中上旬（9月10 ~ 20日），而‘甜查理’则为9月1日。
7. 提前向苗圃或穴盘苗生产商预定生产苗。
8. 尽量南北垄向定植。
9. 需要配备滴灌和喷灌设施，水分管理是植物生长和防寒的关键。
10. 根据植株组织营养分析结果进行滴灌施氮、硼肥。
11. 有效的病虫害综合治理措施，尤其针对螨类和灰霉病。
12. 完全成熟的果实风味最佳，供应本地市场。
13. 鲜果直销是成功的关键。
14. 收获后垄上轮作其他作物（一茬或多茬）。

弗吉尼亚州黑堡附近查尔斯·奥戴尔草莓生产园区，这里海拔720米，北纬37°。覆盖草莓植株的塑料膜外面有雪覆盖（见前一章相关部分，奥戴尔供图）。

15. 这种高度集约化管理的栽培系统，每公顷需投入19 760 ~ 24 700美元，开始可以小规模（0.1公顷左右）尝试，并乐意支付学费（因失败而造成的损失）。
16. 需要对草莓地膜栽培系统不断学习和积累经验。
17. 摘自NASGA（Newsletter）Meeting, Raleigh, NC 2002。

草莓防霜冻

新泽西州罗格斯大学小果与葡萄栽培专家
约瑟·弗奥拉（JOSEPH A. FIOLA[1]）

草莓花芽萌发后对霜冻很敏感，必须采取防寒措施才能确保果实正常发育。花期对冻害最敏感，其次是绿果期，成熟果实则最不敏感（表1）。影响草莓冻害的因素很多，包括：发育阶段、降温幅度、遮蔽花的叶片数量、霜冻程度和持续时间、风速和是否阴天、大气湿度或表面湿润程度等。同时，不同品种的耐霜冻能力也不同。

喷灌是防霜冻的常用方法。当水温降至0℃尤其是结冰时，喷灌的水可以将热量散发给植株。只要花或果实温度保持在-1℃以上，就不会发生冻害。气温越低，花果防冻所需的水量越大（表2）。然而，若风速在16 ~ 24千米/小时或更高，喷灌防冻的效果就不稳定，且植株会遭受严重冻害。风速低或无风时，预防-6℃的低温需要4毫米/小时的喷灌量。在1℃时开启喷灌，至冰开始融化并在停止喷灌后仍能继续融化时，方可关闭。温度计应通过冰浴校正，并悬放在园区最低处的地膜上（确保不受植株遮蔽）。

垄覆盖。在栽有草莓植株的垄上直接覆盖保温材料（通常为20克/米^{2}或更厚），对于草莓防寒主要有两方面好处：一方面，这种覆盖可提高2 ~ 3℃，有利于土壤蓄热；另一方面，喷灌喷洒到覆盖物上比直接喷到植株上效果好，因为可以在其表面上更易形成均匀的覆盖冰层。当寒流较严重时，应当同时采取喷灌和覆盖措施，可以在覆盖物上直接喷水。在寒流来临前一天开始覆盖来保存土壤潜热也是一个有效的防寒措施。寒流过后应立即移除覆盖物，以确保授粉、降低湿度。若有特殊问题可以咨询当地农技推广部门。

警告：喷灌防寒措施的影响因素较多，如果操作不当会对植株造成伤害。若无可靠、足够的供水系统，不要试图采取此措施。

若开花量<10%，不宜采用喷灌防寒。

若无覆盖防寒措施气温降至0.5℃时，有覆盖防寒措施降至-1 ~ -0.6℃时，应立即开启喷灌防寒。

一旦开启喷灌防寒措施，应持续到所有冰融化后才能停止，否则会导致冻伤。

在有风条件下（风速16千米/小时），应缩短喷头间距（12 ~ 18米）、增加喷流量（4 ~ 6毫米/小时）。

当风速超过16 ~ 24千米/小时时，若不能提供稳定、均匀、足够的水分供应，喷灌防寒的风险就较大，不宜采用。前一章的表1和表2显示了临界温度和风速的情况。

表1　草莓花芽萌发期、花期和果期的临界最低气温*

萌芽期	花蕾期	盛花期	小绿果期
-12℃	-6 ~ -3℃	-1℃	-2℃

* 来源：Funt等，1985，宾夕法尼亚州立大学；低温持续20 ~ 120分钟就会导致冻害，其程度因风速、湿度和品种而异。

[1] 目前工作地址：马里兰州凯迪斯维尔市马里兰西部研究和教育中心。

表2 不同风速和气温条件下喷灌防寒的用水量（厘米/小时）[1]

冠层气温 ℃	风速（千米/小时）				
	0～2	3～7	8～13	16～22	29～35
−3	0.25	0.25	0.25	0.25	0.50
−4	0.25	0.41	0.76	1.02	2.03
−7	0.41	0.76	1.52	2.03	—
−8	0.50	1.02	1.78	2.54	—

[1]来源：Martsolf, David 和 John Gerber，宾夕法尼亚州立大学。

新斯科舍地区改良的草莓地膜覆盖高垄栽培模式研究

加拿大肯特维尔，新斯科舍省农业部浆果栽培专家
约翰·李维斯（John C. Lewis）

历史：草莓是新斯科舍省重要的经济作物，传统栽培模式是低垄毯式。这种模式主要分布在美国北方和加拿大，春季定植休眠苗，株行距较大，以便第一生长季从母苗抽生的匍匐茎苗生长。第一年不留花，以便养分流入匍匐茎苗，促进其秋季花芽分化。通常第二、三年结果，然后终止。这种模式的优点是基础投入成本较低（1.2万美元/公顷），苗木用量少，风险低。缺点包括：第一年去花长匍匐茎，无产量，杂草不易控制，病虫害风险较高，由于果实隐藏在叶丛中而不易采摘，收获效率低。

近年来，地膜覆盖高垄一年一栽高密度栽培模式在加利福尼亚和佛罗里达等气候温和的地区发展较快（Poling和Durner，1986；O'Dell和Williams，1994；Probasco等，1994），该模式比毯式栽培优势明显。这种新模式在夏末定植较高密度的穴盘苗，高垄栽培并覆黑地膜，膜下配备滴灌系统。大多数北方地区将这种模式进行了改良，9月在草莓垄上进行全园性覆盖有助于促进秋季花芽分化、防止冬季冻害和提早春季结果（Bornt等，1998；Fiola，1998）。采收后立即将草莓植株清除，在垄上轮作蔬菜，使地膜和滴灌系统得到重复利用。虽然这种模式的基础投入较毯式栽培高（1.92万～2.2万美元/公顷），但省去了疏花、管理匍匐茎和除草等劳动力成本（Pritts和Handley，1998）。

其他优点：地膜覆盖栽培模式的核心技术是作物综合管理，原则是避免或降低病虫草害，以减少农药的使用（Fiola，1998，图1）。黑色地膜可以有效地防治杂草，省去了除草剂和熏蒸剂的施用，确保果实不接触土壤，降低土壤污染和灰霉病（*Botrytis*）的发生。高垄栽培有助于草莓冠层的空气流动，加速露水或雨水蒸发，从而降低叶果病害。由于植株在园区内停留时间较短使残留物减少，从而降低灰霉病源。最后，高垄栽培有利于排水，降低了红中柱根腐病、黑根腐病等土传病害的风险。

全园性垄覆盖在作物综合管理和降低农药使用方面优势明显，可直接隔离盲蝽，还可通过促进草莓生长而间接减少象鼻虫危害（Fiola，1998）。其他优点包括当年收获、结果早且持续时间长。据报道，在这种模式下采摘效率可以提高20%～30%（Nourse，1998）。高垄上的草莓植株和果实的相对位置高，采摘时容易找到果实，适合在劳动力短缺的地区发展。

随着草莓地膜覆盖栽培模式在更北部地区的应用，相关研究主要利用适于本模式的品种‘常德乐’；然而，最近研究表明在较冷的地区，东部品种比‘常德乐’更高产稳产（Fiola等，1997）。

目标：本研究的主要目标是测试在新斯科舍地区的气候条件下应用改良的地膜覆盖模式栽培当地早熟品种‘安纳波利斯’（Annapolis）的可行性，需要在当地气候条件下确定该模式的总体可行性和经济合理性。目标还包括：1）确定在新斯科舍地区定植穴盘苗的最佳时期；2）确定采取全园覆盖的最佳时期，来确保花芽分化最优、抵御冬季寒冷最强和早春产量最高；3）评估‘安纳波利斯’替代品种‘哈尼’的表现，该品种产量更高且早熟。

材料和方法：1999年6月15～20日在新斯科舍省卿斯顿的米尔农场，采集结果期‘安纳波利斯’和‘哈尼’植株的匍匐茎尖，扦插到温室穴盘中培养6周。两品种穴盘苗的定植密度均为890株/公顷。

米尔农场之前种的是冬黑麦，定植前喷施除草剂草甘膦，并根据土壤分析结果补给了所需肥料。垄间距为1.5米，移栽穴盘苗前两周覆盖黑地膜。试验在0.4公顷草莓园的中心进行，定植‘安纳波利

图1　地膜覆盖栽培的收获季节是6月初到7月初。后方是繁育穴盘苗的温室
[该照片拍摄于加拿大新斯科舍省东部8月中旬。左边是专家约翰·李维斯（John Lewis），右边是生产者罗伊·米尔（Roy Meier）]

图2　8月初适于品种‘哈尼’定植，其产量是‘安纳波利斯’的两倍
（N. Childers拍摄）

斯’品种的穴盘苗。

试验按完全随机区组再裂区设计，重复4次，品种是主处理，添加全园覆盖物的时期（RC）是副处理，穴盘苗定植期（PPD）是副副处理（图2）。品种是‘哈尼’（H）和‘安纳波利斯’（A），穴盘苗定植期分别是8月5日、8月19日和9月2日。每个垄上交叉栽植两行穴盘苗，行距和株距各为15厘米。用聚丙烯纺丝黏合织物（Typar）518做为全园覆盖（植株上覆盖）物，覆盖期分别为9月18日、10月4日和10月18日。每个副副处理10株，1999/2000年冬季，植株成功越冬、长势良好。

表1　1999/2000年新斯科舍省卿斯顿米尔农场草莓覆膜高垄栽培试验设计方案

（月/日）10/1全园覆盖	9/15全园覆盖	10/15全园覆盖
H-PPD H-PPD H-PPD 9/2 8/19 8/5	H-PPD H-PPD H-PPD 8/19 8/5 9/2	H-PPD H-PPD H-PPD 8/19 9/2 8/5
10/1全园覆盖	9/15全园覆盖	10/15全园覆盖
A-PPD A-PPD A-PPD 8/19 8/5 9/2	H-PPD H-PPD A-PPD 8/19 8/5 9/2	A-PPD A-PPD A-PPD 9/2 8/5 8/19
9/15全园覆盖	10/1全园覆盖	10/15全园覆盖
A-PPD A-PPD A-PPD 9/2 8/5 8/19	A-PPD A-PPD A-PPD 8/5 9/2 8/19	A-PPD A-PPD A-PPD 9/2 8/5 8/19
10/15全园覆盖	9/15全园覆盖	10/1全园覆盖
H-PPD H-PPD H-PPD 8/19 8/5 9/2	H-PPD H-PPD H-PPD 9/2 8/5 8/19	H-PPD H-PPD H-PPD 9/2 8/5 8/19
9/15全园覆盖	10/1全园覆盖	10/15全园覆盖
H-PPD H-PPD H-PPD 9/2 8/19 8/5	H-PPD H-PPD H-PPD 9/2 8/19 8/5	H-PPD H-PPD H-PPD 8/5 9/2 8/19
10/1全园覆盖	10/15全园覆盖	9/15全园覆盖
A-PPD A-PPD A-PPD 9/2 8/19 8/5	A-PPD A-PPD A-PPD 8/5 8/19 9/2	A-PPD A-PPD A-PPD 8/19 9/2 8/5
9/15全园覆盖	10/15全园覆盖	10/1全园覆盖
H-PPD H-PPD H-PPD 9/2 8/19 8/5	H-PPD H-PPD H-PPD 9/2 8/5 8/19	H-PPD H-PPD H-PPD 8/19 9/2 8/5
9/15全园覆盖	9/15全园覆盖	10/1全园覆盖
A-PPD A-PPD A-PPD 9/2 8/5 8/19	A-PPD A-PPD A-PPD 9/2 8/5 8/19	A-PPD A-PPD A-PPD 9/2 8/19 8/5
因子A：品种 1）‘哈尼’（H） 2）‘安纳波利斯’（A）	因子B：全园覆盖（RC）时间 1）9/18 2）10 3）10/18	因子C：穴盘苗定植时间（PPD） 1）8/5 2）8/19 3）9/2

表2　方差分析汇总（ANOVA）

变　量	变量来源							
	品种（cult）	全园覆盖（rc）	定植期（ppd）	品种×覆盖	品种×定植期	覆盖×定植期	品种×覆盖x定植期	变异系数
商品果数量	**	nscl	*	ns	*	ns	ns	19.2
商品果重量	**	ns	nscl	ns	nscl	ns	ns	19.2
总果数	**	*	*	nscl	*	ns	ns	16.2
产量（千克/公顷）	**	ns	*	ns	nscl	ns	ns	17.7
商品果率	*	nscl	nscl	ns	ns	ns	ns	4.7
平均果重（克）	*	ns	ns	ns	ns	ns	ns	9.0

*和**分别表示方差分析差异水平达到显著水平（5%）和极显著水平（1%）。

ns表示方差分析没有显著性差异。

nscl表示方差分析没有达到显著差异水平（5%），但接近10%水平。

表3　穴盘苗定植期对覆膜栽培模式的影响

变　　量	穴盘苗定植期（月/日）			
	8/5	8/19	9/2	LSD（0.05）
商品果数量	18.5a	18.3a	16.0b	2.0
商品果总重量	294.5a	84.9ab	259.1b	31.4nscl
总果数	23.9a	22.9a	20.6b	2.1
产量（千克/公顷）	14 352.5a	13 603ab	12 507.3b	1 396
商品果率	0.875b	0.901a	0.897ab	0.025nscl
平均单果重（克）	13.5a	13.4a	13.6a	0.7ns

2000年3月在试验地点调查显示，除了有少量根部受到象鼻虫危害外，全园覆盖防寒的植株外观正常，未受冬季冻害。在4月中旬当第一批花芽从根茎萌发时，开始顶部喷灌防寒措施。5月15日当开花率达10%时，去除垄上防寒覆盖物，再此之前，每0.4公顷放两个蜂箱，防寒喷灌措施持续时间根据需要确定。

试验区6月5日开始采收，每周一、三、五采收，直至7月3日结束。每个小区调查数据如下。

（1）商品果数量/小区。

（2）商品果产量（克）/小区。

（3）非商品果数量/小区。

（4）非商品果产量（克）/小区。

（5）总结果数量/小区。

（6）总产量（克）/小区。

非商品果通常包括果实上有腐烂斑点、果实直径小于1厘米或因盲蝽伤害导致的畸形果。

试验期间，小区内未喷施任何杀菌剂或杀虫剂。1999年秋季在垄间喷过一次百草枯，期间摘除过两次匍匐茎。

结果与讨论：方差分析结果表明，品种起主导作用，所有变量差异均显著（表1）。3个变量显示定植期的影响显著，只有1个变量显示覆盖期有显著影响，尽管有两个其他变量显示定植期和覆盖期的影响接近显著水平。尽管品种和定植期互作导致两个变量差异显著，表明两个品种在不同定植期的效果可能不同，但大部分数据显示因子间不存在互作关系。然而，品种与定植期、品种与覆盖期互作对一些变量的作用接近显著水平说明因子间可能存在互作效应。

穴盘苗定植期的影响：各处理间产量变量的差异均显著，特别是，表2和图3显示随着定植期推迟，其影响效果呈下降趋势，尤其是第二个定植期（8月19日）之后影响效果大幅下降。最晚定植植株的商品果总果数和产量显著低于最早定植的植株，其商品果和总果数量也显著低于中期定植的植株。尽管与最早定植植株相比，中期定植植株的产量数据减少，但差异都不显著。

覆盖的影响：尽管只有1个变量显示不同覆盖期存在显著差异，但还有2个变量差异接近显著水平，说明该因子的作用确实存在。尤其是10月4日处理后的商品果率明显提高，总果数、商品果重和总果重也显著提高（表3，图5）。该结果表明，不宜在10月之前应用聚丙烯纺丝粘合织物覆盖，之后应用的保护效果也会逐渐下降，在本试验条件下10月初是最佳覆盖期。3个时期覆盖对于商品果率或平均果重无显著差异。

品种的差异：不同品种的产量调查结果表明，这种栽培模式下‘哈尼’的表现显著优于‘安纳波利斯’。前者商品大果的数量和产量接近后者的3倍（表4和图5），‘哈尼’商品果率更高，且在覆盖模式下两个品种的商品果率均高于毯式栽培，原因是后者病害严重，为了提高商品果率，至少需要喷施4次杀菌剂。

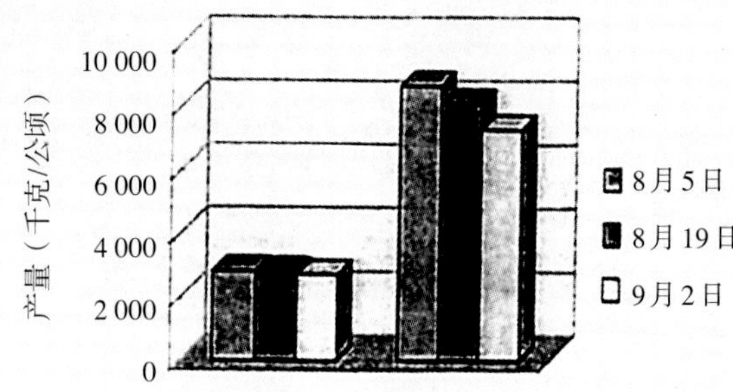

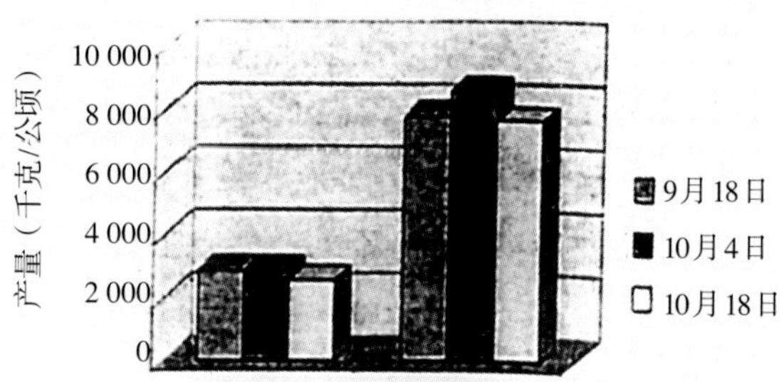

图3 新斯科舍卿斯顿米尔农场，穴盘苗定植期（左）和全园覆盖（右）对‘安纳波利斯’和‘哈尼’草莓品种产量的影响

图4 在新斯科舍地区，10月4日左右开始进行全园覆盖效果最佳

单产通过平均单株产量换算，在覆盖模式下每公顷定植4.4万株。遗憾的是，试验区附近没有设置毯式栽培的对照，而无法获得草莓品种‘安纳波利斯’第一年的产量数据，不过从洛夫·米尔（Rolf Meier）私人农场提供的前一年数据显示，毯式栽培下‘安纳波利斯’的第一年产量与覆盖模式类似，但后者单位面积的结果数较少，果个较大，因此，后者可以降低采摘成本。地膜覆盖高垄栽培条件下，植株的根茎更大，通气性更好，果实与土壤隔离，不易腐烂，采摘损耗更小。生产者认为在该栽培模式下采摘‘安纳波利斯’的效率比毯式栽培高一倍。

对于草莓品种‘哈尼’，试验表明毯式栽培模式下第一年结果的平均产量是20吨/公顷，与该品种在地膜覆盖栽培模式下的平均产量类似。然而，前者单果重仅7.8克，后者14.3克；前者的商品果率较低，红中柱根腐病明显。附近另一毯式栽培试验点的结果显示‘哈尼’的平均单果重为10.8克，可见，该品种在覆盖模式下的平均单果重会更大。

地膜覆盖栽培模式较毯式模式的另一个优点是早熟、单价高，前者最早采收期为6月5日，比后者早两周，早期的价格为3.50美元/夸脱，大量上市时的价格大幅下降到1.70美元/夸脱（Lewis，2001）。

同时，本试验表明全园覆盖材料Typar 518可以抵抗-6℃的低温，因此，与毯式栽培相比，可以节省喷灌防寒的成本。

最后，本试验区在1999年夏季和秋季发生了象鼻虫危害，尽管在2000年采收之前去除了可见的受害植株，但与无虫害的植株相比，产量和果重仍然受到了影响。

交互作用：通过总果数评估品种和定植期的交互作用，结果显示，定植期与‘安纳波利斯’交互作用很小，而与‘哈尼’的交互作用则为显著。尤其是不同定植期的‘安纳波利斯’总果数差异不显著，而随着定植期推迟‘哈尼’总果数显著减少（表5和图5）。

表6显示，尽管品种和定植期对产量的交互作用未达到显著水平（$P>F=0.084\,5$），我们还是对其互作进行了进一步测试（表6）。结果显示随着定植期的推迟，‘安纳波利斯’的产量呈下降趋势，但差异不显著，而‘哈尼’的产量显著降低，说明后者定植期越早产量越高。

总果数和产量调查结果显示，品种和覆盖期互作效应显著（表7和表8，图3），‘哈尼’的互作效应更显著。两个品种在中期覆盖防寒（10月4日）的效果最好，尤其是‘哈尼’。

表4　不同全园覆盖期对草莓地膜覆盖栽培的影响

变量（日/月）	覆盖期			
	18/9	4/10	18/10	LSD（0.05）
单株商品果数量	16.7 b	19.2 a	16.8 b	2.4 nscl
单株商品果总重量（克）	275.1 a	296.3 a	267.1 a	38.6 ns
单株果总数量	21.2 b	24.7 a	21.5 b	2.9
产量（千克/公顷）	13 208.8 a	14 162.6 a	12 623.1 a	699.6 ns
商品果率	0.883 b	0.888 ab	0.902 a	0.016 nscl
平均单果重（克）	14.1 a	13.1 a	13.3 a	1.3 ns

表5　不同品种对草莓地膜覆盖栽培的影响

变　量	品　种		
	‘安纳波利斯’	‘哈尼’	LSD（0.05）
单株商品果数量	9.3 b	25.8a	6.1
单株商品果总重量（克）	136.9b	422.1 a	95.0
单株果总数量	12.6 b	32.4a	7.3
产量（千克/公顷）	6 862.6 b	19 800.3 a	1 717.3
商品果率	0.861 b	0.921 a	0.042
平均单果重（克）	12.71b	14.29 a	1.34

表6　品种和定植期在草莓地膜覆盖栽培中对总果实数量的交互作用

	定植期（日/月）	5/8	19/8	2/9	LSD（0.05）
品种	‘安纳波利斯’	12.6	12.9	12.1	5.4

表7　品种和定植期在草莓地膜覆盖栽培中对产量（千克/公顷）的交互作用

	定植期（日/月）	5/8	19/8	2/9	LSD（0.05）
品种	‘安纳波利斯’	6 977.0	6 897.5	6 713.4	1 277.7

表8　品种和覆盖时间在草莓地膜覆盖栽培中对总果实数量的交互作用

	覆盖期（日/月）	18/9	4/10	18/10	LSD（0.05）
品种	‘安纳波利斯’	12.5	13.0	12.2	4.3

表9　品种和覆盖期在草莓地膜覆盖栽培中对产量（千克/公顷）的交互作用

	覆盖期（日/月）	18/9	4/10	18/10	LSD（0.05）
品种	‘安纳波利斯’	7 163.1	7 085.3	6 361.7	1 025.8

小　结

试验表明，地膜覆盖栽培模式较毯式栽培模式有以下优点：

1）结果早（大约2周）

2）抵抗－6℃低温

3）不需使用杀菌剂

4）果个较大

5）采摘效率高（50% ~ 100%）

虽然‘哈尼’和‘安纳波利斯’两个品种试验均表明毯式栽培与覆盖栽培对产量的差异均不大，但覆盖模式下‘哈尼’的产量几乎是‘安纳波利斯’的3倍。两个品种对定植期和覆盖期的响应趋势一致，但‘哈尼’受影响的程度更大。尤其对于‘哈尼’而言，尽早在8月定植、10月1日前后覆盖至关重要。在一定范围内，‘安纳波利斯’适应性更强。

由于‘哈尼’早熟性显著，在覆盖模式下完全可以替代‘安纳波利斯’。与后者相比，前者的采收始期晚2 ~ 3天、采收高峰晚一周（图5），但其产量高很多且果个大（表4和图5），这可以弥补其采收期晚的劣势。虽然通常‘哈尼’耐运贮性不如‘安纳波利斯’，但在覆盖模式下气温较低，成熟期提早，果实硬度增大，从而增加其耐贮运性。

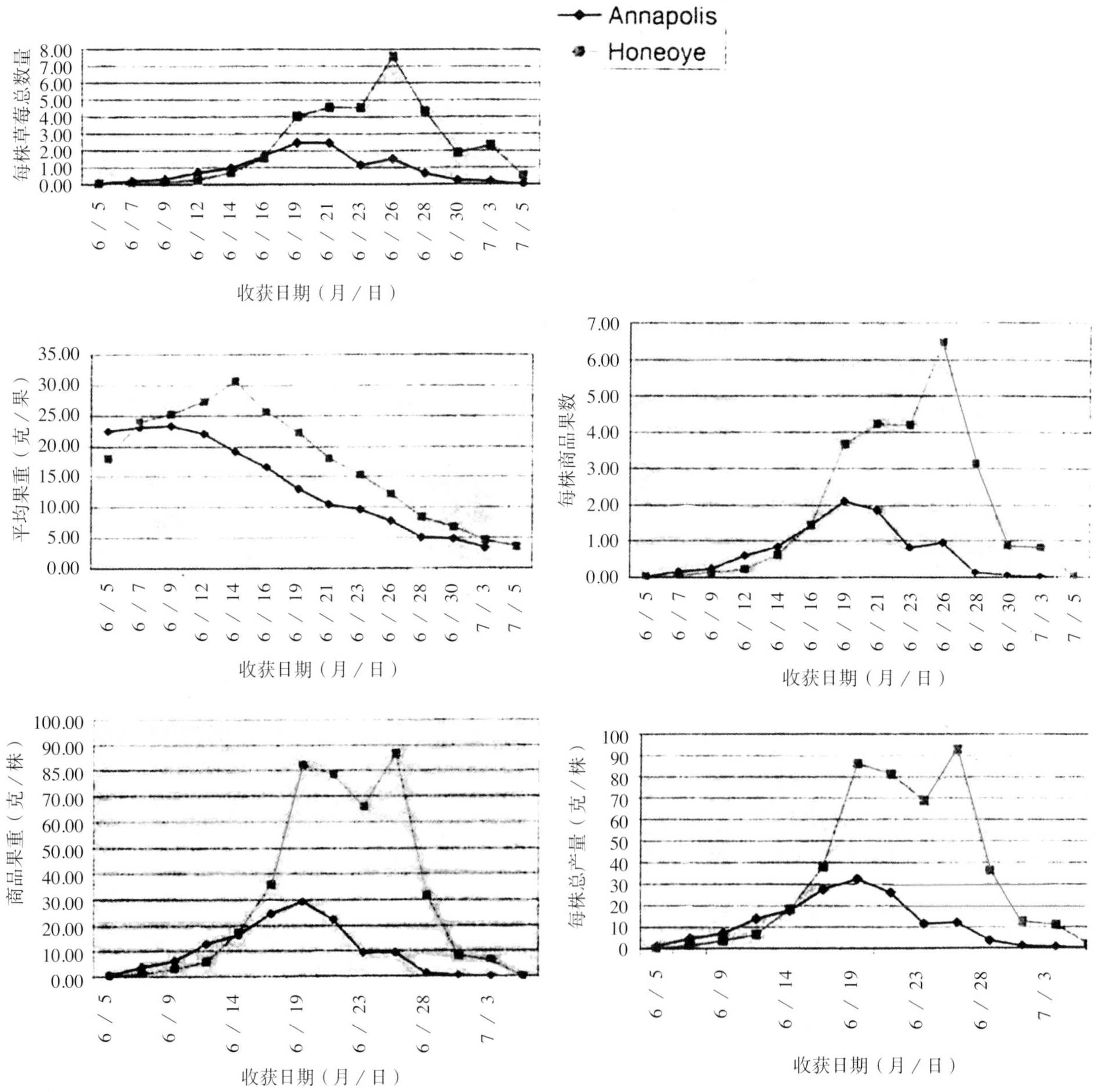

图5 覆盖模式下草莓品种‘安纳波利斯’和‘哈尼’表现情况对比：果实总数、重量、商品果数和重量、总产量（新斯科舍卿斯顿米尔农场）

新斯科舍和爱德华王子岛都是夏季草莓旅游胜地

A. 新斯科舍桥水印第安河农场何伯（Hebb）的草莓园；B. 格伦（Glen）的母亲何伯女士；C. 格伦先生；D. 何伯女士在农场栽培的秋海棠，在当地气候条件下长势良好；E. 农场经理哥雷格·维百斯特（Greg Wbster）；F. 透过拖拉机挡风玻璃拍摄的农场规模化生产景况；G. 蓝莓农场的露天午宴，左侧为多瑞斯·凯迪（Doris Keddy）、杰克逊夫妇（Bill and Mrs. Jackson）和艾伦·葛瑞柏（Erin Griebe），右侧为维百斯特夫妇（Greg和Debbie Webster）；H. 蓝莓园经理艾尔·奇德逊（Earl Kidston）；I. 明尼苏达大学推广顾问戴尔·克瑞斯田逊（Dell Christiansen），已退休；J. 参观团在凯迪家前合影；K. 新斯科舍 肯特维尔E现代园艺试验站的彼得赫克凌顿（Peter Hecklington）博士；L. 明尼苏达参观团领队科文艾德伯格（Kevin Edburg）与多瑞斯和查尔斯·凯迪（Charles Keddy）合影并对农场给予高度评价。（N. F. Childers拍摄，Keddy协助确认人员身份）

新斯科舍及其周边的优美景色

A. 埃唐的布里顿角岛东海岸；B. 学生在布里顿角岛的马格瑞港通过为旅游者演奏风笛赚取学费；C. 布里顿角岛附近孩子们与美洲驼在海滩上玩耍；D. 拥有美洲驼的海边旅馆及其美丽风景；E. 在爱德华王子岛的圣劳伦斯河岸的午餐情景；F. 格林·戛巴斯（Green Gables）的住宅，诗人之家；G. 位于布里顿角岛丁瓦尔1附近的旅游团购物点（Martha Childers）；H. PEI著名的马铃薯博物馆。

A. 布里顿角岛的马格瑞港的水上活动；B. 新斯科舍阿莫斯特附近岩石山坡上处于采收期的矮丛蓝莓；C. 旅游团乘坐巴士，左侧为北卡罗来纳州的艾拉·克林（Ira Cline），他是北美草莓生产者协会活动的组织者；D. 每个旅游团都非常享受在这里的时光，图为彩虹山谷PEI.；E. 位于新斯科舍雷克维尔凯迪草莓苗圃的包装房，在11月供应范围可远至美国佛罗里达州；F. 另一场位于新斯科舍格兰特酒庄的午宴。

参考文献（略）

伊利诺伊州草莓生产者首次体验地膜覆盖栽培模式

伊利诺伊州切斯特草莓生产者 巴尔尼·科维斯（Bernie Colvis）

伊利诺伊州切斯特草莓生产者 巴尔尼·科维斯

为什么要采用成本较高的地膜覆盖栽培模式生产草莓？答案是可以满足消费者需求，并获得更高的利润。不过，这种模式需要注重诸多细节。

良好的通气和排水是地膜覆盖栽培的必要条件，由于开花较早，每年都需要采取防霜冻措施。根据草莓园区布局，50%的园地将覆盖防水黑色塑料膜。需做好防霜冻喷灌和春雨的排水。应采用南北垄向以利于植株受光，垄长应短于90米以便管理。我们的园区地势为盆地形，中心低洼处是停车场。排水管环绕停车场，以防积水。园区新修了连接公路主干道的进车道，以利客户驶入园区采摘。

草莓对土壤磷钾需求高，对氮需求相对较低，pH在6.0 ~ 6.5之间最合适。土壤分析结果显示我们园区的土壤富含磷钾，pH为6.2（前茬作物为蔬菜）。栽前每公顷施用68千克硝酸钙做底肥，追肥通过滴灌进行。

通过滴灌管带注入土壤熏蒸剂（89.5%溴甲烷和10.5%氯化苦混合物，400千克/公顷），由于该园区为粉沙壤土，易于熏蒸，利用作垄器一次性就可完成起垄。若土壤太板结，需要先深耕松土。滴灌管带和地膜同时铺设，使用0.03毫米厚、1.5米宽的黑色地膜，滴灌管带厚0.25毫米，每40厘米有一个滴口。遇到的问题是地膜较薄容易撕裂，这是由于无经验所致，应采用较厚地膜进行土壤熏蒸。滴灌管带规格必需与垄长、垄高、灌溉面积及流速相匹配。我们的垄高约18厘米、宽90厘米、垄床中部铺设膜下滴灌管带，垄中心距为1.6 ~ 1.8米。为了便于操作，每4垄间设置1条车道（详见后面“更改和建议”部分）。

喷灌水源来自一个池塘。灌溉主管线采用平铺水龙带，机械设施穿过时可碾压。对比表明，虽然塑料喷灌新系统比二手铝材系统价格稍贵，但前者可以组装。由于喷灌系统需要许多配件，表面上看来很复杂，然而一旦熟悉了安装过程之后，组装就很容易。利用钢筋桩固定升流管，再用大力胶带将喷头固定在升流管上。塑料喷头是“梅花头”状的，可以偏离中心喷水。喷灌支流管直径2.5厘米、厚度0.03毫米。由于温度变化会引起喷灌支管错位，在安装升流管时要考虑其错位引起的喷灌半径变化，支管壁较厚时不易插入配件。除用于防霜冻外，喷灌系统还用于降低叶片温度和蒸腾，尤其是在缓苗期内。当管线内残存有太阳辐射形成的热水时，应及时清除。每个支管上加一个阀门，有助于清理堵塞的喷头。用一个小型汽油发动机驱动水泵。为了便于移动，我们将水泵安装在一个托盘上，并增加一个塑料油箱用于驱动水泵长期运行。

滴灌水来自城市用水，不需要泵，但要降低水压。尽管这种水比较干净，仍需过滤。美国环保署要求在灌溉系统中安装一个防回流装置，例行年检。利用施肥器将液体肥注入滴灌系统。用张力计测定土壤湿度。利用滴灌系统为植株供应水分，具体细节可咨询当地灌溉系统经销商。

鹿害会导致草莓减产50%或更多，鹿蹄还会损坏地膜。我们使用电线篱笆围栏防鹿，其规格是：主桩高3米（埋土60厘米），桩间距12米，园区拐角处用10厘米×10厘米的木桩固定，底部用4条1.3厘米宽的聚乙烯绝缘胶带缠绕，电线间距35厘米，顶部是2根打包塑料线（不是电线）。聚乙烯绝缘胶带需要偶尔拉紧，最初使用安全斧式扎线带，后来改为绝缘材料。

土壤熏蒸后，定植穴盘苗打孔前，手工播种（最好用播种机）黑麦草（45千克/公顷），用吹叶机吹掉垄上的草种子，用喷灌促进黑麦草发芽。理想情况下，黑麦草将在垄间形成活体覆盖层控制杂草，春季将其用除草剂稀禾定杀死，使其作为稻草替代物。黑麦草发芽快，可以抑制杂草，但牵牛花发芽更快，需要局部喷施2，4-D胺。然而，10月中旬，由于黑麦草长势太旺，当对草莓遮阴时，我们用割草机控制车道以内的草，但对垄间草的治理不得不用稀禾定。

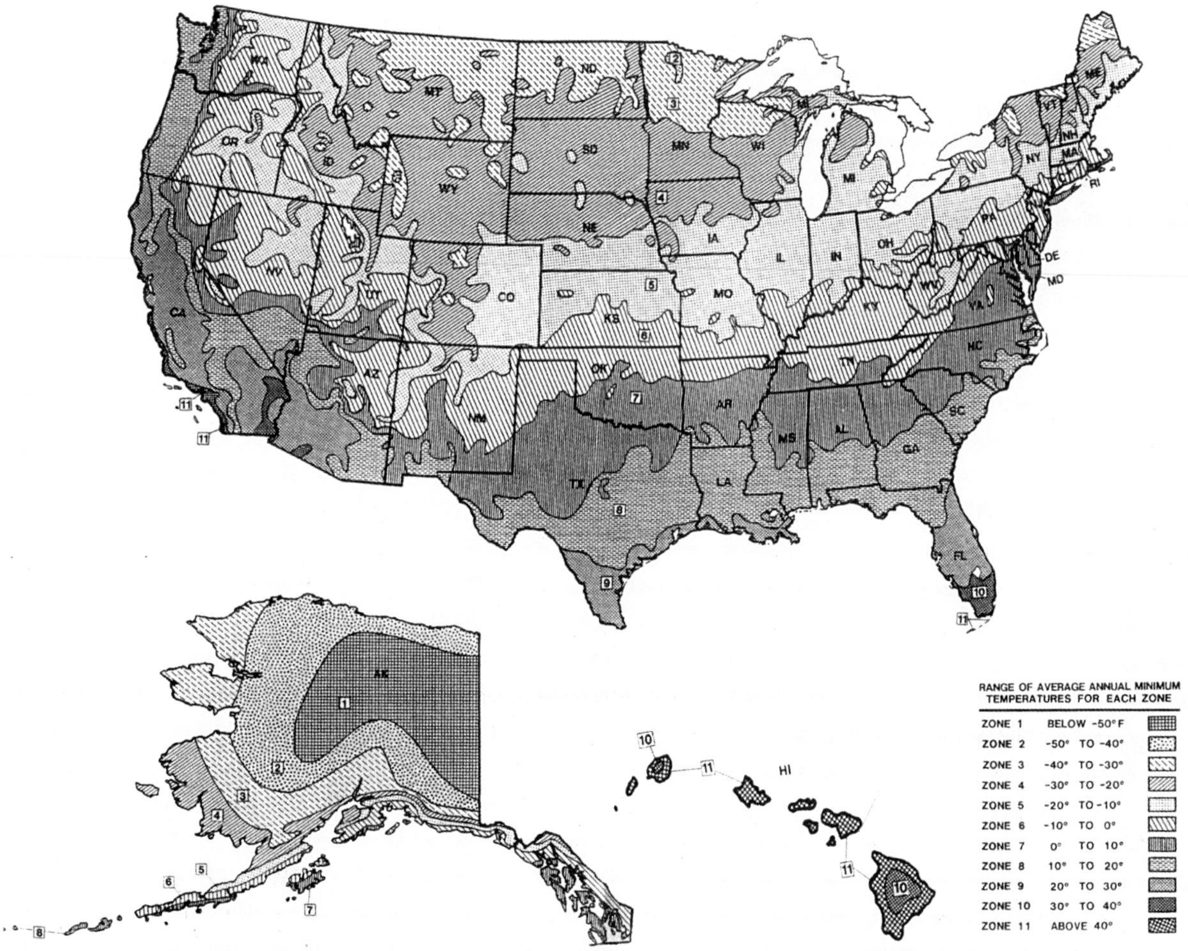

RANGE OF AVERAGE ANNUAL MINIMUM TEMPERATURES FOR EACH ZONE	
ZONE 1	BELOW -50°F
ZONE 2	-50° TO -40°
ZONE 3	-40° TO -30°
ZONE 4	-30° TO -20°
ZONE 5	-20° TO -10°
ZONE 6	-10° TO 0°
ZONE 7	0° TO 10°
ZONE 8	10° TO 20°
ZONE 9	20° TO 30°
ZONE 10	30° TO 40°
ZONE 11	ABOVE 40°

图1　可以根据美国各州和所有领地的温度范围区域图，选择适应当地的一年一栽制（克雷格·常德乐的文章）或多年一栽制（安德鲁·杰米逊）草莓品种。小方框内显示地图中11个温度区的具体温度范围

分别在不同时期定植‘常德乐’‘卡姆罗莎’‘甜查理’‘全明星’‘瑞星’（Latestar）和‘哈尼’（Honeoye）等品种。0.8公顷园区定植了3万株，苗圃在8月底将多数穴盘苗运到园区，先保持遮阴并浇水1～2次/天，利用水轮式打孔机在地膜上打孔。每个苗床上交叉定植两行，行距50厘米，株距30厘米（后来变成36厘米）。定植前用滴灌浇湿苗床，人工定植。之后3天内根据气温情况每天上午11时至下午4时进行喷灌。缓苗后，每天上午和下午各滴灌1小时。每天下午灌溉时同时注入氮肥（硝酸钙）1.1千克/公顷。注入氮肥前必须将其溶解并在主管道上过滤，以防堵塞。通过滴灌，每公

顷共施用了45千克氮。春季利用施肥器注入液体肥，每两周进行1次叶分析。

垄覆盖（生长期为防寒而添加的全园性覆盖）的优点包括：越冬防寒，防止生长季后期霜害或冻害及增加秋季生长量。我们使用51克/米^{2}的材料覆盖大部分园区，可在-14 ~ -13℃以上提供保护。用31克/米^{2}的材料覆盖小部分园区。较厚的覆盖物会降低50%的光照，而较薄的覆盖物会降低30%的光照。不过厚覆盖物寿命较长，至少可以用2年。覆盖开始时间为10月下旬。当风速大于16千米/小时时覆盖难度较大。覆盖时需要足够的人员（5 ~ 6人）。每公顷用了2 500个沙袋和夹子固定覆盖物周边，不过对于中心区域使用2级水泥砖固定比沙袋更好。3月1日将垄覆盖物揭开折叠，并用沙袋沿喷灌管道压牢，让植株见光，以助植株恢复生长，当倒春寒来临前再次覆盖防寒。

地膜覆盖栽培试验遇到了许多意想不到的问题。如白粉病的发生，可能来自‘全明星’草莓的穴盘苗，并蔓延到其他品种上，但不严重，不需处理。覆盖物下暴发了蚜虫，直到1月上旬仍很严重，之后气温降低使蚜虫活动变缓，因此揭开覆盖物后才对其进行治理。有些‘甜查理’秋季开花，11月坐果，在圣诞节期间可以供应鲜果，很受欢迎。

图2　草莓叶柄汁液氮钾测定：右侧的叶茎（叶柄）压碎挤汁进行测定。有关测定步骤见前面章节理戛德等“亚热带佛罗里达州草莓生产简介”。（科尔维摄）

图3　左侧的草莓花未受霜害；右侧的褐色中心雌蕊受到霜害损伤

防寒措施。在2001年2月的第3周移除垄覆盖物（图3），31和51克/米^{2}两种厚度覆盖物下的植株生长情况类似，但较厚的塑料膜寿命长，可重复使用。当预报-6℃以下低温并伴随大风时，将覆盖物再次盖上。在寒流过后气温回升，将覆盖物再次移开。为了防止霜冻，采取了4次喷灌措施。防寒警报会在气温降至1℃时报警。当草莓花托内部温度（通过HH21 Omega手持温度计和热电偶测量）降至1℃时，开启喷灌系统。初花期的一次寒流，冻死了‘常德乐’品种开放的花，弗奥拉在前面章节中及其他文献（5、6、7）都描述了具体的防寒措施。

春季施肥。如前所述，每天随滴灌施氮1.1千克/公顷。6周内每公顷约共施45千克氮，以温室专用硝酸钙和32%的液体N作为氮源交替施用。部分‘常德乐’品种使用了丹尼尔（Daniel）专用作物肥料（N-P-K=10-4-3）作为氮源。根据北卡罗来纳州建议，于4月10日和24日分别采样进行叶柄汁液分析（图2）。4月10日样品分析结果显示，使用丹尼尔肥的叶片氮含量为3.35%（重量百分比），而使用硝酸钙/液体N肥的为3.17%。4月24日的结果分别为2.92%和2.86%。

采收。大多数草莓通过自采摘的方式销售。以4升的塑料桶作为采摘容器。每桶价格为4.95美元，外加销售税及桶本身价格（桶本身价格=0.5美元），约折合每千克2.22美元。价格较稳定。促销时每人可采摘2 ~ 3桶。盛果期，客户在0.5米长的垄上就可以摘满1桶。客户可以选择将采摘的草莓转放到自己的容器中或连桶一起买走。清空的采摘桶都要清洗再利用，但并不会回购客户带回的空桶。用插旗标记系统标记客户开始和停止采摘的位置，客户可以在一垄间的左边或右边采摘。而购买已经摘好的草莓价格更贵，每桶6.93美元，外加销售税及桶本身价格，约折合每千克3.11美元。

‘甜查理’比‘常德乐’早熟1周，在5月5日开始采摘，果实圆锥形，亮红色，果个大，风味浓，大部分果实在两周内成熟。该品种易受天气影响，在冬季气温温和时，开花早而易受冻害。另外，该品种产量最低，但适合早期供应，对炭疽病有一定抗性。

‘常德乐’，加州品种，产量最高，果实圆锥形、暗红色、个非常大且风味浓。成熟期比‘甜查理’长，但有成熟高峰。与‘卡姆罗莎’比，硬度低、田间采摘期短。‘常德乐’植株长势比‘甜查理’和‘卡姆罗莎’都旺，易感炭疽病。

‘卡姆罗莎’产量与‘全明星’类似，果实楔形、暗红色、个非常大，风味浓。若在田间完全成熟、果色暗红时采收，其风味会更浓，果实成熟期比‘常德乐’短，但陆续成熟，无高峰。‘卡姆罗莎’硬度大，建议采摘后销售，易感炭疽病。

‘全明星’是东部品种，果实圆锥形、亮橘红色、果个大小适中且风味浓，始熟期比‘常德乐’晚两天，植株长势旺，根茎分枝多；‘全明星’的外观和果个都不如其他品种，当与其他品种同时栽培时，消费者一般不会采摘该品种；抗炭疽病。

由于果实感染炭疽病导致采摘季节缩短，我们要求采摘者将感病的果实放在其后面的垄间。整个采摘季我们清除的病果达40个19升的采摘大桶。6月1日采收结束。

伊利诺伊大学的试验区也定期采摘并记录产量，每个处理小区20株，重复3次。以下是单株产量。

‘常德乐’：672 ~ 922克。

‘卡姆罗莎’：568 ~ 676克。

‘全明星’：690克。

‘甜查理’：436克。

植株更新试验：根据弗吉尼亚推广站奥戴尔的建议，我们尝试了通过控制植株根茎，促进第二年结果。在6月初，利用割草机割掉地膜以上的草莓植株（仅留几英寸，1英寸=2.5厘米），之后通过隔离喷施百草枯杀死植株上靠近垄中心部分的根茎（杀死总根茎量的50%）。显然，植株的旺盛生长加上温暖潮湿的气侯条件，促进了根茎炭疽病的发生和蔓延。约100%的‘常德乐’和‘卡姆罗莎’植株全部死亡。百草枯杀死了50%‘全明星’植株的根茎，剩余的根茎生长旺盛未染病。大部分‘甜查理’植株都存活下来了。到了秋季‘全明星’和‘甜查理’植株长出了大量匍匐茎，需通过手工摘除。到了10月，每株‘全明星’约有15个根茎，第二年（2001年）只能结小果。

农药喷雾器：通过增加几个高压电子阀和一个带低压喷头的吊杆改装了后挂式“漂亮50”喷雾器。改装后，一个喷头正对垄顶部，另两个通过一定角度向着垄两侧。我们使用Warn电绞车（通常用全地形车辆）调节吊杆的高度。后挂式喷雾器用于喷施杀菌剂和杀虫剂。使用背负式喷雾器（型号SPO-V）喷除草剂，我们增加了一个校正用压力调节器和塑料保护罩。

改变和建议：我们采用一年一栽制栽培草莓并与其他作物轮作，从而显著降低炭疽病发病风险。建议不要人工控制根茎和摘除匍匐茎。要获得个大、高品质的果实只能通过一年一栽实现。

建议在地膜覆盖的垄上，草莓季节结束后栽种一茬其他作物来增加收入。轮作模式如下：秋季种草莓，采收后种南瓜，之后种小麦，第二年秋季再栽草莓。其他作物也可以考虑，但首先要有市场。

减少氮肥施用量。这里的土壤比北卡罗来纳州的沙土肥沃，高氮使植株生长过旺，不利于农药的喷施，还会增加病虫害风险。

使用地膜覆盖栽培专用品种，这些品种的外观、果个和产量都优于东部品种。

基于一年的试验结果，本地区的‘常德乐’和‘卡姆罗莎’穴盘苗定植期应为9月15日，‘甜查理’应提前1周。理想植株的侧根茎量应为5 ~ 6个，可以保证最佳果个和品质。对植株大小影响最大的因素是定植期。

起垄前需深耕松土。当使用移栽机定植时，要求垄结实、结构合理、整齐，建立优质垄的前提是具有充足松软的土壤。

一年生黑麦草若在定植前播种会生长过高。使用播种机播种可以避开草莓栽植穴，还可以松土，这有助于土壤与种子接触，而促进发芽。这种生草方式可以形成活体覆盖物来抑制杂草生长，从而减少除草剂施用，还可固定垄间土壤，减少稻草覆盖用量。

为了防止鹿害，在园区周边使用高强电线护栏，各末端间交叉缠绕聚乙烯绝缘胶带。聚乙烯电线仅用于临时围栏，寿命不如高强电线长。但聚乙烯电线装拆容易，当利用大型机械起垄时，需将垄末端的护栏拆除。

固定垄覆盖物的二级混凝土砖可以直接从厂家购买，这样价格可降低一半，但必须提前预定。不用时可以堆垛。在垄间固定可用沙袋或牡蛎袋，而不必使用夹子。

图4　灌溉系统：10马力汽油发动机和低压水泵用于从池塘中抽水（配备了肥料注射器和防回流装置；抽水前过滤）

图5　喷灌系统：从秋季到采收期，在交叉平铺的塑料管线上安装喷灌头

图6　喷灌系统：塑料摇摆喷头（6#）

图7　鹿啃食植株，破坏地膜（用电线篱笆围栏防鹿：主桩高3米，间距12米，园区拐角用10厘米×10厘米的木桩固定，底部用4条1.3厘米宽的聚乙烯绝缘胶带缠绕，电线间距35厘米。顶部是2根打包线）

图8　农药喷雾器（“漂亮50”高压喷雾器，190升容量，高压阀门，安装在绞车调节的托盘上）

图9　农药喷雾器：前端喷雾，免喷道路（园内道路占园区总面积的20%）

图10　喷施除草剂（使用背负式喷雾器，容量15升，左手操作打气桶并调节压力，挡板喷头可以点喷。

图10a　右侧是防寒良好的草莓植株）

图11　定植前准备（土壤pH为6～6.5，深翻耕，施入27千克氮肥，土壤熏蒸，起垄，垄高17～23厘米，覆盖1.5米宽的黑色地膜，膜下滴灌带入土2.5厘米，垄中心间距2米）

图12　人工定植

图13　机械定植（6月下订单，7月初整地起垄，用轮式打孔机打孔，株距36厘米，'甜查理'9月5日定植，'常德乐'、'卡姆罗莎'和'宝石星'9月15日定植。利用定植机，去除杂乱的匍匐茎，拖拉机慢速驱动，定植后随即浇水。检查植株定植深度是必要环节，使用移栽机需要6个工人，2.75天完成了园区（0.81公顷）穴盘苗定植。定植完成后喷灌）

图14　防寒（利用喷灌作为第一道防线，还需要全园覆盖。51克/米^{2}的覆盖物寿命长，可重复使用。更多信息见：http://intra.ces.ncsu.edu/depts/hort/berrydoc/.）

图15　防寒警报［会在气温降至1℃时报警。当草莓花托内部温度（通过HH21Omega手持温度计和热电偶测量）降至1℃时，开启喷灌系统］

穴盘苗培育方法与建议

弗吉尼亚州推广站园艺专家查尔斯·奥戴尔（已退休）和北卡罗来纳州推广站小浆果专家巴克林·鲍灵描述了生产草莓穴盘苗的方法。购买穴盘苗是草莓生产企业最大的单项投入，自己生产穴盘苗，除了节省运输成本外，还可节省1 700至2 500美元/公顷。

穴　盘　苗

为了积累经验和降低风险，两英亩草莓园区需要6 000株穴盘苗，我们自己仅生产需要量的

图16　从加拿大预定草莓茎尖，根据天气状况，电话确定空运到达时间

图17　将预冷的茎尖插入50孔的装有湿润的2 # 盆栽混合土的穴盘中（所用穴盘经过了清洗和次氯酸钠消毒，然后用收缩薄膜包裹、冷藏）

图18　茎尖在良好的光照、冷凉的气温和适宜的湿度条件下（不干、不热）迅速生根

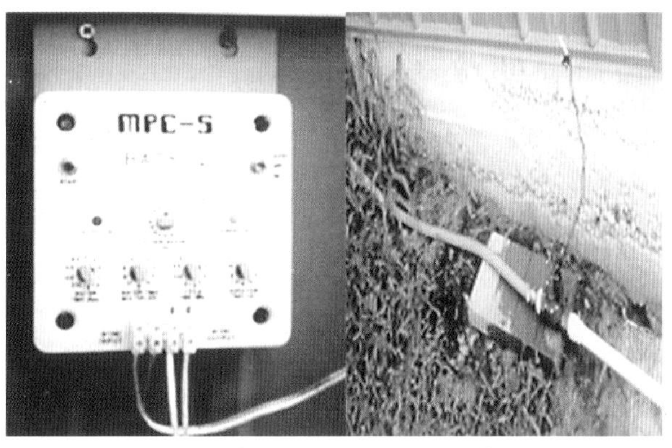

图19　左侧为电开关，右侧为临时弥雾管道的阀门

图20　生产穴盘苗的地块首先用草甘膦去除杂草，然后铺防草布，用沙袋压牢，并安装临时弥雾设备

图21　右侧为生根良好的穴盘苗，根部湿润、抱团、易从穴盘中取出

20%。我们的育苗地点露天、光照充足并有市政供水供电。先喷施草甘膦去除杂草，然后铺上园艺地布防止杂草生长。从库房中取出50孔的穴盘，先清洗，再用次氯酸钠消毒。然后填充湿润地2＃盆栽混合土（花卉市场可以买到）。为了避免穴盘内的基质被压实，我们将穴盘小心地放在托盘上，确保两个穴盘不直接接触。托盘用收缩薄膜包裹保湿，放在室内。

6月从加拿大预定茎尖，8月初通过空运交货。具体交货时间取决于培育穴盘苗期间的天气预报情况。因在露天条件下，如果扦插茎尖后3 ~ 5天内遇到大雨，将会把茎尖冲出穴盘。每1 000个茎尖装在1个箱子里运达，然后冷藏保鲜直至定植。据报道，扦插茎尖的速度约为18盘/小时，但我们的速度较慢。扦插是在室外阴凉处进行。插满的穴盘立即放到弥雾区培养。

奥戴尔1描述的弥雾系统包括交流变压器、定时器/控制器、电磁阀、水管和小摆轮。前5天每天8:00 ~ 18:00，弥雾系统每3分钟运行20秒，第6 ~ 14天，弥雾时间调整为每10分钟30秒，之后根据气温、风速、阴天和植株需求将弥雾间隔逐渐延长到15分钟。14天后，用软管手动浇水，通常上午8:00和下午13:00各浇1次。每天浇水时间和水量因天气而变化。第14天使用接入水管的喷瓶喷施高磷肥。

穴盘苗在苗圃中生长4周，第3周时植株已足够大可以定植到园区垄床。第4周时穴盘苗的根开始向穴盘外伸出。这种穴盘苗与市场购买的质量相当，但成本要低多了。

第二年，我们将全部采用自育穴盘苗（30 000株）。我们将使用一个平衡肥料代替高磷肥。为了提高工作效率我们将预定3个茎尖到货时间。到货时最好避免在大雨来临前，从而降低茎尖被雨水冲走的风险。

穴盘苗定植：地膜覆盖比常规栽培模式需要更多的劳动力，为了降低人工成本、提高定植效率，我们购置了一台单行穴盘苗移栽机（Checchi-Magli，Wolf型号）。该机械很适合高垄覆膜条件下播种南瓜，而且可以提高草莓定植速度，但由于土地条件原因，没有达到预期结果。

施用土壤熏蒸剂不久就下了一场阵雨，持续2小时，降水量达10厘米，使许多垄床受到了不同程度的侵蚀。适当的定置深度是穴盘苗成活和生长的关键。为了应对栽培垄高低不一的问题，我们经常检查，由2个工人根据定植深度要求，加固植株周围的土壤。遇到的其他问题还有穴盘苗匍匐茎缠绕和根系外露不易倒出，从而降低了定植速率。

为了解决穴盘苗上的匍匐茎问题，一个工人在负责定植前剪掉匍匐茎。对于根系外露的穴盘苗，我们没有处理，这样就不必剪掉叶片。将来可以利用一种安装在顶部连接的液压装置，并配备遥控阀，这样可迅速调整穴盘苗移栽机的高低。使用移栽机需要6个工人，但只有2人的工作强度较大，2.75天完成了0.81公顷的穴盘苗定植。

轮作：将只生产一季的草莓地耕翻是很可惜的，但如留作下年继续结果，炭疽病将是严重问题。为了提高草莓垄上覆盖和滴灌设施的利用率，我们在草莓垄上轮作南瓜，以2年为一个生产周期，将草莓—南瓜—小麦—草莓在两块地上轮作（图16）。

草莓采收以后，在整个种植区喷施百草枯以消除所有植被。垄间也喷施芽前除草剂地散磷（Prefar）。用地膜栽培专用的一种液压驱动扫帚将草莓植株残余清除，之后我们种植的南瓜品种有：'Aspen' 'Atlantic Giant' 'Autumn Gold' 'Cinderella' 'Frosty' 'Lil Goblin' 'Lul Pumpke-Mon' 'Lumina' 'Prizewinner' 'Spirit' 'Wee-Be-Little'（利用当地品种）。'Prizewinner' 和 'Atantic Giant' 播种期比其他品种早，株距3米，使用手动播种器。其他品种利用穴盘苗移栽机，根据品种和发芽时间不同，每1.5米播种1 ~ 3粒种子，播种应稍微偏离栽培垄中心，以免机械作业损伤滴灌管带。整个生长季都采用滴灌和施肥一体化。地膜下高温高湿有利于种子发芽，发芽后间苗，每个种植穴仅保留1株苗。杀菌剂和杀虫剂的使用按伊利诺伊大学蔬菜喷药周期表执行。

调查结果显示，'Prizewinner' 产量比 'Atlantic Giant' 高。'Aspen' 和 'Autumn Gold' 产量比 'Frosty' 和 'Spirit' 高。'Lil Goblin' 和 'Lil-Pump-Ke-Mon' 明显高于 'Wee-Be-Little'。'Ginderella' 和 'Lumina' 产量较低。总体而言，除了 'Wee-Be-Little' 外，所有其他品种的产量均

可达到商业生产要求。

南瓜生产结束后，将地膜和滴灌带全面收走，耕翻、整地、播种小麦。在2002年春末，在再次进行地膜栽培草莓前，将小麦翻耕到土中作绿肥。

增加栽培面积：我们改进了后挂式“漂亮50”农药喷雾器。我们之前的拖拉机喷药时不能跨在垄上。因此每4个垄就需要1条行车道。购置穴盘苗移栽机后，就有必要配备可以跨在垄上的低速拖拉机。在购置的拖拉机上安装了一个前端装载机，辅助采收南瓜，并可以搭载“漂亮50”喷雾器，进行跨垄喷药。在2001年定植时，仅为自采摘顾客保留了3条行车道，其他行车道均被去掉了，为此，增加了近20%的栽培面积。

结　　论

草莓地膜覆盖栽培模式适合伊利诺伊州南部地区，这是一个经营和资金投入集约化的生产系统。试验结果表明，东部品种的表现不如现有地膜覆盖栽培品种。虽然投入增加了，但潜在的优势和草莓、南瓜双重收益足以收回成本。

在佛罗里达多佛，马温·布朗（右侧）1 000英亩草莓园采摘场景，他用先进的机械把垄做的很规范。

参考文献（略）

草莓地膜覆盖栽培的植株更新
2002年新泽西州蔬菜业生产建议报告

新泽西州罗格斯大学农业工作者 哲米·弗莱肯（Jerome L. Frecon）

地膜栽培的草莓植株可在7月进行更新。对于植株长势中庸的品种（如‘甜查理’），用旋转式割草机切掉植株顶部，每株仅留几片叶。对于长势很旺的品种（如‘常德乐’），最有效的更新方法可能是用芦笋刀切掉部分根茎，保留3个，或在此基础上，再切掉植株顶部。植株更新后要保持适当的土壤湿度，并注意病虫害治理。9月初，通过滴灌每公顷施67.3千克氮、230千克磷和22千克钾，其他栽培管理措施与新栽植株一样。

植株更新可提高果个，但达不到第1年的水平，商品果的产量可以达到同等水平。植株更新对于实行消费者自采摘的园区尤为有效。

滴灌的兴起

缅因州穆茂斯市，缅因大学大卫·汉德利（David T. Handley）

近年来，东北地区的许多草莓生产者开始在草莓垄上使用滴灌。滴灌不但已成为草莓地膜覆盖栽培模式的必要组成部分，而且在毯式栽培中的应用也越来越广泛。

过去通常认为只要配备了防寒的喷灌系统，就没有必要安装滴灌系统了。然而，近年来滴灌应用越来越普遍，主要由于以下原因：1）成本比其他灌溉方式低；2）降低移动管线的人工成本；3）节水并能满足植物需求；4）肥水一体化效率高。

地膜栽培模式下的喷灌和滴灌。滴灌优势明显，但喷灌有助于预防冻害和降温（G. Hochmuth）

在生长季，每周每公顷草莓需要142米^{3}水；果实发育期，需水量还要高3倍。供水不足会导致植株生长缓慢、果个小、产量低。

喷灌的问题是：需要不断移动管线、充足的水源以及大功率的水泵；喷灌会喷湿整个植株表面，虽有助于防寒，但也有助于病害的发生，而且需水量大。

滴灌需水量较少，如一个0.04米^3/分钟流量的水源即可满足4 000米^{2}草莓园一天的需水量。0.2米^3/分钟流量的水源可以满足12 000米^{2}园地一天的需水量。由于滴灌节水，当没有其他水源时，生产者甚至可以考虑使用城市用水。

利用水泵通过一个直径为2.5 ~ 12.7厘米（通常3.8 ~ 6.3厘米）的塑料管道将水抽送到园地。管道越粗需要的压力就越大、水泵的功率越大、抽水量越多。

海拔高度也会影响水压，每提高73厘米，通过2.25厘米^{2}表面积的水压就会降低0.45千克。主管道通常埋在地下，根据园区布置，出水口连接栽培区支管，支管与草莓垄垂直铺设，支管通常韧性较好，可以折叠，因此不怕机械和消费者压踩。

滴灌管带与支管连接，沿垄床中心铺设。可以在定植前埋土6.3厘米深或放在垄床表面。尽管埋土会增加人工成本，但可防止动物、人和机器所造成的损坏。大多数滴灌带都可根据垄长调节水压，而且可以补偿垄高度差，从而确保灌溉均匀。

水压决定了一次可灌溉面积。如果水压充足，整个园区可同时灌溉。如果水压较弱，就需要分区灌溉，不过这只需要安装几个阀门即可解决，并不需要拆卸和移动任何管线。

滴灌水源必须洁净，否则容易造成堵塞。洁净的水源，如井水或城市用水，仅需要一个很小的过滤器，成本较低。其他水源，如池塘水，可能需要更精细的过滤系统，成本较高。

生产者普遍认为滴灌能降低人工成本、满足植物的需求、促进生长并提高产量。近年来，滴灌技术的成本越来越低、使用越来越容易。

（来源：密歇根斯巴达，果树生产者快报，2001年4月）

A. 草莓学校很了不起，请一天假参加免费的草莓培训和答疑，从权威专家那里可以学到很多知识。图为密歇根州1月在位于凯洛格组织的培训；B. 密歇根州立大学生理和植物学家、最近出版专著《草莓》的作者吉姆·汉考克（Jim Hancock）在培训现场授课；C. 托顿（G. Thornton）培训课致欢迎词；D. 帕姆·费舍尔（Pam Fisher），加拿大OMAFRA昆虫专家；E. 马温·普利茨（M. Pritts），康奈尔大学草莓多年一栽制栽培专家；F. 翰逊（E. Hanson），密歇根州立大学育种家；G. 托顿、奇尔德斯（佛罗里达大学客人）和垂顿（R. Tritten）（培训班组织者）；H. 达尼·法克斯（Donny Fulks），弗吉尼亚州有机草莓生产者；I. 来自爱荷华州的学生；J. 托顿介绍下午的课程。

加州旅行——照片

A. 加利福尼亚大学戴维斯分校果树学系草莓育种、数量遗传和生物统计学专家道格拉斯·绍（Douglas Shaw）博士，在位于瓦特森维尔的试验站进行抗病毒育种研究；B. 莎博士的地膜覆盖高垄栽培试验区；C. 试验垄末端种植的易感病毒指示植物森林草莓品种表现了带毒症状；D. 加利福尼亚大学的维克多·吾尔斯（Victor Voth）发明的地膜覆盖高垄栽培模式；E. 布鲁斯·毛瑞（Bruce Mowrey），帝丽斯科草莓协会的草莓育种家；F.‘卡姆罗莎’品种由加州大学戴维斯分校著名草莓育种家罗伊斯·伯令格哈斯特（Roye Bringhurst）博士及助手育成，该品种占加州草莓生产面积的45%，在全世界得到推广；G. 地膜栽培垄末端特写。(Childers拍摄)

加州草莓产业

佛罗里达大学，佛罗里达州盖森维尔市 诺尔曼·奇尔德斯（Norman F. Childers）和加利福尼亚大学南海岸试验站 科克·拉森（Kirk Larson）

虽然加州的草莓产业一直处于有活力、稳定的发展状态，但大多数生产仍在个体或家庭农场中进行，并不是企业，只是企业目前占市场份额比过去更多了而已。大约30%的加州草莓用于加工，这个比例一直比较稳定。加州草莓产业的组成比较复杂，涉及品种、栽培模式、生产区域和栽培管理方法等众多因素。

加州南部产区主要定植短日照品种（如‘卡姆罗莎’）鲜裸根苗（来自加州北部的高海拔苗圃），小部分定植夏季日中性品种冷藏苗，夏季定植生产的市场窗口期是11月和12月。‘卡姆罗莎’草莓苗通常在9月底至10月初起苗，然后迅速定植（不需要人工补充需冷量）。2月通常是南加州产区的盛果期（果实成熟期一般从12月开始，但盛果期通常是从1月底开始），但高峰期通常出现在4月，其生产一致持续到7月初。

加州中海岸产区通常使用短日照和日中性两类品种，草莓苗也来自加州北部的高海拔苗圃，但比南部产区晚起苗和定植。通常情况下，日中性品种在10月中旬至11月初起苗，冷藏10 ~ 28天，然后定植。

短日照品种起苗后可直接定植，也可经过7 ~ 10天的人工补充需冷量处理后再定植，起苗时间和冷藏处理时间都取决于苗圃的地理位置、生产园区的地理位置及栽培措施等因素。中海岸产区圣玛利亚、萨利纳斯和瓦特森维尔的草莓从3月开始陆续成熟，4月进入盛果期，5 ~ 6月初达到产量高峰期。日中性品种（主要是‘钻石’，一部分是‘芳香’和‘海景’）的生产能一直持续到11月（雨季开始）。

中部谷地产区（靠近富勒斯诺和默塞德市）仅种植短日照品种（主要是‘常德乐’），主要用于加工和路边小摊销售。该产区的栽培面积近年来持续减少（估计目前仅剩140公顷，几年前还有280 ~ 320公顷），面积缩小的主要原因是生长季短、果品质量差及加工市场价格低。

加州草莓的平均产量通常在67 ~ 74吨/公顷，高产园区可达到99 ~ 124吨/公顷或更高。2002年，加州的草莓栽培面积超过10 117公顷。

加利福尼亚大学在培育草莓新品种、生产技术和市场运作方面一直处于世界领先地位。在全美国，加州草莓供应超过了80%的鲜果和加工市场，然而栽培面积仅约占全美的50%。其产量约占世界产量的20%，约占世界出口量的20%，主要出口国家是加拿大、日本、墨西哥和其他多个国家。草莓的栽培面积稳定在0.9万 ~ 1万公顷。总产量达到6.8万吨（年产值达到7.5亿美元）。约有73%的果实供应鲜果市场，其余供应加工市场。每公顷的平均产量达到55吨（其他州只有13吨），是其他州的4倍多。加州的单位产量是佛罗里达的2倍（美国第二大草莓生产州）。每公顷的生产成本在2.3万 ~ 3.0万美元。如果加上采收成本，每公顷的费用能达到6.2万 ~ 7.4万美元。加州草莓苗圃的分布是，高海拔苗圃位于萨克拉门托附近，低海拔苗圃位于圣华金谷地。这些苗圃供应了全加州的移栽苗，同时也出口到加拿大、欧洲和亚洲国家。苗圃的年产值约6千万美元。草莓果的消费在所有水果中排第4位。

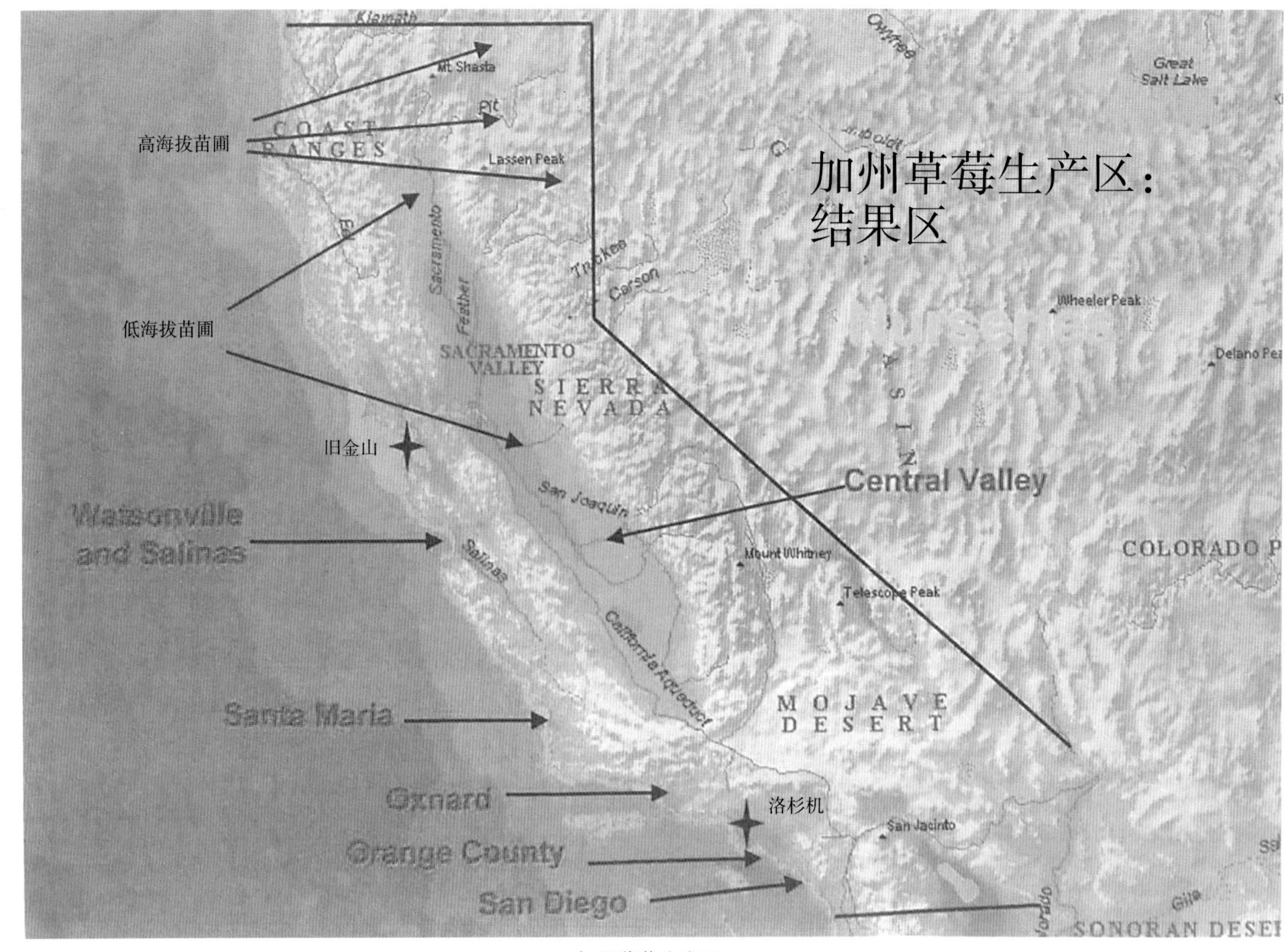

加州草莓生产区

加州草莓有5个产区：

中海岸产区——位于瓦特森维尔和萨利纳斯地区。

圣玛丽亚产区——位于圣玛利亚谷。

奥克斯纳德产区——位于文图拉县及其奥克斯纳德平原地区。

南海岸产区——位于橙县和圣地亚哥县。

中部谷地产区——位于圣华金谷（如弗雷斯诺和默塞德），只占草莓总面积的3%。

品种趋势、定植期和产量

如其他地区一样，加州草莓品种也一直在更新。21世纪早期，'卡姆罗莎'占据了全州约44%的面积，该品种非常适合南加州产区（如橙县和奥克斯纳德地区）生产，在加州中海岸产区也有一定的栽培面积。'钻石'是最适合中海岸产区的品种，所占比例在一直上升，面积约占加州的20%，占瓦特森维尔地区的43%。一些果品贸易商属下的私人培育品种也占据了全州约30%的面积。

加州草莓委员会

加州草莓委员会是在1993年由生产和经营者通过投票选举而成立的法定机构，该委员会是由1955年成立的加州草莓咨询委员会发展而来的。加州市场推广部负责组织，该协会是由法律授权、生产者自行缴费建立起来的机构。其缴费作为该委员会活动经费和项目基金。委员会的项目主要包括健康和营养、食谱、旅游、新闻和链接、草莓小镇、生产者、浆果因素、零售产业、食品服务产业和生产科研及发展等方面。委员会每周的新闻和报告表都会发送到自行缴费的生产者。

草莓委员会的主要工作有三方面：①管理和指导研究项目；②促进加州草莓的市场推广，主要目标是消费者、零售商、食品服务商、出口商及加工企业；③解决发生的争议。

所有活动的组织、授权和实施都在加州草莓委员会的监管下进行，委员会确保所有的活动都对草莓产业有利。委员会也有非草莓行业会员，以确保所有活动都符合社会公益。

草 莓 企 业

加州还有一些草莓企业是由生产者构成的，他们拥有自己的育种项目，自行确定研究方向、自己包装和进行市场运作。美国园艺学会在2001年7月参观了非常有名的帝丽斯科联合公司（Driscoll Strawberry Associates），这次参观由加州大学位于尔湾的南海岸试验站草莓推广专家科克·拉森负责组织。

定 植 期

加州最主要的定植方式是在10 ~ 11月定植鲜裸根苗，该方式占加州生产面积的85%。两年一栽的模式仅占5%。夏初定植冷藏苗，秋末采收的栽培模式主要在奥克斯纳德，占6% ~ 7%，而夏季定植、春季采收的模式主要在圣华金谷，所占面积极少。

帝丽斯科草莓

帝丽斯科草莓联合公司在第二次世界大战后由5位加州草莓业比较活跃的生产者组成：倪德·帝丽斯科（E.F. “Ned” Driscoll）、唐纳德·帝丽斯科（Donald Driscoll）、约瑟·瑞也特（Joe Reiter）、司维德·约翰逊（Swede Johnson）和托姆·颇特（Tom Porter）。同期，他们又组建了加州草莓研究所，负责该公司的草莓育种和栽培技术研究和推广。这两个单位后来合并，共同在帝丽斯科草莓联合公司旗下发展。约瑟·瑞也特创建的甜巴瑞（Sweetbriar）公司主要做树莓育种和栽培技术研究，后来也加入了帝丽斯科草莓联合公司。目前，帝丽斯科是世界上草莓、树莓、黑莓和蓝莓育种和栽培的领头羊。在北美地区，拥有最大的草莓和树莓市场份额。在草莓品种更新和技术研究方面，该公司试验点在加州拥有5个、墨西哥2个、佛罗里达1个、欧洲3个（西班牙、葡萄牙、英国）。从1944年首次杂交育种开始，帝丽斯科公司已经育成了50多个草莓品种。该公司一直自己保存着核心种源系统，只有自己或协议种植户栽培自己的品种，所有的产品均用帝丽斯科商标。该公司的市场重点放在消费者的质量感观上，特别是口感、外观和货架期。其研究团队也研发适合自己品种的栽培技术体系。

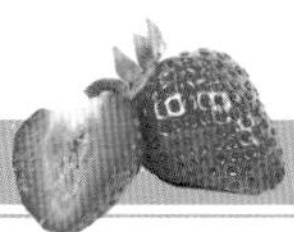

有些加州草莓园区很大。园区农工主要为墨西哥移民，几个人挤在一间卧室或工棚中，以水桶洗浴。他们随着不同产区草莓的成熟而搬迁采摘

采摘工直接把果实放入容量为1夸脱（1夸脱=1.1升）的蚌壳式透明塑料盒中，然后放入浅式纸箱托盘中，每托装8盒。托盘放在特制小推车上

生长季结束后，农工们正在移除地膜和滴管灌带。在某些地区，在草莓垄上轮作南瓜或蔬菜

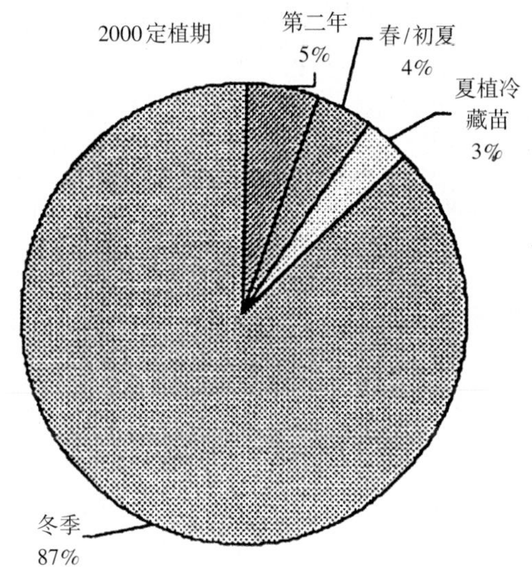

2000年定植期

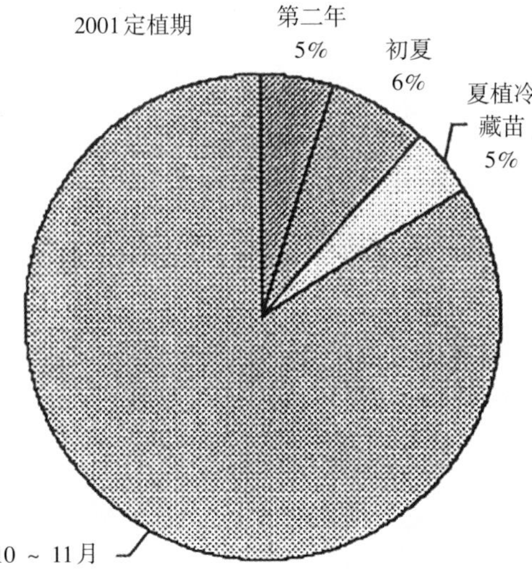

2001年定植期

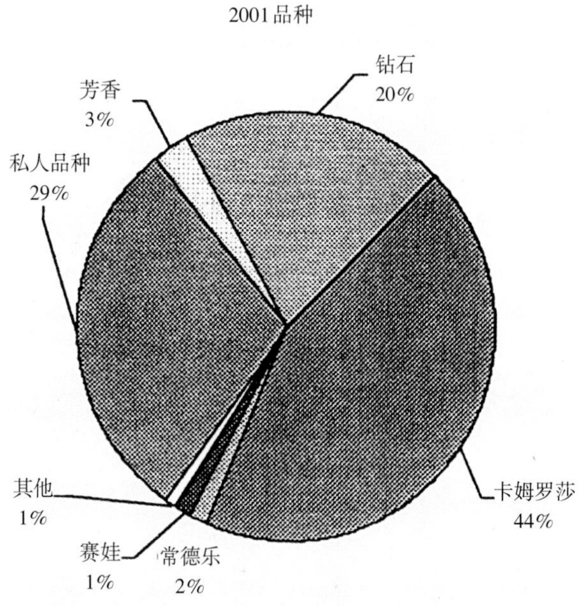

2001年品种

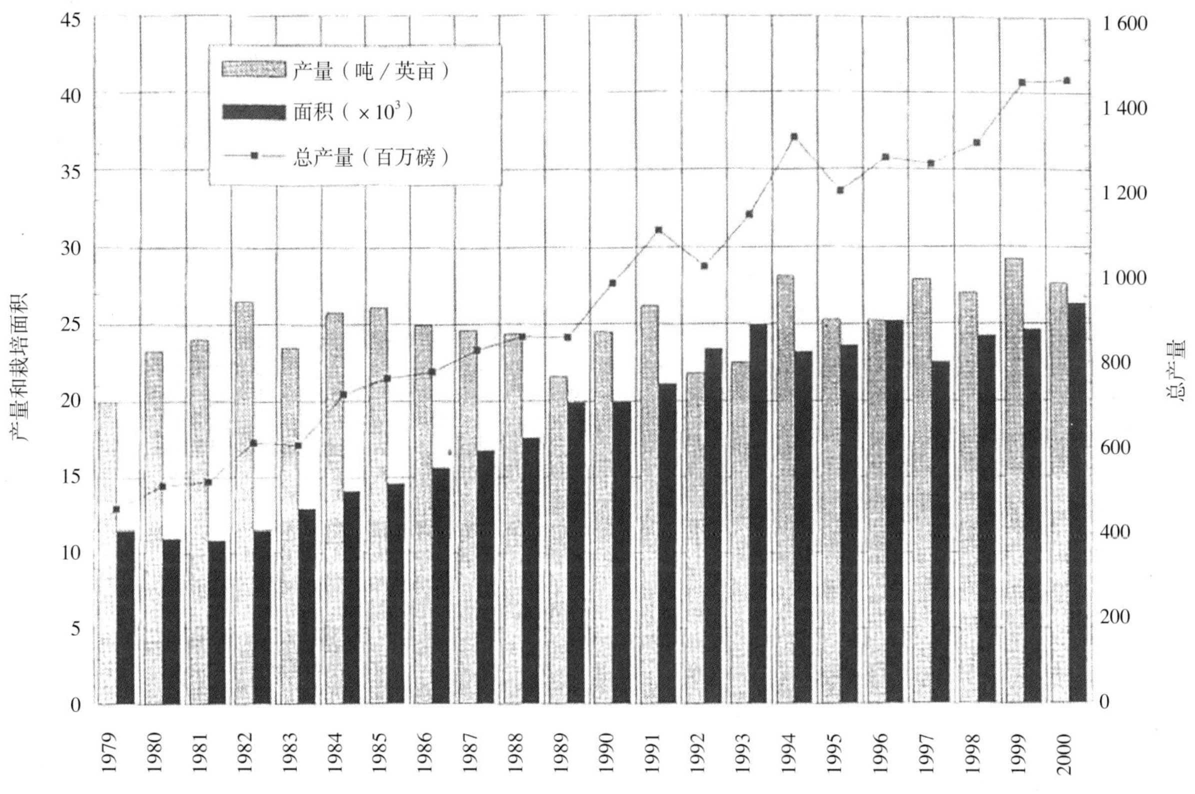

加州草莓栽培面积，单产量和总产量。栽培面积和总产量都有所增加，但单产基本平稳

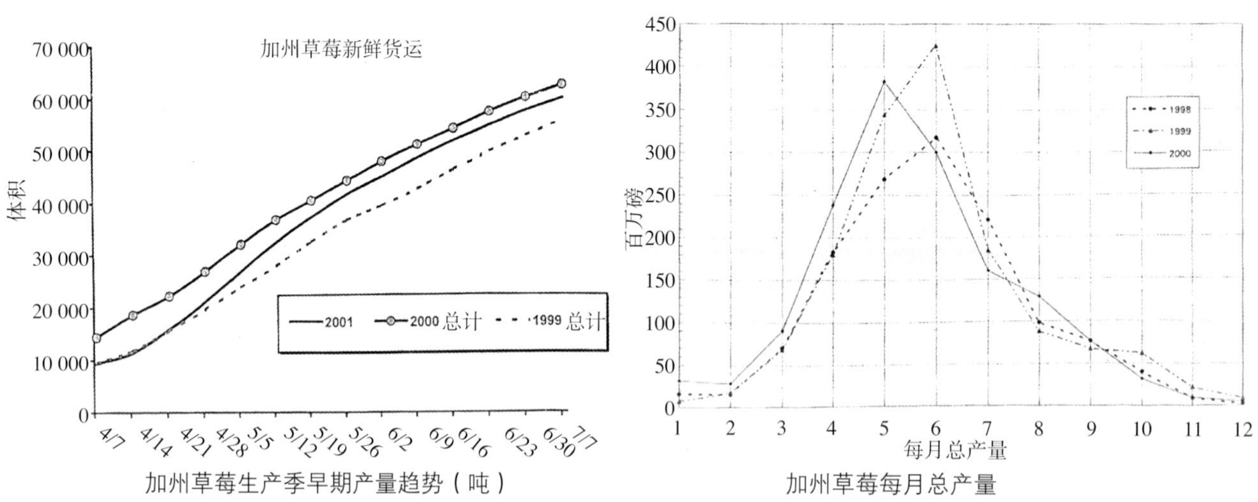

加州草莓生产季早期产量趋势（吨）

加州草莓每月总产量

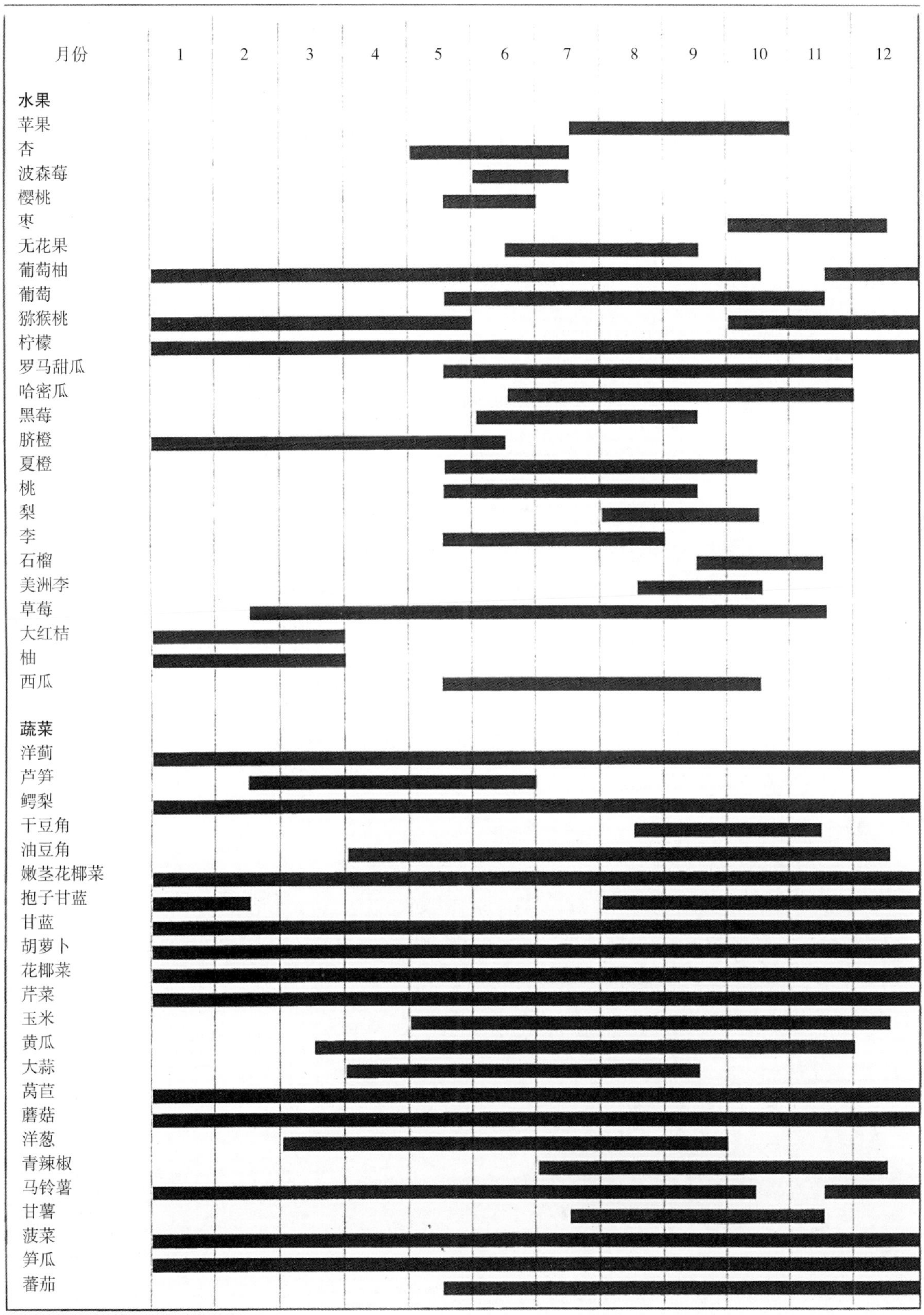

月份　1　2　3　4　5　6　7　8　9　10　11　12

水果

苹果
杏
波森莓
樱桃
枣
无花果
葡萄柚
葡萄
猕猴桃
柠檬
罗马甜瓜
哈密瓜
黑莓
脐橙
夏橙
桃
梨
李
石榴
美洲李
草莓
大红桔
柚
西瓜

蔬菜

洋蓟
芦笋
鳄梨
干豆角
油豆角
嫩茎花椰菜
抱子甘蓝
甘蓝
胡萝卜
花椰菜
芹菜
玉米
黄瓜
大蒜
莴苣
蘑菇
洋葱
青辣椒
马铃薯
甘薯
菠菜
笋瓜
蕃茄

加州从南至北跨度为1 000多英里，具有不同气候。这里是其水果和蔬菜的主要收获期
（引自2000年加州食品和农业部资源目录）

上图是帝丽斯科的冷库，左边是冷库的12个装车口，右边是货车停车场。下图是帝丽斯科位于瓦特森维尔附近的组培育苗研发部门

帝丽斯科的草莓或树莓组培苗温室。利用组培可迅速育苗

A. 帝丽斯科的冷库一角；B. 叉车满载草莓驶入冷库；C. 冷库内温度为1℃；D. 经理乔治·法里克斯（George Felix）安排将草莓装入冷藏货车；E. 草莓和蓝莓育种家托马斯·苏林（Thomas Sjulin）正在冷库内为我们讲解；F. 组培树莓新品种；G. 树莓栽培和育种试验园。

瓦特森维尔市洛德·柯达（Rod Koda）的草莓园区

瓦特森维尔伸太卡瓦塔拉公司 草莓生产者洛德和葛文·柯达夫妇

草莓生产者洛德·柯达（Rod Koda）正在检查二斑螨和捕食螨

编者注：洛德·柯达是圣克鲁兹县瓦特沃森维尔市第三代草莓生产者，是加州1 000个左右的草莓生产者之一。他拥有12公顷的草莓园区，55名雇员。他和妻子葛文都毕业于位于圣路易斯欧比斯堡的加州州立大学分校（Cal Poly），他获得观赏园艺专科学位（葛文获得学士学位）。他们毕业于1984年，从那时起便回到草莓农场继续接受培训，并且与六合伸太（Kuni Shinta）（他的岳父）一起工作。六合是一位非常聪明的草莓生产者，而且是当地许多草莓生产者的老师。他教给洛德所有的草莓知识，包括前期计划、栽培、收获以及农场经营的精美艺术和科学。六合知道如何平衡草莓的自然生长和人工管理，知道什么时候处理不会影响植株发育。下文是洛德在其园区对我们的介绍。

我相信岳父所做的：每一棵草莓苗都有潜能，等待着生产者去开发。为达到此目的，我们必须知道植株需要什么，以及影响植株的因素。任何失误都是在降低其最高潜能。能发挥潜能的一个重要因素是园地选择，我们需要肥沃的沙壤土（排水性好），pH中性；接下来需要查看水质，测定其盐分含量、养分含量以及pH。了解土壤和水的养分含量能帮助我们制订施肥方案，维持植株生长健壮（有利于抗病虫害）。土壤准备是我们园区最复杂的一个方面，首先翻耕覆盖作物，接着平整土地，然后再深耕松土以便更好的通气和排水，最后再耙地，打碎土块。我们通常全园喷水，以达到满足杂草种子萌发的湿度，6天后再深松和耙地，接着全园覆膜进行土壤熏蒸（57%溴甲烷和43%氯化苦）。一周后，我们去除熏蒸地膜，之后重新平整园地，然后再撒施底肥和石膏，再次耙地。

下一步，我们要设计排水沟（译者注：该园区位于大河边沿，防止土壤流失很重要）。这些排水沟的方位是一项真正的艺术和科学，这里有一些要点需要注意。必须设计最佳的垄向以便使各垄植株在冬季能充分接受阳光；必须有排水性良好的沟渠；根据风向确定垄长。

在标记好土地后，开始喷水。接着，起垄和施用缓释肥（每公顷675千克，氮磷钾18-8-13），每条垄铺设两条滴灌带，铺地膜和打定植孔，然后定植移栽苗。对于冬季栽培体系，在10～11月定植，第二年的春季到秋季收获。我们栽植加州大学的两个品种：‘卡姆罗莎’和‘芳香’。在本园区，它们的果实质量、颜色（外部和内部）、口感和长势都很好。移栽苗购自雷丁市的拉森峡谷苗圃，该苗圃与加州大学戴维斯分校及其他研究机构都有合作。定植后，等待第二年春季。在本地区，不必担心冻害问题，因为我们靠近大海，冬季时候比较温暖。

对于杂草的处理，我们通常在园区边沿的堤坝和沟渠种植冰叶日中花、多年生或一年生草本植

物。这样能使堤坝和沟渠更加稳固，也能减少后期的虫害问题。随着土壤熏蒸剂溴甲烷应用的限制，我们的问题也开始增多。

目前，我们在定植前垄沟喷洒除草剂。对于虫害治理，我们采取了平衡害虫和天敌的策略。知道了如何平衡这两者的关系，能帮助我准确选择农药。我们必须了解每种害虫的生活周期，了解什么时候是最佳药剂控制期以及药剂对天敌的影响。在冬季，我们释放捕食螨来控制螨害，通常在整个生长季只需施用一次阿维菌素。另一需要注意的害虫是草盲蝽，幸运的是，目前我们有两种有效的农药——甲氰菊酯和联苯菊酯。但我所担心的是：①草盲蝽会对这两种农药产生抗性；②如抗药性产生而导致用药量增加，监管部门可能会取消这两种农药的使用。这两种药对草莓蝽有效，但对捕食螨没有明显的杀伤力。

我们的滴灌是基于“植物需要的原则”，从春季开始，一直持续到整个秋季。我们也根据温度、风速、湿度、植株需求、土壤类型、肥料和采摘区域（不致于太粘）进行滴灌。

我们花费了很多精力准备如何越冬。有一部分园区有坡度。我们用种植大麦和蚕豆来倒茬，这样能增加土壤有机质含量，减少雨季的水土流失。同时每年在园地两端种植黑麦草。我们建立了一系列堤坝来缓解坡地的流速，相比平地的园区，这些是在坡地栽培的额外投入。然后，我们进入春季的收获期。我们直接把果采摘到容量为1夸脱的蚌壳式塑料盒中，然后快速运到我们的合作冷库中进行预冷。

A. 7月瓦特森维尔地区一草莓园区正在采收；B. 洛德·柯达在其园区就草莓生产给我们介绍了1小时；C. 邻园区的草莓缺氮肥症状；D. 瓦特森维尔地区众多地膜覆盖栽培园区之一。

总而言之，我们从整地开始到采收结束尽量避免任何错误，其中会遇到许多困难。在我们的园区，由于上帝的恩赐，我们能够合理安排度过整个生长季并获得丰收。如果你想要生产草莓，就必须花费别人难以置信的时间在园地里，以确保生产中的每一环节都正确，这样植株才能发挥最高潜能。我认为现代生产者必须了解普通法律及立法系统（接近律师的水平），了解植物学、病理学、昆虫学、勘察学、土壤肥料学，成为一名水文学家（知道水在土壤中如何流动，在冬季如何控制水灾）（译者

注：本地冬季为雨季），成为一名电焊专家（制造栽培管理机械），成为机修工，能处理个人问题，还需要成为一名好商人。真的有点不可思议，生产者需要拥有的头衔太多了。我对本行业前景的看法是：要经历一段很艰难的时期，因为成本要上升、更严格的规章要出台以及对我们能用何种农药及如何使用会有更严格的限制。我相信如果生产者能灵活机智地应对这些困难，把压力变成动力，发展新技术，必然会度过这段艰难的时期。

B. 洛德·柯达正在其园区为美国园艺学会来访者介绍草莓生产；A、C、D. 洛德·柯达园区草莓地膜覆盖栽培；E. 平板货车正在把采摘的草莓运往冷库预冷；F. 托姆·弗里维尔（Tom Flewel）教授（已退休）正在其园区介绍地膜覆盖栽培经验；G、H、I. 加利福尼亚大学草莓育种家道格拉斯·绍（Douglas Shaw）博士为很多草莓生产者做品种咨询。

加州有机草莓产业

萨利纳斯温沃德农业公司 托姆·琼斯（Tom Jones）

托姆·琼斯（Tom Jones），42岁，帝丽斯科草莓生产者，在加州萨利纳斯栽培8公顷有机草莓

我从1986年开始在帝丽斯科联合公司种植草莓。我最早是瓦特森维尔瑞也特附属公司（Reiter Affiliated）的雇员。1992年我的两个老板米尔斯和戛兰德·瑞也特（Miles和Garland Reiter）与我成为合作伙伴，在萨利纳斯创建了温伍德农业公司。当时，加州农业面临极大的虫害风险。由于有关法规的逐渐严格，能用的农药种类在减少，而害虫的抗药性则在增强。我们用了很多年研究其他有效的综合治理措施，例如：真空吸虫、天敌的释放和陷阱作物引诱来降低自然害虫的发生量。最终证实这些措施在我们传统的栽培模式中很成功，这也引领我们去栽培有机草莓。

在1997年，我们抱着试一试的态度开始栽培有机草莓。除了草盲蝽，我们对其他害虫的控制有着相当大的信心，但是，我们不知道在无熏蒸消毒的土壤中和无有机肥的情况下将会发生什么。我们选择的土壤（现在还在同一地块）是重黏土质，但有着异乎寻常的排水特性（译者注：该园区旁是低洼地，落差很大，故排水良好），美国农业部把其定义为湖底淤泥类土壤（clere lake clay）。基本上，第一年我所学到的知识都是我以前不知道的东西。

草莓苗（通常在11月的冬季定植）在有机栽培条件下生长缓慢。最开始，我认为生长势弱（相对于传统栽培模式下）会成为一个问题，但只是成熟期晚了2 ~ 3周，一直到最后都能结出良好的果实，次果率低。这对我们非常重要，因为我们不想生产果汁和冷冻用的果实，所以高的次果率会减少我们的收入。当生产季结束，我们有机栽培的总产量比传统栽培低，但由于较低的次果率（有机栽培大约5%，传统栽培大约15%），其有效市场产量实际是一样的。

生产成本是有机栽培的另一方面。第一年，比传统栽培约多花了3 700美元/公顷。成本的增加主要是因为人工除草（因为没有进行土壤消毒）和高价肥料。从那时起，我们便开始使用机械除草，这很有帮助，同时试验对整个垄覆盖薄膜来阻止杂草生长。第一年，我们在栽前施用了20吨/公顷的堆肥（译者注：由植物粉碎后腐烂而来），以后意识到可以减少施用。目前仅用5吨/公顷。我们的施肥方案是：冬末顶施血肥，然后通过滴灌施用鱼乳化剂。第一年，我们从3月开始，每10天滴灌1次，后来改为每3周1次。我们用有机商品肥（商品名‘Phytamin’，7-0-0和‘Fish Agra’，1-4-4），每次每公顷施每种肥料47升。随着这些改变，我们的成本开始下降，逐步向靠近传统种植模式的成本转变，但每公顷仍需多花1 235美元。

我们有机栽培草莓的最大问题是白粉病。从4月开始，每周一次用真空吸虫机（特殊制造的大型吸尘机）吸草盲蝽，这有助于传播白粉病的孢子。如果不提前、及时地施用硫黄粉（80%），就会有大麻烦。白粉病在本地区有两次高发期，分别是4月和7月下旬。如果我们预测到一个明确的爆发期，会停止使用真空吸虫机。灰霉病在有机栽培模式下发病的概率低于传统栽培模式，这是由于植株较小遮蔽少，有利于空气流通和烂果的摘除。其他虫害如螨类和草盲蝽不是主要问题，但在特定的时期，它们会造成大损失。目前蚜虫问题在加重。早先，蚜虫会在早春出现，然后天敌（像瓢虫）随后出现，这时候会很有成效地控制，在其余的生产季不会有问题。现在，我们的气候变的不正常，不可预测，这样为我们有效治理增加了难度。去年，蚜虫在9月爆发，这是我以前从未见到的。我们用了印楝素（Aza Direct）治理蚜虫，很有效，印楝素是从印度楝中提取的。我们的喷雾量是每公顷950升，同时混入展着剂。目前正在通过试验来确定最有效的喷施期。

加州有机草莓栽培

前言（来自农业预警杂志）：托姆·琼斯（温沃德农业公司，加州萨利纳斯）就其有机草莓生产给我们作了详细的介绍。琼斯今年42岁，出生于加州富雷斯诺市，在16岁时曾在亚利桑那州做过瓜类采摘工，后来还做过卡车司机和灌溉工人，于1982年开始在萨利纳斯谷从事草莓生产。几年前，他的公司把3公顷（总共50公顷）草莓园转为有机栽培。其土地租赁期是3年（土地归他人所有，地主想通过租赁来避免房地产开发），86 000美元/公顷。园区劳动力每小时费用为9.8美元，传统园区劳动力每小时费用则为9.35美元（每天最多工作16小时）；尽管有机栽培的成本增加了25%，但收益增加了35%，因此，回报远大于投入。于2000年，在蒙特瑞县有3 787公顷有机认证草莓园，是1977年的3倍，其收益达到9千万美元，在过去5年中增长了7倍。在某些年份，其产量可达80吨/公顷。消费者和生产者都相信有机草莓的外观和口感更好。

参考文献（略）

A. 托姆·琼斯在加州萨利纳斯的有机草莓园区，垄端是引诱害虫的“陷阱”植物；B. 2001年9月，喷施印楝素治理蚜虫；C. 2001年5月，加州有机草莓叶片；D. 2001年，托姆·琼斯的有机草莓‘卡姆罗莎’在德克萨斯州奥斯汀市的一个超市中。

注解：普利茨博士总结了5点关于美国东部的有机草莓生产：①草莓有机栽培的成功还需多年的时间；②生产期太短（只有1～2年）；③需要太多劳动力；④产量低；⑤不同地块，产量差异大。

北美草莓生产者协会

帕特瑞莎 霍泽尔（PATRICIA E. HEUSER），主任
宾夕法尼亚州立学院
帕特瑞莎愿意为发展北美草莓生产者协会而努力

北美草莓生产者协会（NASGA）成立于1977年，是由先进草莓生产者和著名小果研究者组成的一个非盈利公司。其目的是支持美国农业部和某些州或省的研究项目、召开教育性研讨会并出版刊物、促进设备和品种及栽培方法的改进，进而提高草莓产业的效率，及促进生产的应用研究和推动有利的立法。北美草莓生产者协会现有会员超过500人，来自美国的40个州、加拿大的10个省及其他15个国家。该协会始终作为一个以生产者为基础的社团，强烈根植于创新理念，通过不断研究为加强和改善草莓产业和市场营销提供成果。其出版物包括研究杂志、研究进展和时事通讯。

为完成上述任务北美草莓生产者协会做了以下工作。

（1）将经费的25%用于研究（至2002年研究经费已超过35万美元）。

（2）出版刊物《草莓研究进展》（被世界各地的图书馆、生产者和专业人员所购买）。

（3）成立了一个基金会来筹措研究基金（每年新增基金超过5万美元）。

（4）赞助一个教育性的冬季会议并为成员出版一本通讯。

（5）成立了有效的立法委员会，来保护草莓生产者的权益。

北美草莓生产者协会会员受益的是参加年会、参观、获得时事通讯、与该协会其他生产者交流以及与加利福尼亚草莓委员会联系。

如果你想加入该协会或者希望了解该协会更多信息，请用以下任何一种方式与我们联系：Patricia E. Heuser, Director, 526 Brittany Drive, State College, Pennsylvania16803；电话：814-238-3364；传真：814-238-7051；邮箱：info@nasga.org。

洛矶山西北部和东部的北美草莓生产者协会2002—2003年度董事代表。从左开始：鲍勃·隆（Bob Long），密歇根州；查尔斯·凯迪（Charles Keddy），主席，新斯科舍省；比尔·杰科博逊（Bill Jacobson），明尼苏达州（前任成员）；阮·绰业（Ron Troyer），宾夕法尼亚；卢迪·西门（Rudy Heeman），加拿大安大略省；山姆艾文（Sam Erwin），印第安纳州；迪恩·亨利（Dean Henry），爱荷华州；查德·芬（Chad Finn）博士，华盛顿州；菲尔·约翰逊（Phil Johnson），马里兰州；安·吉尔（Anne Geyer），弗杰尼亚州；以及格蕾丝费达克（Grace Fedak），加拿大阿尔伯塔省（缺席）。（照片来源于NASGA）

第三部分　害虫、杂草和病害

草莓生产中虫害和螨害的治理

大卫·汉德利（David T. Handley）[1]和詹姆斯·普莱斯（James F. Price）[2]

[1]缅因大学　蒙默思，ME 04259-0179

[2]佛罗里达大学　湾区研究和教育中心　布雷登顿，FL 34203-0511

引　言

缅因大学大卫·汉德利（David. T. Handley）

螨类和昆虫都是节肢动物，其群体很大。很多节肢动物与草莓密切相关。有些会对草莓造成经济损失，将会单独讨论。有些如像弹尾目、腐生螨类和某些甲虫可能有助于分解死亡的植物材料，增加土壤通透性，或者是一些捕食性昆虫的食物来源，但它们与草莓的经济关系不大。

通常不危害草莓的节肢动物群体是指一些捕食性天敌和有益寄生虫，包括植绥螨、蜘蛛、大眼虫、蚂蚁、步甲、食蚜蝇以及很多寄生蜂。这类节肢动物大多或完全以其他节肢动物（也包括那些对作物有害的节肢动物）为食。通过虫害综合治理（IPM），包括科学使用杀虫剂等，来努力保护这些有益种类对草莓的成功生产非常重要。

了解美国商业化草莓生产模式对昆虫和螨类的治理至关重要。通常，在温暖的南方拥有较长的结果期，采用集约化、高垄地膜覆盖一年一栽制进行生产。而在寒冷的北方，只在夏季进行较短的果实生产，采用低垄毯式多年一栽制。在这两种模式中，节肢动物在生态学和生物学方面有所不同。例如，在较温暖的地区，普遍采用一年一栽制，节肢动物的繁殖较快，每年产生更多代，且在冬季仍然活跃。但在寒冷的北方，普遍采用多年一栽制进行多年生产，有害节肢动物更倾向于在该作物内循环（而不靠一年一引进）。某些甲虫的幼虫对草莓危害严重，甲虫幼虫易危害多年生草莓。

在过去的25年中，商业化草莓生产对害虫的治理方法已发生了巨大变化。虫害综合治理（IPM）鼓励采用非农药措施，并推荐仅当害虫密度达到经济阈值时才使用农药，取代常规预防性喷施。IPM项目由三个独立的部分组成：（a）监测田间昆虫数量和/或危害；（b）利用阈值确定何时进行治理；

（c）使用各种非农药措施来防止害虫密度达到经济阈值。

通常用田间监测来确定害虫数量或危害。常规检测田间植株上节肢动物害虫的出现或危害。监测也可以通过使用陷阱捕捉进入特定田间的害虫，并以此来估计这一地块的害虫总量。检查田里每一植株或统计每一种害虫或螨类需要花很多时间，然而可以利用抽样检查进行整体估计。

为了使监测更加合理、准确，所选样本必须具有整体代表性，样本容量必须足够大，取样点必须足够多。通常，对某一地块进行调查时，根据品种、种植周数（一年生栽培）和种苗来源将该地块以“x”或“z”模式划分成10个取样点。在每个取样点调查一定数量的植株或面积，寻找害虫或其为害症状。

一旦发现害虫或其危害症状，害虫数量要与其经济阈值比较，以确定是否有必要采取治理措施。经济阈值的标准是由害虫危害所导致的损失很快要超过治理该害虫的费用。治理害虫需花费财力，杀虫剂、燃料、喷雾器及人工等均可使治理费用提高。如果田间只有少量害虫出现，治理它们在经济上可能并不合理。换句话说，如果害虫危害造成的利润损失少于喷农药的费用，就不应该进行喷药。使用阈值来治理害虫比使用其他方法［例如根据日程（每5 ~ 7天喷1次）或者植物的生长阶段（初花期、盛花期、末花期等）来喷药，而不需考虑害虫是否实际存在］更为有效。

虫害综合治理（IPM）的最后部分是使用非农药措施来抑制害虫数量，阻止其达到经济阈值。生物防治就是释放一些捕食性或者寄生性昆虫来抑制害虫数量。这可能是当前草莓有害生物综合治理最薄弱的环节，但是某些地区对二斑叶螨的治理已经证明是非常成功的。

应用IPM方法在保护作物产量的同时能显著减少农药使用量。虽然这能够提高收益，但要意识到IPM需要额外的时间和成本来监测害虫，并需要额外的技能来使用监测技术和经济阈值。在某些情况下，生产者倾向于雇佣专业IPM顾问进行田间监测。农药成本的节省和利润上的提高通常可以平衡雇佣顾问上的支出。

本章将介绍美国草莓上最重要的节肢动物害虫。除此以外，也将着重介绍南方一年一栽制与北方多年一栽制对节肢动物治理的重要差异。

草莓上的主要螨害

二斑叶螨（*Tetranychus urticae*）。二斑叶螨很小（0.05厘米），背部有两个黑色斑点，取食很多园艺作物（包括草莓）叶片（图1）。螨类通常出现在叶片背面，吸食植物汁液，导致叶片出现黄斑。侵染严重时，叶片会变成青铜色（图2）并会在背部出现明显的网织物。螨类在温暖、干旱的条件下最为活跃。它们通常会在田间“热点”处形成群体，因此，有必要对其进行常规监测。

图1　二斑叶螨（NYSAES）

图2　二斑叶螨的危害（J. Price）

二斑叶螨的取样应该在早春草莓新叶完全展开（多年一栽制）或缓苗期刚结束（一年一栽制）时进行。从整块园地采集60片小叶，并用5倍或者更大倍数的放大镜仔细检测叶片背面是否存在螨类或

其卵（不需要统计螨类的数量）。可从当地合作推广服务部门获取经济阈值资料。在温暖的草莓产区，阈值通常是指5%的叶片具有螨类或其产的卵。该阈值在较寒冷产区可能会高些。为了提高药效，高质量喷雾覆盖叶片背面是关键。高压、高喷雾量以及好的喷头装置会达到最好的覆盖。

利用捕食螨类来治理二斑叶螨也已成为一种普通的治理措施。有几种以二斑叶螨为食的捕食性螨类，包括伪钝绥螨（*Amblyseius fallacis*）和智利小植绥螨（*Phytoseiulus persimilis*）。伪钝绥螨在较寒冷地区的冬季也能存活，但是为了取得理想的治理效果必须在田间释放很大量。

利用捕食螨治理螨害的策略是一旦超过经济阈值，立即喷化学杀螨剂，以直接减少其种群量，7 ~ 10天后，以每公顷49 421头的密度释放捕食螨来提供持续的治理。而且，保护田间螨害的天敌也很重要，为此，应减少使用广谱性杀虫剂（尤其是拟菊酯和胺基甲酸酯类杀虫剂），这些杀虫剂对天敌高毒。在草莓上一种有效治理二斑叶螨的措施是在生产季早期，螨量少时，使用强力喷雾器喷1%的油。油对治理螨害很有效，但对其天敌几乎无影响，天敌可以保持螨量在阈值以下。注意，在喷油前后，不宜使用与油不相容的农药如克菌丹和硫。

仙客来螨（*Phytonemus pallidus*）。仙客来螨通常来源于种苗，但是生长季后期也可能会由农工、设备、鸟类或昆虫传播至草莓园内。在多年一栽制的园中可将一个生长季中的仙客来螨带入下一个生长季，因此，比一年一栽制的草莓更易受到危害。在受到侵染的苗圃中，母株通常比子株具更多螨量，因此不宜定植在生产园中。仙客来螨会沿着匍匐茎爬行而侵染新植株，以草莓叶、根茎、花和果实为食。

卵、幼虫以及雌成虫是最常见的形态。它们通常存在于芽内的幼叶和花瓣上。这些形态都很小，需用15倍的放大镜进行检查（图3）。卵约为雌成虫的一半大，呈卵形、不透明白色。可以发现几个卵在一起。幼虫和若虫呈不透明白色，雌成虫为浅棕色，约0.3毫米长，宽度为长度的一半。

受害植株叶片小、失绿、褶皱及叶柄短。匍匐茎上可能会出现细小的刺，而不是光滑的纹理。还可能出现棕色干花、红褐色果实及根系发育不良等症状（图4）。采用无害虫种苗是生产上最重要的治理策略，但是，一旦园区受到侵染，通常必须使用农药进行治理。使用杀螨剂时喷雾量要大（约4 493.83升/公顷），来浸湿芽和根茎的紧实层状组织。

图3　仙客来螨（NYSAES）

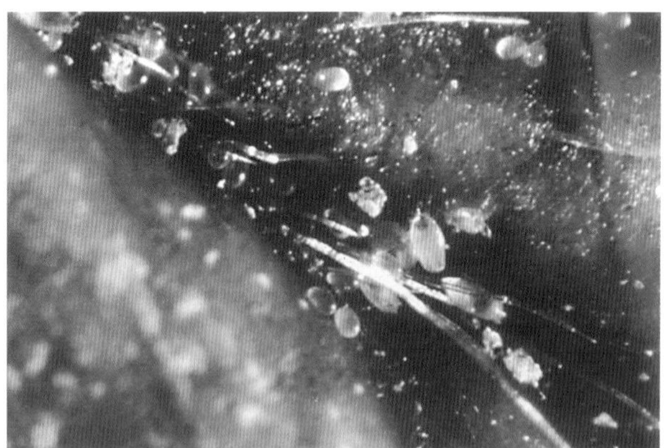

图4　仙客来螨危害（J. Price）

主要甲虫和象甲类害虫

草莓肖叶甲（*Paria fragaria*）。草莓肖叶甲成虫很小（0.32厘米），背部有明显的黑色标记（图5）。它以草莓叶片为食，使叶片上出现大量小孔，当危害严重时，会只剩叶脉，主要危害多年一栽制草莓。幼虫很小（0.32厘米）、乳白色、食根，且具3对足。幼虫在春季和夏初取食草莓根，导致植株生长发育不良。该害虫通常不会达到危害密度。但是，其幼虫伤害易使根系受到病菌侵染，如引起黑根腐病。由于很难治理幼虫，所以治理措施直接针对成虫。对于多年一栽制草莓，如果在5月或6

月观察到叶片的啃食伤害，施用杀虫剂会减少雌成虫产卵量进而减少夏季啃食草莓根系幼虫的数量。

7月或8月下一代成虫出现时，需要再次采取治理措施。草莓肖叶甲不应与根象甲混淆，后者是更大的昆虫，当在田间出现时，会引起更严重的危害。

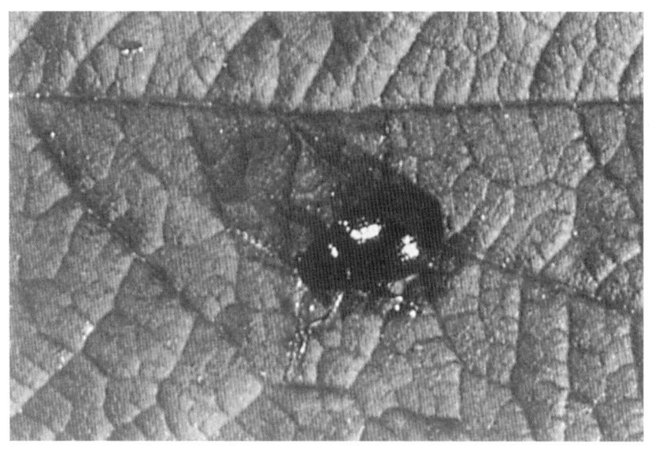

图5 草莓肖叶甲成虫（J. Dill）

草莓根象甲（*Otiorhynchus ovatus*）**和葡萄根象甲**（*Otiorhynchus sulcatus*）。草莓根象甲和葡萄根象甲是多种象甲虫中的两种，危害草莓，主要是多年一栽制草莓的害虫。草莓根象甲的成虫为棕色到黑色，约0.6厘米长，有一个细长的鼻子（图6）。葡萄根象甲成虫较大（1.27厘米），黑色并有黄色小斑点。在春末夏初，草莓根象甲和葡萄根象甲从土壤中破蛹，不能飞，只能爬行或借助机械设备在田间传播。象甲虫在夜间以草莓叶片为食，白天为了防卫，而在植株下缩成一团。象甲成虫的啃食很有特点，使叶片边缘会出现钩形缺口，但通常不很明显。约两周后，象甲虫开始在植株基部的土壤中产卵，约10天后开始孵化。大多数卵在秋初孵化，幼虫主要以植株根系为食，然后转移到土壤深处越冬。草莓根象甲的幼虫约0.6厘米长、新月状、无足。葡萄根象甲与草莓根象甲相似，但较大（1.27厘米），其幼虫颜色在乳白色到浅粉色之间。

图6 草莓根象甲成虫（D. Handley）

仲春，幼虫在化蛹前再度啃食草莓根系，并钻进根茎，引起最严重的危害。在结果量多或高温的情况下，受害植株可能枯萎、变暗红色或发育不良。田间危害区域可能会很大，且具圆形模式。第二年危害会更加严重，导致生长季提前结束。为了防止根象甲扩散到临近园区，要尽早对已受害区域进行耕翻，然后进行重复耕翻，使幼虫暴露于天敌。秋季深耕也有助于消灭它们，使之在未来两年不出现。新园应远离受害园，农耕设备进入新园前，需进行彻底清理。

虽然还没有确定根象甲危害的经济阈值，但已知每株超过两头幼虫就会造成经济损失。目前注册的根象甲类杀虫剂旨在夏季产卵前治理成虫，但其有效性有限。土壤熏蒸是目前治理根象甲幼虫唯一有效的措施。

最近的研究表明，在土壤中释放寄生性线虫对治理根象甲幼虫有效。在5月或8月底释放斯氏线虫（*Steinernema feltiae*）和/或异小杆线虫（*Heterorhabditis bacteriophora*）可能有效。当根象甲幼虫群体大时，结合使用杀虫剂治理成虫，应用线虫类天敌最有效。线虫类的存活和繁殖必须依赖潮湿的土壤条件。在冬季最寒冷的地区，这些线虫类可能不能越冬，但在较温暖地区，可能会有多于一个生长季的控制效果。

初步研究显示，某些草莓品种具有抗根象甲的能力。当受到根象甲危害时，'全明星'和'安纳波利斯'表现出了良好的生存状态，且根象甲成虫对它们的啃食偏好较低。然而，在推荐相关可能的抗性品种前，还需做更多研究。

白蛴螬，金龟总科。多种类（日本金龟子、玫瑰金甲子、六月鳃角金龟和亚洲花园金龟子）。白

蛴螬是金龟总科金龟子的幼虫，也是多年一栽制草莓的主要害虫。蛴螬啃食多种寄主植物（包括草莓）的根系。其啃食可导致植物萎蔫、死亡，也会通过啃食伤口促进根腐菌侵染。其成虫可能以草莓叶片为食，偶尔需要对其进行治理。这些种类的蛴螬看起来都很相似，白色、呈C形、长达1.9厘米并有3对足和褐色的囊状头部。它们不同于根象甲的幼虫，后者较小且没有足。蛴螬在土壤中越冬，夏季出现蛹和成虫，成虫交配，然后在土壤中产卵。

一旦白蛴螬在土壤中出现，治理它们则非常困难。当前注册的化学杀虫剂只治理成虫，成虫较易治理。在土壤中，应用一些商业性的细菌如芽孢杆菌（*Bacillus popilliae*）或白僵菌，能减少白蛴螬量，但在较冷地区效果差。当然，某些定植前的措施也能防止白蛴螬危害。避免在前茬为草皮的园地栽培草莓，因为草皮是白蛴螬喜欢的寄主植物。目前种植草皮的田地，在栽培草莓前应当深耕和闲置一段时间，并在一季内进行有规律的耕翻，或者在至少一个完整的生长季里种植一些对白蛴螬不敏感的覆盖作物如荞麦、南瓜或其他南瓜属植物，种植2 ~ 3季更适宜。杂草是这些害虫的寄主植物，草莓园应避免毗邻大面积的草地。

草莓芽象甲或"剪刀"（象甲科花象属*Anthonomus signatus*）。草莓芽象甲或"剪刀"很小（0.32厘米），虫体古铜色、头黑色并有一长鼻，是多年一栽制草莓的主要害虫（图7）。以成虫在草莓园及邻近的乔木或灌木中越冬。当春季气温达16℃时，该象甲开始活跃，此时草莓花蕾开始开放。

找到适宜的寄主植物后，芽象甲在未开的花蕾上咬出一个小洞，取食发育中的花粉，并且在花蕾内产卵，产卵后，紧绕花蕾下的花梗环割，导致花蕾干枯并悬挂于茎部，最终脱落（图8）。幼虫无足，在受害花蕾中发育，之后在土壤中化蛹。新一代成虫在夏初开始出现，主要以其他种类（如荆棘和委陵菜属）的花粉为食，之后会寻找藏身之地，通常是在低矮植物的下方，并进入滞育期，直到翌年春季。

图7　草莓芽象甲成虫（NYSAES）

图8　草莓芽象甲危害（D. Handley）

由于被剪花蕾无法发育成果实，因此由草莓芽象甲引起的产量损失相当严重。基于花蕾损伤导致的产量损失已计算出经济阈值。春季花蕾开放时开始监测植株上被剪花蕾。在田间的5 ~ 10个区域（园地越大，取样点越多）各选一垄长70厘米，统计所有被截花蕾数。如果所有取样点平均被剪花蕾数超过1.2个（或每35厘米被剪花蕾数为0.6个），建议采取治理措施。一种新经济阈值已被提出，涉及评价受害花蕾的序级与其在花序上位置的相关性（M. Pritts，M.J. Kelly，G. English-Loeb，HortScience 34(1)：109-111.1999）。在采取治理措施之前，该方法有时会导致更高的受害程度。当地合作推广部门可提供相关信息。

草莓露尾甲（*Stelidota geminate*）**及其他露尾甲**。露尾甲成虫小（约0.32厘米），深棕色（图9），在成熟草莓果实上咬出小洞（与鼻涕虫伤害相似），这经常导致果实腐烂病菌侵染。虽然造成的危害可能明显，但露尾甲很难发现，因为它们受到打扰时常掉落在地面上。成虫在春季保护地出现并交

配，在发酵腐烂的草莓果实里产卵。幼虫（图10）以垄床表面或附近的腐烂果为食，并在10天至3周内化蛹。从蛹中孵化出的成虫寻找适宜的寄主，尤其是过度成熟的果实，并以此为食。

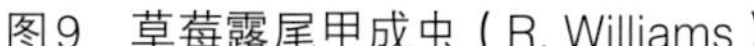
图9 草莓露尾甲成虫（R. Williams）

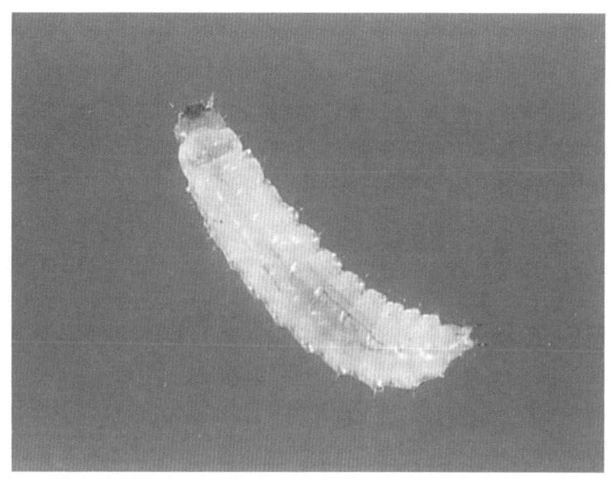
图10 草莓露尾甲幼虫（R. Williams）

搞好园地卫生对治理露尾甲很重要。腐烂果实强烈吸引露尾甲，因此，通过定期和及时采摘来保持园内无过度成熟的果实，可以减轻其危害。有证据表明，收获季过后及时剪掉毯式栽培草莓茎叶可以减少下年露尾甲的数量。还可喷杀虫剂来治理露尾甲，但由于成虫藏匿于果实的下方，蛹位于果实的内部，因此喷药效果并不理想。

主要同翅目害虫

蚜虫（蚜虫科不同的种类）。草莓蚜虫（*Chartosiphon fragaffolii*）是草莓叶片上最常见的种类，但其他种类包括绿桃蚜、马铃薯蚜以及瓜蚜也取食草莓植株。蚜虫个体小（0.25厘米）、淡绿色到黄色、虫体软。有翅类和无翅类可能同时存在。蚜虫位于植株叶片背部和嫩叶柄或花梗上，以刺吸式口器吸食植株汁液。蚜虫行动缓慢，检测时常仍在植株上。高密度的蚜虫能够降低植株长势，其分泌物可降低果实品质、令采摘者讨厌并诱发黑霉病。蚜虫还可传播病毒病。如果在草莓产区病毒病严重，就应使用农药治理蚜虫。检测时，有时会将无翅蚜虫与牧草盲蝽若虫混淆，但前者比后者移动缓慢，而且背部无翼。

粉虱科昆虫。包括草莓白粉虱（*Trialeurodes packardi*）、温室白粉虱（*T. vapurariorum*）、带状翅白粉虱（*T. abutilonia*）和烟粉虱（*Bemisia tabaci*）。白粉虱越来越对草莓生产构成威胁，特别是在加利福尼亚州，但在佛罗里达州，烟粉虱在草莓园中更为常见。粉虱的若虫和成虫吸食植株汁液，降低植株长势并产生分泌物影响果实品质。

在美国已知有4个粉虱种危害草莓。它们的形态特征、发育阶段和治理非常相似，因此可以放在一起讨论。成虫白色（带状翅白粉虱有灰色带），体长小于0.16厘米。其卵呈雪茄状、直立，幼时白色，一天后变暗到浅棕色。若虫为半透明绿色或黄色、鳞片状，化蛹后为不透明黄色、丘状。

所有发育阶段的粉虱均位于叶片背面，雌虫每天产卵6 ~ 12枚，孵化约需1周。第一龄若虫爬行一小段距离，然后在温暖的环境下静止发育1 ~ 2周，之后化蛹（不进食），最后转变为成虫。

粉虱不位于叶片正面，但杀虫剂通常喷洒在正面。而且，若虫不会爬行很长的距离，因此与杀虫剂残留接触的概率就会降低。因此，杀虫剂必须全面接触叶片背面，但普通的喷雾很难做到，因为草莓叶片茂密且离地面较近。

马铃薯微叶蝉（*Empoascae fabae*）。叶蝉成虫为亮绿色、翅白色、子弹状、长约0.32厘米（图

11）。受到打扰时会迅速飞离，因此应该用捕虫网捕捉，然后鉴定它们。马铃薯微叶蝉若虫个体较小，呈浅绿色（图11），不能飞，很容易通过观察其受到打扰时爬行方式来鉴定它们。叶蝉通过细长的刺吸式口器进食，沿着叶背面的叶脉吸食汁液。取食过程中，会向植物组织注入含有毒素的唾液，可导致植株生长受阻和枯黄。被侵染植株的叶片生长受阻，且在叶片正面尤其是沿着叶片边缘出现可见的黄色条纹。该症状很容易与除草剂药害混淆。用手梳理植株上部，观察是否有叶蝉成虫飞离。检测叶片背面是否有叶蝉若虫的存在。可用多种广谱性杀虫剂来治理叶蝉，但重要的是在危害广泛发生之前进行治理，因为它能够减缓草莓生长并在多年一栽制中降低翌年产量。

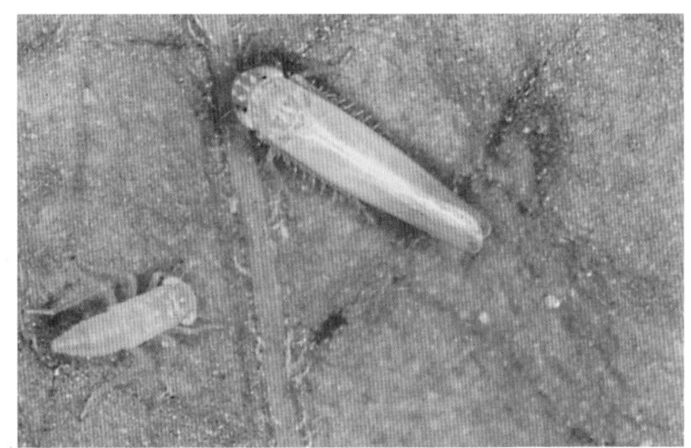

图11　叶蝉成虫（J. Dill）

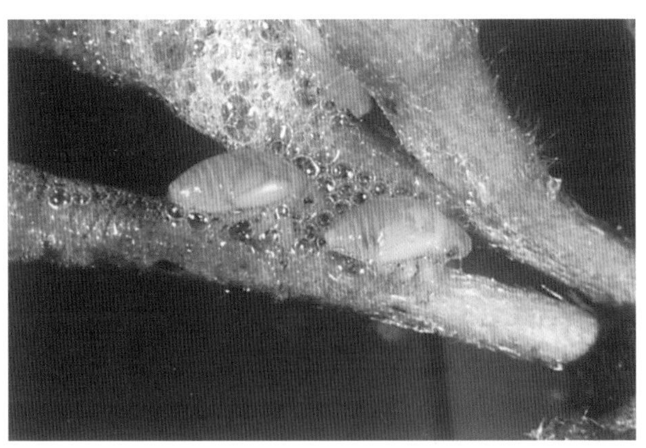

图12　沫蝉和若虫（R. Williams）

沫蝉（*Philaenus spumarius*）。在北美洲，沫蝉是草莓害虫之一，在湿度大的产区，沫蝉危害最严重。沫蝉成虫与叶蝉相似，约0.6厘米长，外表从绿色到带有棕色斑点。沫蝉若虫以草莓叶柄和花梗为食，并在身体周围分泌一种白色泡沫状的物质，以保护其免受天敌攻击（图12）。通常，对植株组织的危害会导致叶片变形、果实变小，但危害通常有限。然而，园中沫蝉产生的大量泡沫物质，会使采摘者讨厌。因此，应在约10%的花开放时开始检测沫蝉，每公顷检查25个1平方英尺（1英尺=30.5厘米）的小区。沫蝉在早晨或湿度较高的条件下较为明显可见。带泡沫的沫蝉若虫呈橘黄到浅绿色。其经济阈值为每平方英尺两个沫蝉。沫蝉在杂草丛生的园区危害较重。

主要蛾类幼虫害虫

黏虫、小地老虎和草莓果虫（夜蛾科）。夜蛾科幼虫（"蠕虫"），是取食广泛寄主植物的夜间飞行蛾类的幼令虫体。成虫通常在叶片背面产生单个（草莓果虫）或大量产卵（黏虫）。幼虫在头部后面区域有3对真足，在其尾端附近有3对假足。虫体从刚孵化时的0.64厘米，到完全长成时的1.27 ~ 2.54厘米。形体颜色为从浅棕色到灰色或近黑色，且有不同的色带。小地老虎（图13）是多年生作物的重要害虫，主要在夜间取食，白天保护伪装，躲藏在寄主植物的下面，而黏虫和草莓果虫在任何时候都会留在植株上取食。依据夜蛾科种类和季节，其幼虫可能取食叶片，在叶脉间或芽和花上留下不规则的洞。小地老虎也以花为食，在未成熟的花托上咬出一个大的缺口。这会导致果实严重畸形，如大的折痕和凹痕。小地老虎在大多数近期耕翻的草莓园中并不严重。

草莓卷叶蛾（*Ancylis comptana fragariae*）。草莓卷叶蛾成虫很小，在草莓叶片上产卵。幼虫很小（1.27厘米）、青绿色，在开花前开始取食（图14）。最初在草莓叶片背面取食，然后转移到叶片上面，使叶片边缘折叠或卷曲，同时吐丝保护取食部位。其取食和卷曲，会减少叶片受光面积，使植株变弱。轻度危害可通过摘除和毁掉病状叶来治理。对于较严重的危害，建议在初花期前喷药。良好的喷雾覆盖能渗透到保护性取食部位。

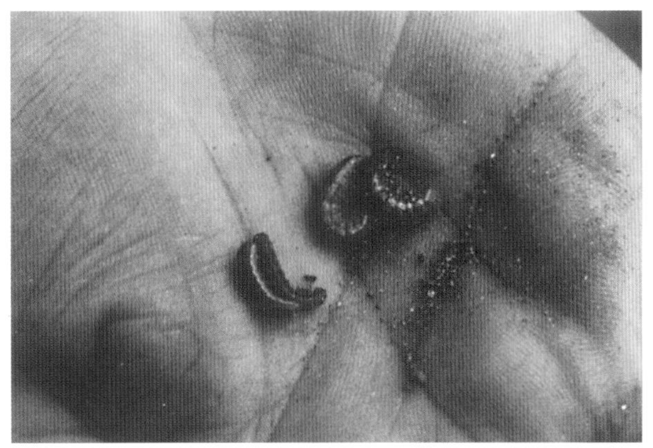

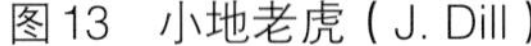

图13　小地老虎（J. Dill）

图14　草莓卷叶蛾幼虫（J. Dill）

其他主要节肢动物害虫

牧草盲蝽（*Lygus lineolaris*）**和其他盲蝽**。牧草盲蝽和其他类似的盲蝽是美国多数草莓产区的主要害虫。牧草盲蝽小（0.64厘米）、青铜色或黄色、背部有一个三角形的标志（图15）。若虫较小、浅绿色（图16）。成虫从附近的寄主植物飞进草莓园，取食草莓的生长点。多年一栽制草莓园中，成虫通常在春季飞入。通常每年2 ~ 3代，但越冬成虫和早春第一代若虫和成虫对于六月结果型草莓的威胁最大。花期取食会导致果实严重畸形，呈纽扣状或猫脸形（图17）。成虫和若虫都以发育中的花和果为食，用刺吸式口器刺吸汁液。治理盲蝽很重要，因为由其导致的经济损失可高达90%。

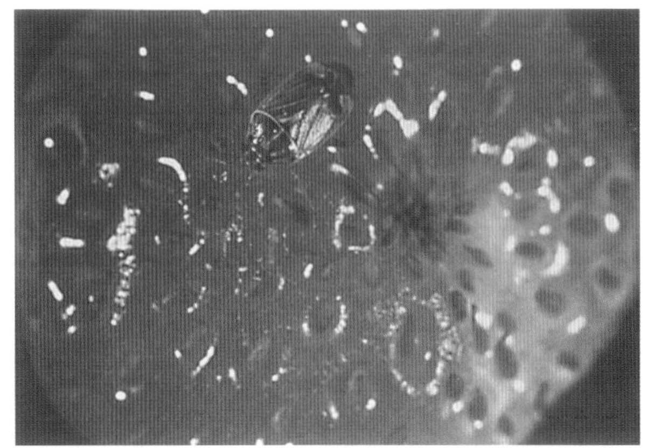

图15　牧草盲蝽成虫（NYSAES）

在花期以前开始监测牧草盲蝽。可沿园地四周布置白色粘板，粘板高度与植株高度一致，来监测越冬成虫的飞入。可通过在一白色平面上（如白纸或塑料盘）摇晃花序，使花序中的若虫掉落，来监测若虫并计数。整个草莓园中应至少取样30个花序。例如，如果检测10个点，那么每个点应取3个花序。如果在10%植株开花以前，每个花序若虫的平均数量超过0.25或多于4个花序有若虫（无论多少），应喷施杀虫剂。在花期，至少每周监测一次。如果盲蝽的若虫直到花期的中后期都没出现，将阈值上升至平均每个花序

图16　牧草盲蝽若虫（NYSAES）

图17　牧草盲蝽危害（NYSAES）

0.50个若虫，在花期刚过时喷药。

顺序抽样法已用于监测牧草盲蝽，如果其若虫群体量很低或很高，该方法能够节省监测时间。欲知更多信息，请联系当地推广服务部门。注册用于治理草莓上牧草盲蝽的杀虫剂包括有机磷酸酯类、拟除虫菊酯类、氨基甲酸酯类、硫丹及白僵菌。如应用适时且具良好喷雾覆盖，这些杀虫剂都很有效。

利用生物方法来治理牧草盲蝽已经有一些进展。从欧洲进口的寄生蜂*Peristenus digoneutis*已在几个州应用。该寄生蜂攻击牧草盲蝽的若虫。据报道，从特拉华州到缅因州对该寄生蜂的引入后，其种群已在当地建立，寄生率超过50%。在草莓园释放寄生蜂不能完全治理盲蝽，但会减少其数量，进而减少杀虫剂的大量使用。第二种牧草盲蝽寄生蜂——*Anaphes iole* 主要攻击盲蝽卵，阻止其孵化。在加利福尼亚草莓产区释放该寄生蜂，其寄生率可高达50%，但需要很高的释放率（11.12万头/公顷），从而使得该技术非常昂贵，且在冬季较寒冷的地区，该寄生蜂能否越冬还值得研究。

西方花蓟马、东方花蓟马、棘蓟马以及其他蓟马类。蓟马体形很小、细长、雪茄形。若虫和成虫通常具有相同的形状。若虫无翅，小时乳黄色，发育完全时为黄色。成虫土黄色、长0.42厘米、有窄翅，窄翅流苏状、有毛。当不动时，双翅纵向折叠于背部。两周到几周即可繁育一代，一年内可繁育多代。蓟马借助微风传播到草莓园，大气环流也可使其远程传播。

蓟马的寄主范围比较广泛，取食很多植物的花和发育中的果实。在草莓花和果实上，蓟马在瘦果（种子）和膨大的花托间取食。该害虫因很小且经常躲藏在保护性部位（如花萼下面）而易被忽视。蓟马啃食会导致果实表面出现灰暗或青铜色（图18）。果实破裂的情况也有报道。轻度危害或许不易观察到，但是有报道表明蓟马危害严重时会减产超过80%。

图18　蓟马对果实的危害（D. Handley）

为确定是否需要治理，草莓生产者应轻拍花序并用盘子或浅碟承接，观察细长、黄色的蓟马。尽管蓟马的数量与草莓危害间关系并不明显，但每朵花上其数量超过8 ~ 10头时，应进行治理。当果实直径达到0.64厘米，随机摘取50个果实进行检测，如果每个果实上的蓟马平均数为0.5头或更多，建议采取治理措施。喷药应适时，避免杀死传粉昆虫。

果蝇（果蝇属）。果蝇是厨房里过熟香蕉和草莓上随处可见的小蝇。以卵和幼虫伤害成熟果实。成虫受田间过熟的果实诱引，当密度大时，会在受伤的果实中或在过熟的果实中产卵。卵微小，存在于果实组织内，且在受害果实表面出现可见的气体交换结构，像两条小白线。几天后卵孵化，变成小蛆（幼虫）。其卵和蛆造成的伤害通常不大。但生产者也应采取预防措施，避免其危害。

由于果蝇在成熟的果实中繁殖，及时采摘成熟果实是必要的防治措施。在果实成熟的早期阶段进行采收也很有必要，这可避免将成熟的果实暴露于果蝇。

由于下雨或病害导致的果实损伤、市场需求低而延长采收间隔及高温天气均易造成果蝇爆发，应有补救措施以备这些情况的发生。幸运的是，喷施杀虫剂可有效地治理果蝇成虫。果实里的卵和幼虫则很难治理。

草莓上其他节肢动物害虫

其他一些节肢动物类也会偶尔危害草莓植株或果实。尽管这里没有对这些节肢动物的细节进行讨论，但需要意识到它们是潜在的害虫。这一类群主要包括蠼螋、粉蚧、盐泽毛虫、蟋蟀、小玉米钻心虫、蚱蜢和椿象等。

结 论

美国广泛应用于治理害虫和螨类的主要杀虫剂包括有机磷酸酯类、氨基甲酸酯类、拟除虫菊酯类、氯代烃类和溴甲烷类土壤熏蒸剂。在21世纪初，上述很多杀虫剂都将限制使用，一些新的杀虫剂和害虫综合治理（IPM）策略将用于草莓生产。当然，生物防治策略也将很快发展起来。随着这些变化的发生，旧的害虫问题已消失，但也将出现新的害虫问题。草莓生产者在其发生之时甚至是之前就必须意识到，并相应地转变治理策略。只有具前瞻性、明智性、创新性且不满足于过去成功的草莓生产者才能最成功。

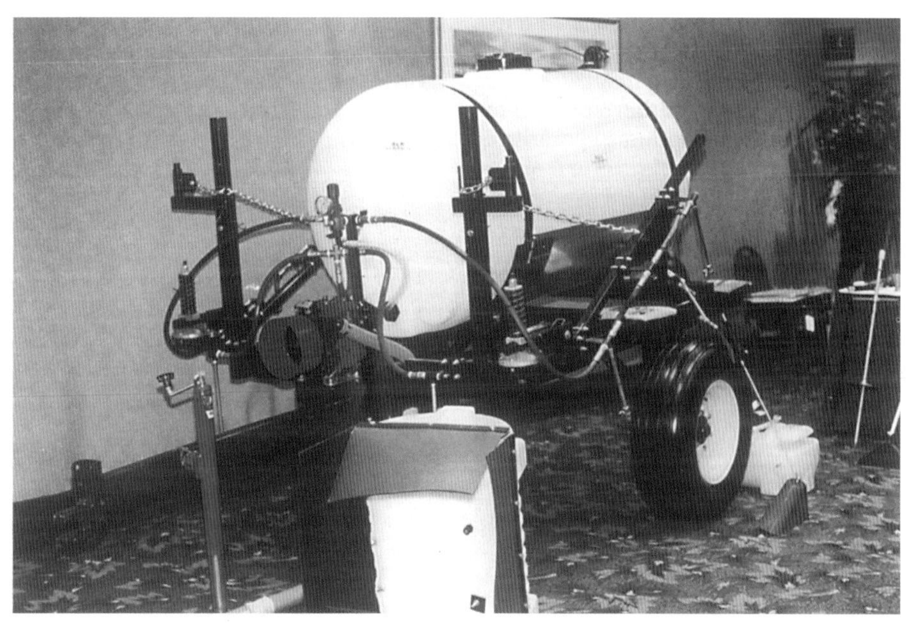

花些时间参加冬季地区性草莓会议，以了解草莓在机械、材料、捷径、其他生产者和销售人员等方面的最近动态。如果你是北美草莓生产者协会（NASGA）的成员，你会收到通知，也会注意到其组织的参观行程。（N. Childers）

多年一栽制草莓病害的综合治理

迈可·艾丽斯（Michael Ellis）[1]和 丹尼尔·理戛德（Daniel E. Legard）[2]

[1]俄亥俄州立大学　植物病理学系，哥伦布

[2]佛罗里达大学　湾区研究和教育中心，多佛

病害综合治理项目的目的是提供一种商业性可接受的且利用最少量杀菌剂来可持续性（年复一年）治理病害。将所有可利用的治理方法整合到一起来综合治理病害。一个有效的草莓病害治理项目必须强调将栽培模式、病原体与病害生物学知识、抗病品种和杀菌剂的及时施用整合到一起来综合运用。为了将杀菌剂的使用量降到最低，应极力强调抗病品种和多种抗病栽培技术的应用。

俄亥俄州立大学植物病理学系
迈可·艾丽斯（MICHAEL A. ELLIS）

草莓主要病害的识别与理解

对生产者而言，能够识别草莓的主要病害很重要。正确的病害鉴别是正确治理的关键。此外，生产者应当对草莓主要病害的病原生物学以及病害循环有一基本了解。对病害的了解越多，治理就会越有效。

下面描述美国中西部和东北地区最常见草莓病害的症状、病原菌及其治理措施。

叶 部 病 害

在中西部地区，草莓有三种主要的叶部病害，分别是叶斑病、叶焦病和叶枯病。这三种病害能够单独发生或者同时在一个植株上发生，甚至在同一叶片上发生。这三种病害均由真菌引起，在适宜的环境条件下，能够严重降低草莓产量、使幼叶死亡、降低果实品质并使植株衰弱甚至死亡。为了使草莓产量最大化，必须识别和治理这些病害。

叶斑病和叶焦病通常最早出现在早春和仲春，而叶枯病则常出现在夏季和早秋。

1.叶斑病

病因和症状。叶斑病由草莓小球壳菌（*Mycosphaerella fragariae*）引起。叶斑病真菌可侵染叶片、果实、叶柄、匍匐茎、果柄以及萼片或花萼。该病害最明显的症状是叶片上出现小圆斑。这些斑点在叶片正面形成，开始为深紫色至红紫色（图1）。斑点直径从0.32厘米到0.64厘米不等。随着时间的推移，斑点中心变成黄褐色或灰色最后几乎为白色，而病斑边缘仍呈黑紫色。生长季后期，在叶背面形成黄褐色或偏蓝区域。除了果实，病害在植株其他部位的症状与发生在叶片正面的几乎一致。在潮湿的季节果实上可能形成浅黑色斑点（Nichols，1960）（图2）。斑点在成熟的草莓上和种子周围的组织上形成，其直径约0.64厘米。通常每个果实上仅有一到两个斑点。但有的果实受害严重。

图1　草莓叶片的叶斑病症状

图2　由叶斑病菌引起的果实病害，使种子变黑

病害发生。该病原真菌能够产生两种类型的孢子，在春季侵染幼叶。首先，受侵染但活着的老叶在冬季可能会产生分生孢子，通过飞溅的水或由人为因素传播到新叶片上。另一种孢子（子囊孢子）产生于斑点大小的黑色子囊壳内，子囊壳于秋季在叶片上病斑的边缘形成。在春季，这些子囊孢子从子囊壳中强制排出，被风或飞溅雨水传播到新叶上（Elliot，1988）。

这两类孢子通过叶片背面进行侵染。病害侵染和发展的最佳温度在18.3 ~ 23.9℃。除了干燥、炎热的天气外，在整个生长季都会发生侵染。嫩叶和正在伸展的叶片最易受到侵染。

2.叶焦病

病因和症状。叶焦病由风梨草莓褐斑病菌引起。叶焦病菌可侵染草莓叶片、果实、叶柄、匍匐茎、果柄及萼片。侵染早期，叶焦病与叶斑病的症状很相似。直径约0.64厘米、圆形、三角或不规则的黑紫色斑点分散于叶片表面（图3）。随着病斑的扩大，看起来很像焦油滴珠。这种焦油状斑点由大量黑色的真菌子实体（分生孢子盘）形成。斑点的中心为黑紫色，这不同于叶斑病，后者的斑点中心为白色。如果同一叶片发生了多次侵染，整片叶就会变为红色或浅紫色（图4）。受害严重的叶片干凋并焦灼。同样，病斑（但较长）会出现在植株其他受害组织上。病变会侵染果梗引起花及幼果死亡。侵染很少在草莓绿果期发生，如有发生，果实变红棕色或表面出现斑点。叶焦病菌可在叶片发育的各个阶段进行侵染。

图3　草莓叶焦病（最初症状为单个的红色病斑）

图4　叶焦病的晚期症状。大部分叶片表面为红色且出现“烤灼状”

病害发生。病菌在受害叶片上越冬。春季，叶片表面上的黑色分生孢子盘产生分生孢子。在早春，病菌也能在死亡叶片背面病变处的子囊盘（真菌子实体结构）中产生分生孢子，子囊盘看起来很像黑色的小圆点。在潮湿环境条件下，分生孢子在24小时之内开始生长且从叶片背面侵染（Zheng和Sutton，1994）。症状形成后，叶斑会在整个草莓生长季产生大量的分生孢子。因此，当环境适宜时，会发生重复侵染。分生孢子主要通过飞溅的水传播。

3.叶枯病 详细信息参见“冬季草莓产区病害综合治理”章节。

4.白粉病 详细信息参见“冬季草莓产区病害综合治理”章节。

5.角斑病 详细信息参见“冬季草莓产区病害综合治理”章节。

草莓根部病害

1.红中柱根腐病

病因和症状。红中柱根腐病由土生草莓疫霉菌引起。许多草莓栽培品种易感此病。该病是美国北部2/3草莓产区的严重病害（Milholland，1994）。在寒冷的季节，该病害在水分饱和的黏重土壤中最严重。一旦该病害在田间发生，其病菌会存活长达13年之久。

一般而言，红中柱根腐病只在园区低洼或排水不良处流行；然而，尤其在潮湿、寒冷的春季，也可能会分布到整个园区。病原菌在4℃条件下会活跃。但病害发生和发展的最佳温度为13 ～ 16℃（Bulger等，1987）。在土壤高湿度及寒冷气候条件下，植株受侵染后10天就会表现出典型的病害症状。

在草莓园区排水不良的地方，一旦草莓植株开始萎蔫并死亡，这很可能就是红中柱根腐病害（图5）。受害植株发育不良、失去绿色光泽且很少产生匍匐茎。幼叶经常出现金属性蓝绿色（图6），而老叶则变为黄色或红色。在夏季早期，天气开始炎热干燥，染病植株很快就会萎蔫并死亡。正常植株具有茂密的白根，而且还有很多次生根，但病株则很少新根（图7）。正常植株新根为黄白色，而病株根部看起来发灰。

图5 红中柱根腐病引起的植株死亡

图6 红中柱根腐病植株叶片常出现金属性蓝绿色

辨别该病害最好的方法是将萎蔫植株小心挖出，然后剥落一些根部的外围组织，根部里面或中心部分就是中柱。如果中柱呈粉色、砖红色或棕红色，就是红中柱根腐病（图8）（正常植株的中柱为

黄白色）。红色只出现在死亡根的尖端或蔓延至整个植株。红中柱根腐病经常在早春至结果期出现，无其他草莓病害具此症状。

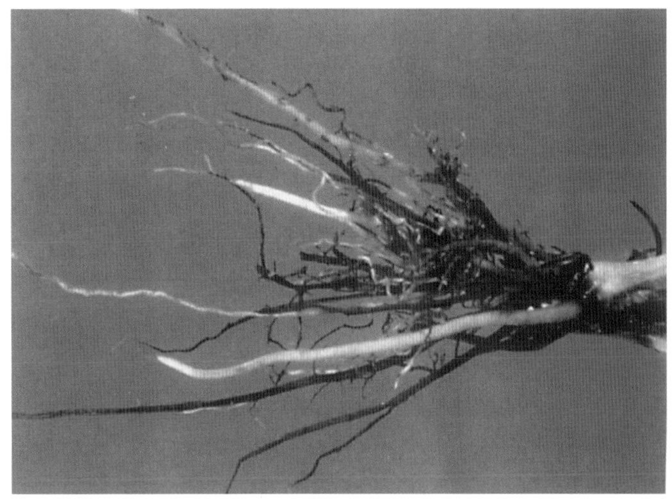

图7　红中柱根腐病草莓植株根系

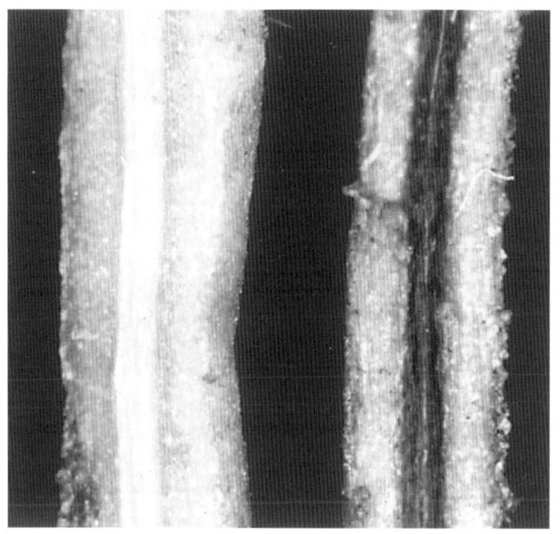

图8　正常（左）和感染红中柱根腐病（右）草莓根系的纵切面

病害发生。红中柱根腐病菌主要通过病苗传入新园区。其病原真菌还可通过染病土壤（机械、鞋子、水等携带）在一个园区或区域内传播。一旦在某个区域发生，卵孢子就会产生大量的游动小孢子。在土壤高湿的环境下，游动小孢子能够移动，侵染幼嫩新根顶端。一旦进入根部，真菌就开始生长，破坏植株水分和养分输导组织，导致植株萎蔫和死亡。随着土壤温度升高，真菌会在受害植株的中柱中形成大量的移动小孢子。这些移动小孢子能够在炎热、干燥甚至结冰的气候条件下在土壤中存活数年。

2.黄萎病

病因和症状。黄萎病由土生真菌轮枝菌引起，是限制生产的重要因素。当植株受到严重侵染时，其生存下来并且有产量的可能性很小。黄萎病菌可侵染近300种不同植物，包括许多水果、蔬菜、树木、灌木、花卉、杂草及大田作物。一旦它在田间或是园区出现，其病原菌能存活25年之久。

冷凉及阴天夹杂温暖明媚的天气是黄萎病菌最适宜的发生条件。当土壤温度在21.1 ~ 23.9℃时，为病菌侵染与发展的适宜条件。

图9　由黄萎病菌引起的草莓植株死亡（外部叶片最先死亡）

在中西部，很多土壤含有黄萎病菌。病菌可通过种子、农机具、土壤和苗木进行传播。

在草莓园内，黄萎病最初症状经常出现在新植株匍匐茎开始形成时期。而在较老的植株上，病状通常开始出现在采摘期前。地上部症状因不同品种的敏感性不同而不同。而且，其症状很难与其他土传病害症状区分。分离病害组织，在实验室培养菌株对于正确鉴别很重要。

在受侵染的草莓植株上，外部老叶掉落、萎蔫、变干枯，而且叶片边缘及叶脉之间变成红黄色或黑棕色（图9）。很少有新叶片形成、叶片发育不良、甚至萎蔫并沿中脉卷曲。当受害严重时，植株可能变扁平、叶片小而黄。在匍匐茎或叶柄上可能出现棕色到蓝黑色的条纹或斑块。从根茎长出的新根由于根尖发黑而矮化。在腐烂的根茎和根尖中会形成棕色条纹。如果病害严重，大片植株会很快萎蔫并死亡。当病害不太严重时，园内偶然有一株或几株会萎蔫或死亡。

病害发生。病菌会在土壤或植株中以微菌核越冬。微菌核能在土壤中存活多年（Harris和Yang，1996）。在适宜的环境条件下，菌核萌发并产生线性真菌结构（菌丝）。菌丝能够直接侵入根毛，或通过根部伤口侵入。一旦菌丝侵入到根部，病菌会侵扰和破坏水分输导组织，导致水分向上运输受阻，因此，植株会萎蔫和枯萎。随着菌落老化，便开始在寄主组织中产生微菌核，完成侵染循环。

3.黑根腐病

病因和症状。黑根腐病是产生相同症状的几种根部病害的总称。这些根部病害机理不详，通常简称为根部腐烂病复合体。尽管还不知道根部腐烂的确切原因，但通常认为有以下一种或多种原因造成：土传病菌（例如丝核菌和镰刀菌）、线虫、冻害、肥害、土壤板结、除草剂危害、干旱、盐过量、水过多或土壤pH不适宜（Wing等，1994）。黑根腐病在美国各草莓产区都有出现。受害植株可能会在一个园区分散或集中出现。近年来，整个中西部地区黑根腐病的发病率在增加。

为了辨别黑根腐病症状，必须知道正常根部的形态。正常草莓植株新发育的根系易弯曲且几乎为白色。生长几个月后，根部通常木质化且表面颜色变为深棕色至黑色。当把黑色的表面刮掉，可看到黄白色髓心。从主根上分支的小吸收根，只要它们是活跃状态就应该为白色。

黑根腐病有以下症状：①根系比正常植株的小很多；②主根出现暗斑或暗区（图10）；③缺乏吸收根，或有暗斑或暗区；④所有或部分主根死亡（图11）。死根的横切面全部变黑。受害植株与正常植株相比缺乏活力，产生的匍匐茎很少。严重受害时，植株死亡（图12）。

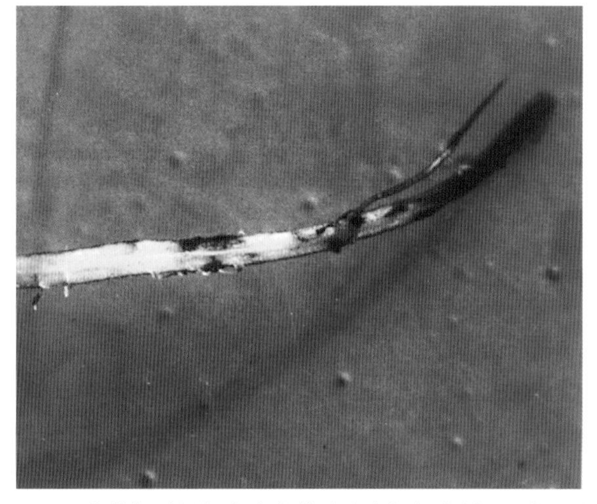

图10　草莓根系黑根腐病症状（注意根部变黑，即坏死）

图11　草莓根系黑根腐病后期症状（注意：死亡的黑“鼠尾”根）

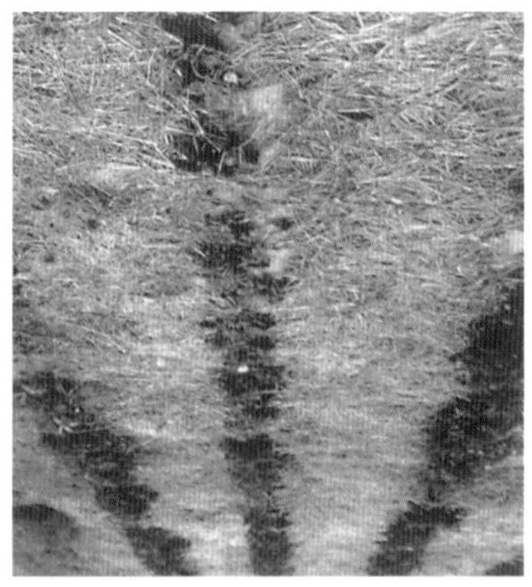

图12　死于黑根腐病的草莓植株（病害植株在田间的分布通常是一致的）

草莓果腐病

1.灰霉果腐病

详细信息参见“冬季草莓产区病害综合治理”章节。

2.革腐病

病因和症状。革腐病由土生三七疫霉菌（*Phytophthora cactorum*）引起。美国很多产区对此病都有报道。在许多地区，认为是次要病害，对经济效益影响不大。然而，在5、6和7月过量的雨水能导致严重的果实损失且品质降低。1981年，中西部地区因为革腐病，很多草莓生产者经济损失达50%。革腐病菌主要侵染果实，也会侵染花朵。

革腐病能侵染任何发育阶段的草莓果实（Madden等，1991）。当病害严重时，绿色果实也会普遍受到侵染。在绿果上，病害部位可能呈黑棕色，或是由棕色轮廓包围的自然绿。随着病变的扩展，整个果实变为棕色、质地粗糙，看起来像皮革（图13）。该病害在成熟果实上很难见到。在完全成熟的果实上，其症状可能从几乎不变色到棕色或黑紫色（图14）。受害的成熟果实通常暗淡无光；与正常果实相比，触摸起来很软。将受害果实横切，可观察到每粒种子的输水组织显著变黑。在以后的腐烂阶段，成熟果实也变得坚韧及革质化。有时，受害果实表面出现白霉。受害果实有时会变干、变硬和干瘪。

图13　草莓未成熟果实上的革腐病症状

图14　草莓成熟果实上的革腐病症状（注意变成略带紫色）

受革腐病侵染的果实有令人讨厌的气味和口感。即使受到轻微的侵染，果实口感也很苦。对自采园生产者而言，这是一个特殊的问题。受害的成熟草莓果实颜色变化不大，外表正常，常被当成正常果实采摘和加工。消费者抱怨草莓果酱或果冻味苦，这是革腐病发生地块产生的问题。在排水差的地块，革腐病是最常见的病害，那里有很多积水或者草莓果实直接与土壤接触。

病害发生。病菌以厚壁休眠孢子（卵孢子）越冬。卵孢子在受害的干凋果实上形成，可以在土壤中存活很长时间。春天，有水时卵孢子萌发而产生第二类孢子——孢子囊。在孢子囊里产生第三类孢子——游动孢子。一个孢子囊可产生多达50个游动孢子。游动孢子有鞭毛，可以在薄层水中游动。在果实表面有水出现时，游动孢子萌发，形成孢子管，侵染果实。侵染后期，在湿润的环境条件下，受害果实表面产生孢子囊。

革腐病通过雨水的飞溅、喷灌或风吹进行传播（Madden和Ellis，1990）。孢子囊和/或游动孢子被水携带，从受害果实蔓延到正常果实并开始新的侵染。在适宜的环境条件下，该病害传播速度很快。两小时的潮湿期（果实表面有水）就可发生侵染。侵染的最佳温度为16.7 ~ 25℃。随着潮湿期的延长，发生侵染的温度范围也会变得更加宽泛。

受害果实干枯、干瘪后，掉落在地上或略埋于土壤表面。卵孢子在干瘪的果实内形成，使病菌可以越冬，并在来年引起新的侵染，从而完成病害的侵染循环。

3.草莓炭疽病（果腐炭疽病、冠腐炭疽病）　详细信息参见“冬季草莓产区病害综合治理”章节。

4.植物寄生线虫 植物寄生线虫是微观线虫动物类，在整个中西部地区的土壤中都很常见。在中西部产区，腐线虫和根结线虫可能是最具破坏性的种类。这些微生物通过直接以根为食来限制根的生长，从而使其吸收土壤中水分和养分的效率降低。线虫也能使草莓根系更易感染根腐病菌。定植在线虫侵染土壤的草莓植株生长期短。一或两个生长季后，草莓产量会迅速下降。在重茬的情况下，线虫危害最普遍、最严重，因为前茬会增加线虫的数量，当定植新植株时，这些线虫会大量出现。这种情况下，草莓不能形成健壮的根系。

症状。受线虫危害的草莓植株发育不良，表现出缺素和缺水等症状，尤其是在果实形成期。由于线虫在园内分布不均匀，危害的植株一般都出现在小块区域内。严重侵染会导致植株迅速衰退。

根结线虫导致细根上形成结或虫瘿。大的虫瘿会引起大量的不定根形成，导致“须根”状态出现。其他线虫种类不形成这种明显的根部症状。受害根不能正常发育，侧根较少。受腐线虫侵染的根部变黑。

病原微生物。腐线虫（*Pralylenchus penstrans*）和北方根结线虫（*Meloidogyne hapla*）在中西部普遍存在。美洲剑线虫（*Xiphinema americanum*）也常有发现。美洲剑线虫是番茄环斑病毒的携带者，可在普通的杂草寄主如蒲公英上获取病毒。环线虫（小线虫属）和矛线虫（纽带线虫属）在中西部地区土壤中也有发现，它们对草莓的影响尚不清楚。

利用栽培技术治理病害

能够降低病害发生和传播的任何栽培措施均应采用。应认真考虑和实施以下病害治理措施。

总是利用来自可靠苗圃的无病苗进行栽培。应该注意的是无病苗不一定抗病，品种的选择决定抗病性。

利用抗病品种。在病害综合治理项目中，必须强调抗病品种的应用。许多栽培品种对叶斑病、叶焦病、红中柱根腐病、黄萎病和白粉病具有良好的抗性。在这个项目中，植株的抗病性越强越好。表1列出了常用栽培品种的抗病性等级。这些信息能从一些资料中查到。大多数苗圃应能提供所售品种的抗病性信息。

表1　中西部地区常用草莓品种的抗病性

6月结果型品种	红中柱根腐病	黄萎病	叶斑病	叶焦病	白粉病
‘全明星’	VR[1]	R	R	R	R
‘安纳波利斯’	S	I	S	S	—
‘美登’	—	—	—	—	—
‘卡诺加’	I	I	R	R	—
‘鲜红’	S	S	R	R	R
‘卡斯基尔’	S	VR	S	R	R
‘卡文迪什’	R	I	—	—	S
‘迪莱特’	R[2]	R	R	S-R	S
‘德尔马韦尔’*	R	R	S-R	S-R	T
‘早光’	R[2]	T-R	S-R	R	I
‘卫士’	R[2]	T-R	S-R	R	S-R
‘哈尼’	S	S	R	R	—

（续）

6月结果型品种	红中柱根腐病	黄萎病	叶斑病	叶焦病	白粉病
‘宝石’	S	S	R	R	—
‘肯特’	—	—	—	—	—
‘晚光’[3]	R	R	T	T	T
‘瑞星’[3]	R	R	S-R	S-R	T
‘莱斯特’	R	R	R	R	R
‘米德维’	R[2]	S-I	S	S	I
‘诺瑞斯特’	R	R	S-R	S-R	T
‘好时节’	R	R	T	T	T
‘拉瑞坦’	S	S	S	S	I
‘红首领’	R[2]	R	S-R	R	S-R
‘斯哥特’	R	I-R	S-R	R	R
‘塞纳卡’	S	S	—	—	—
‘火花’	S-R	S	S	S-I	S
‘铁庄稼’	R[2]	VR	S-R	S-R	—
‘威斯塔尔’	S	T	T	T	—
‘四季’					
‘贡品’	VR	T-R	T	T	R
‘三星’	R	R	T	T	R

[1]VS=非常感病；S=感病；I=中等；T=耐病；R=抗病；VR=非常抗病；—=不明确。抗性品种可以不需要其他治理措施。
[2]抗红中柱根腐病的几个生理小种。
[3]易感叶枯病。
*‘德尔马韦尔’具有炭疽病叶腐和果腐病抗性。

园地选择。土壤的排水性（非常重要）——选择排水良好的地点建园，避免地势低和排水差的地点。排水良好（表面和内部排水）对预防革腐病和红中柱根腐病尤其重要。这两种病菌需要游离水（水饱和的土壤）才有利于生长。如果园中有地势低洼的区域，一直很湿，这里将是红中柱根腐病的首发点。在中西部生长条件下，田间始终有积水，则植株易感革腐病。要避免任何长期积水、只稍微适合草莓生产的地块。

有助于排除根部多余水分的栽培措施如耕作、挖沟或高垄栽植等，都有利于根部病害治理。

前茬作物。选择前几茬作物均没发生过黄萎病、红中柱根腐病和黑根腐病的地块建园。为了降低黑根腐病的发生率，避免草莓重茬。在栽培过茄属或其他对黄萎病敏感的作物如番茄、土豆、辣椒、茄子、甜瓜、秋葵、薄荷、黑莓、菊花、玫瑰后，不要立即定植草莓。如有可能，建园地点最好在3～5年内没栽培过这些作物。土壤中应无除草剂残留。

园地光照。应该选择光照充足且通风良好的地点建园，避免遮阴。充足的光照和良好的通风条件有利于雨后或灌溉后果实和叶片表面迅速晾干。任何促进果实和叶片迅速晾干的栽培措施都有助于治理多种病害。

轮作和土壤熏蒸。如果所选园地最近（5年或更久）没有栽培过草莓或其他对黄萎病敏感的作物，不需进行土壤熏蒸。

如果草莓重新定植在相同的地块，必须轮作其他作物或进行土壤熏蒸。轮作时，需要对土壤进行深耕，连续种植抗黄萎病作物至少两年。许多土传病害即使在无草莓存在的情况下，仍可在土壤中存活数年。重新定植草莓前，轮作时间越长越好。

土壤熏蒸（如果做的恰当）非常有利于控制土传病害，在草莓连作时应采用。例如，在加利福尼亚和佛罗里达草莓的一年一栽制中，园地每年进行熏蒸，可连作。

轮作结合熏蒸是许多成功生产者所使用的有效模式。然而，对于希望尽可能少使用化学农药的生产者而言，如果轮作期足够长，单独轮作就可以控制大多数土传病害。

对于红中柱根腐病，土壤熏蒸或作物轮作都不能提供完全的治理，必须强调抗病品种和改善土壤排水条件。应当总是使用抗红中柱根腐病和黄萎病的品种。

肥料。肥料应当依据土壤和叶片分析结果来施用。在栽植前应分析土壤，调整营养成分。避免过多的施用肥料，尤其是氮肥。对于作物生产，足够的肥力是必须的，但过多的氮肥会导致叶片密集，会增加叶果晾干时间（保持更长的潮湿）、导致果实变软且更易感染果腐病。在中度到黏重土壤上避免在春季收获前施氮肥。

杂草治理。良好的杂草治理对草莓生产很重要。从病害治理的角度看，园中杂草能够阻止通风，并导致叶片和果实长期潮湿。

与杂草治理良好的园区相比，杂草丛生的园区灰霉病较重。

另外，杂草可以通过直接与草莓植株竞争光照、营养及水分，使其产量下降，并使自采摘的顾客对草莓植株失去吸引力，尤其是当园内有蒺藜时。

覆盖物。研究者和生产者的经验均表明，一个良好的稻草覆盖层对防止果实腐烂尤其是革腐病相当有益（Madden和Ellis，1990）。种植行间应避免土壤裸露，强烈建议使用良好的稻草覆盖层。覆盖物可避免草莓果实与土壤中越冬的革腐病菌接触，还可以避免将染病土壤溅到果实上。最近的研究表明，在植株下面或行间覆盖地膜（一层塑膜）会增加炭疽病和革腐病原菌的飞溅传播，因此，建议在果腐病严重的园区不使用地膜。

园区卫生。清除老叶和其他组织残留的一切栽培措施均有利于降低灰霉病发病率（Braun和Sutton，1987），强烈建议在植株更新时将叶片清除出园。

灌溉措施。应适时灌溉确保叶片和果实尽快晾干，如果病害如灰霉病、革腐病或枯萎病已在田间发生，灌溉应最小化。

农工和机械移动的控制。应避免农工（采摘者）和机械从染病园区进入未染病园区。主要涉及的病害是炭疽病、革腐病和枯萎病（细菌性叶枯）。这些病害通常是短距离传播（雨水和灌溉）。风（风吹动孢子）往往不传播这些病害。但是采摘者很容易通过鞋子、手和衣服将病菌或病菌孢子从染病园传播到未染病园。如有染病园区和未染病园区，应首先安排农工或机械在未染病园区作业，然后移入染病园区。

此外，任何机械从染病区移动到未染病区都能够传播土传病害，如红中柱病、黄萎病、革腐病和线虫等。

采摘程序。1）在凉爽的清晨及时采摘果实，避开下午的高温，在成熟时尽快采摘果实很重要，过熟的果实在采摘和采后会出现很多问题。2）在采摘时要小心操作，避免碰伤，损伤的果实极易腐烂。3）训练采摘者识别和避免采摘感染灰霉病和革腐病的果实。如果可能，让采摘者将这些病果分开并放置在不同的容器中并移出园区。

采后处理。1）从田间运输到市场时要小心操作以避免任何形式的损伤。2）入冷库前，采摘的果实要放阴凉处；3）应尽快将果实运至冷库并在0 ~ 1.6℃冷藏以降低灰霉病和其他果腐病的发生；4）商品果实尽快进入超市。鼓励消费者立即购买、冷藏或鲜食。请记住，即使在最佳条件下，草莓果实也极易受伤。

利用杀菌剂治理草莓病害

鉴于真菌病害的严重性，加上公众对高品质新鲜果实的需求，喷施杀菌剂仍然是治理病害的重要措施。然而，在草莓病害综合治理过程中，应尽量少使用杀菌剂。大部分州或草莓产区有推荐可用的农药名单，此名单每年都有更新。由于规章制度的不断严格，需对化学杀菌剂推陈出新。杀菌剂的使用建议在这里不作讨论。

参考文献（略）

冬季产区草莓病害综合治理

丹尼尔·理戛德（Daniel E. Legard）[1]，迈可·艾丽斯（Michael Ellis）[2]，
克瑞格·常德乐（Craig K. Chandler）[1]，詹姆斯·普莱斯（James F. Price）[1]
[1]佛罗里达州大学湾区研究和教育中心，佛罗里达州多佛
[2]俄亥俄州农业试验站植物病理学系，俄亥俄州伍斯特

前　言

世界上一年一栽冬季草莓生产越来越重要。很多新兴的草莓产地例如阿根廷圣达菲和图库曼、澳大利亚昆士兰州东南部、埃及尼罗河三角洲以及墨西哥巴哈都位于亚热带气候区，在冬季可以产果。佛罗里达州中西部冬季草莓的生产已有100多年历史，近年来，该产业的规模已经从1985年的1 619公顷、年盈利5 000万美元发展为2000—2001年度的2 630公顷及年盈利1.67亿美元（佛罗里达州统计服务中心，http://www.nass.usda.gov/fl/）。

佛罗里达草莓产量提高的主要动力是新品种和新生产技术的应用，这可以提高深秋至冬季的草莓产量。由于盛果期的提前，带来了新的病害问题。这是由于其盛果期间的环境条件有利于特定病害的发生以及所用的新品种易感病（例如果实灰霉病）。

多佛佛罗里达大学丹尼尔·理戛德

本章的目的在于识别冬季一年一栽产区的主要草莓病原菌，描述其引起的病害并提供防控的总体建议。虽然这些病害在不同地区的危害程度有所不同，但希望这些描述对草莓生产者和研究者有所帮助。这些防控建议是根据佛罗里达大学位于多佛的试验站和其他单位进行的观察和研究提出的。

果实腐烂病。是对经济效益影响最严重的病害，直接导致果实无法出售。虽然有些病害会引起果实采后损失，但大多数病害主要影响园内采前的果实。一年一栽冬季生产中最重要的果实采前病害是灰霉病（*Botrytis cinerea*）和炭疽病（*Colletotrichum acutatum*）。在佛罗里达州，由于果实灰霉病带来的损失会非常严重，所以合理使用杀菌剂来治理该病害非常必要。果实炭疽病也可以导致严重的损失，但这种情况较为少见。其他果实病害如革腐病（*Phytophthora cactorum*）、白粉病（*Sphaerotheca macularis*）、黑斑病（*Alternaria* spp.）和根霉病（*Rhozopus* spp.）偶尔也会造成经济损失。

黄萎病和根颈腐病。在一年一栽生产中偶尔也会造成严重经济损失。由于会使受害植株死亡，而对产量的影响极为严重。当根颈腐病严重爆发时，会引起高达80%的植株死亡。根颈腐病主要由炭疽菌属（*Colletotrichum* spp.）和疫霉属（*Phytophthora* spp.）的某些种群引起。在一年一栽冬季生产中，由炭疽菌（*Colletotrichum gloeosporioides*）和草莓炭疽菌（*C. fragariae*）引起植株快速枯萎和死亡的病害称作炭疽根颈腐病（Colletotrichum crown rot或Anthracnose crown rot）。炭疽菌

（*Colletotrichum acutatum*）能引起植株根颈腐烂，导致植株逐渐枯萎死亡。疫霉菌（*Phytophthora cactorum*）也可引起植株根颈腐烂，并导致整个植株死亡，但近来流行在佛罗里达州的病害是由柑橘生疫霉（*P. citricola*）所致。另外，黄萎病菌（*Verticillium* spp.）也可使根颈腐烂并导致植株枯萎死亡（*Verticillium dahliae* 和 *V. alboatrum*），但该病害在佛罗里达州很少见。

叶部病害。在一年一栽生产中并不像在多年一栽中那样严重，但在气候条件利于其发病或防治措施不到位的情况下仍然会导致减产。

在一年一栽生产中，主要的叶部真菌病害有白粉病（*Sphaerotheca macularis*）、叶枯病（*Phomopsis obscurans*）、叶斑病（*Mycosphaerella fragariae*）、叶疱病（*Gnomonia comari* 和 *G. fragariae*）、叶焦病（*Diplocarpon earlianum*）以及细菌病害叶角斑病（*Xanthomonas fragariae*）。白粉病、叶枯病及叶角斑病在佛罗里达偶尔也会严重发生。其他叶部病害也会发生，但一般不严重。

根腐病。在一年一栽生产中极少严重发生，因为通常会用广谱性熏蒸剂处理土壤来有效治理土传性病害。有时炭疽菌也可引起严重的根腐病，导致植物发育不良或死亡。其他真菌，包括镰刀菌类（*Fusarium* spp.）、腐霉菌类（*Pythium* spp.）以及丝核菌类（*Rhizoctonia* spp.）也可经常从移栽后生长不良植株的腐烂根部分离出来，但这些病菌在已进入采收期的园中并不会造成严重损失。随着溴甲烷和其他杀菌剂被限制使用，某些土传性根腐病害会发生。

主要真菌病害的识别、生物学特性和治理

1.白粉病（*Sphaerotheca macularis*）

图1　草莓叶片白粉病放大的菌丝和分生孢子

病因和症状。该病害的初期症状主要是在叶片背面形成稀疏的白色小病斑（呈网状生长）。半透明的小分生孢子表现出白粉状斑（图1）。当病害严重时，病斑呈网状生长，几乎覆盖整个叶片背面。在一些品种中，菌丝体相对较少，因此难以观测到白色病斑，取而代之的是在叶片背面产生不规则形状的黄色或黑色坏死斑点，其最大直径可达8.5 毫米，该斑点最终也会出现在叶片表面。受害严重时叶片向上卷曲（图2）。有时会在叶片背面的菌丝中产生具果实状的真菌闭囊壳，但在佛罗里达很少见。闭囊壳最初为白色，成熟后变为黑色。花和果实同样也可受到侵染而导致减产。该真菌通常集中生长在果实的瘦果上并产生气生菌丝，看起来好像种子上长有白色绒毛（图3）。

图2　白粉病严重时导致草莓叶片卷曲

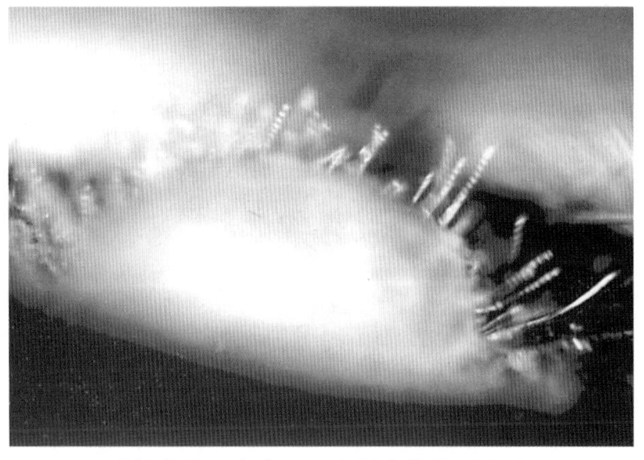

图3　成熟草莓果实瘦果上白粉病的菌丝和分生孢子

发生与传播。病原真菌仅侵染野生或栽培草莓，在脱离活体寄主组织后无法生存（Mass，1998）。在气候温和的地区，该病原菌会通过产生闭囊壳来维持自身存活，但在美国东南地区这种情况很少见。在苗圃中，该病菌可在受害叶片上越冬，而使受害移栽苗成为侵染源。受害植株产生孢子，通过风媒传播，来侵染新的植株。白粉病发生和传播的最适环境为中高湿度、温度为15 ~ 27℃。然而，降雨和露水可以抑制该病菌。

治理。采用无病移栽苗是防控白粉病的一种有效措施。然而，由于病原菌可以通过风媒传播分生孢子，即便无病害的园区也可能被临近的受害园侵染。不同品种对白粉病的抗性差异很大，很多栽培品种都对白粉病具有抗性。

对白粉病感病品种在病害症状刚出现时喷施杀菌剂进行治理，这对使用保护剂如硫黄尤为重要。系统性杀菌剂如托布津（Topsin M®）和其他杀菌剂如甾醇抑制剂（Nova®）均能有效地治理白粉病（如果该病原体菌还未对这类杀菌剂产生抗药性）。特别是在生产季的早期和晚期，密切观察田间叶片扭曲和变色等白粉病症状的出现。对佛罗里达州这样的北半球冬季产区而言，在11 ~ 12月该病害发生最严重，从1月到2月初减轻，从2月末或3月可能会再度严重。治理受害叶片有助于保护果实免受侵染。因此，在生产季合理使用杀菌剂很重要，这可使花和果实免受病害。

2.果实炭疽病（*Colletotrichum acutatum*）

病因和症状。炭疽病的典型症状是产生黑色凹陷病变。病变在未成熟果实上变硬，呈深棕色到黑色凹陷，病斑直径为1.6 ~ 3.2毫米，偶尔也会形成大的病斑。该病害会使单个种子变黑，致使果实生长不均（图4）。病变在成熟的果实上表现为圆形凹陷、坚硬、浅棕色到黑色、直径为3.2 ~ 12.7毫米或者更大的病斑。在潮湿的条件下，成熟的分生孢子盘在坏死部位产生大量浅橙色孢子（图5）。种子上存有大量壳孢子常作为典型症状来诊断该病害。几处病变也会联合在一起使大部分果实表面腐烂（图6）。在病害严重及温暖潮湿的条件下，病原菌经常在叶柄上产生大量橙色孢子。花和未成熟的果实受侵染后经常会出现腐烂干枯（图7），变成棕色或黑色，并会进一步侵染花梗，这一表现与灰霉病侵染后的枯萎花序症状相似。

图4　炭疽病侵染草莓瘦果（种子）而使其果实畸形

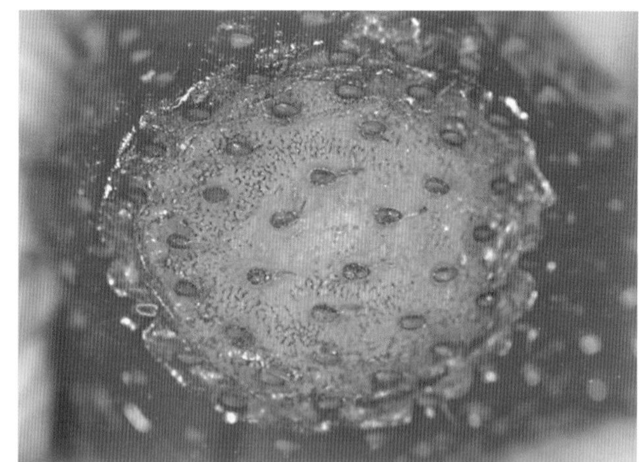
图5　炭疽病斑处产生的浅橙色孢子

发生与传播。在佛罗里达州，炭疽病是最主要的草莓果实病害之一（Legard，2000）。温暖潮湿的条件有利于该病害的发生。病原菌（*C. acutatum*）通常首先侵染苗圃植株，然后由受害移栽苗带入生产园。尽管还未得到证实，草莓园周边的一些非草莓寄主植物（例如杂草、树木等）也有可能是炭疽病源。病原菌在生产园内初步侵染叶片但不会引起任何病害症状。随着叶片的衰老，病原菌在叶片上开始繁殖并产生孢子，但当病害严重时，病原菌能够侵染叶柄并产生孢子（图8）。将草莓上的炭疽菌分离并进行分子分析表明，炭疽菌落为无性繁殖，其遗传多样性有限（Ureńa等，2002）。病菌分生孢子经飞溅的水或果实的采收操作进行传播。

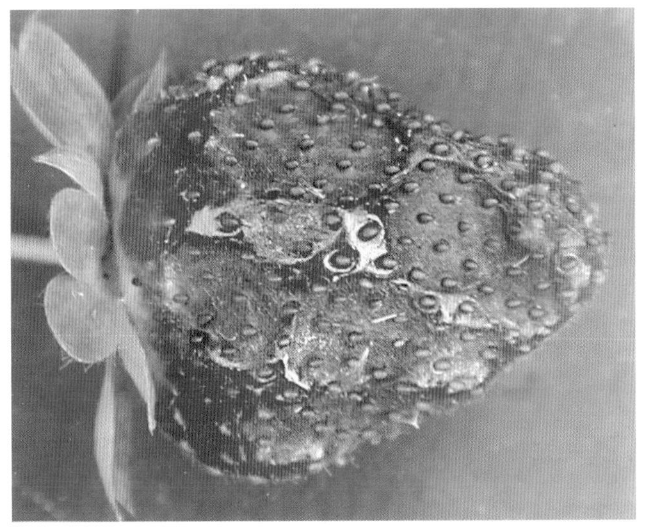

图6　炭疽病典型的果面凹陷及成串坏死

图7　炭疽病引起的花枯萎，严重时可使整个花序干枯

图8　由炭疽病引起的不规则叶斑及生长不良的植株

在发育的果实上产生大量的孢子并形成病斑。采摘者将这些孢子在田内和田间传播，开始新的侵染。当苗圃内存在大量病原菌时，移栽苗上的病原菌在定植后能够侵染根系，导致根腐病和根颈腐病，使植株发育不良（图8）。

治理。在生产园区，治理果实炭疽病最好的途径是使用无病移栽苗以防止引进病原菌。由于病原菌是无性繁殖从而限制了其遗传多样性，利用抗炭疽病品种是有效的治理措施。化学治理要建立在预防性的基础上，使用如克菌丹或福美双等保护性的杀菌剂。定期（每周）喷施保护性杀菌剂可以阻止或减少病原菌在植株上的繁殖，防止果实腐烂。在佛罗里达，1月中下旬天气变暖时是果实炭疽病的典型发生期，2月该病害严重。为了阻止炭疽病的蔓延，在常规杀菌剂喷药项目中应附加使用一些治理控炭疽病较专一的杀菌剂如嘧菌酯（Quadris®），这类杀菌剂应每14天喷1次，而保护性杀菌剂应每周喷1次。苯并咪唑类杀菌剂如苯菌灵或托布津，不能有效地治理果实炭疽病或根腐病。

3.炭疽根颈腐病（*Colletotrichum gloeosporioides*，*C.fragariae*，*C.acutatum*）

病因和症状。在美国佛罗里达州及其他东南地区，炭疽根颈腐病是严重的病害。该病害可使看似正常的植株突然枯萎和死亡（图9）。于1931年，布鲁克斯（Brooks）首次报道了在佛罗里达州炭疽病对草莓的侵染，认为匍匐茎和叶柄病害由草莓炭疽菌（*Colletotrichum fragariae*）引起。于1935年，他又报道了草莓炭疽菌也会引起根颈腐病。在20世纪60年代，发现胶孢炭疽菌（*Colletotrichum gloeosporioides*）也能引起草莓植株枯萎和根颈腐病，从此，胶孢炭疽菌在佛罗里达州成为炭疽根颈腐病的主要病原菌（Ureńa等，2002）。尖孢炭疽菌（*Colletotrichum acutatum*）偶尔也能引起草莓植株缓慢萎蔫，最终出现根颈腐病，然而，其症状明显不同于由胶孢炭疽菌和草莓炭疽菌（引起的植株快速萎蔫和死亡。萎蔫植株的根颈出现坏死，其中心呈浅红褐色（图10），其症状很难与疫霉菌（*Phytophthora* spp.）所致的根颈腐病区分。该病原菌也会在苗圃的匍匐茎上产生长形、凹陷及坚硬的黑色坏死斑（图11）。

图9　由炭疽病引起的植株萎蔫

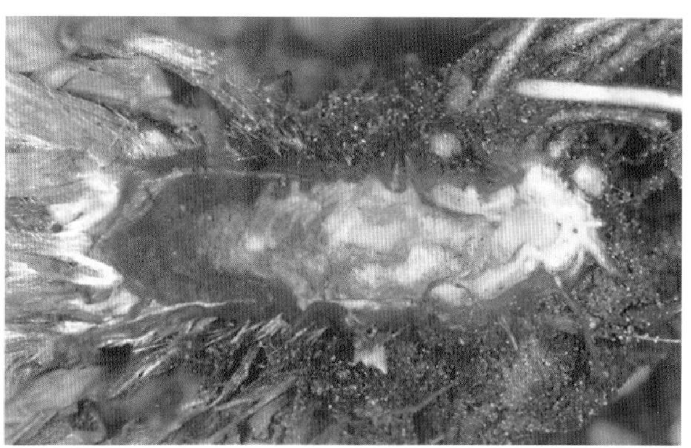

图10　受炭疽菌侵染的草莓根颈横切面可见浅棕色坏死

病害发生与传播。炭疽根颈腐病会造成严重的经济损失，当栽培感病品种时，该病害会导致高达80%的植株死亡。在其他一些亚热带草莓产区，炭疽根颈腐病也是重要的病害，那里生产季气候温暖并频繁降雨。在佛罗里达，草莓移栽苗最有可能是胶孢炭疽病的主要来源，而导致根颈腐病。因为草莓苗是无性繁殖，病原菌很容易从苗圃中受侵染的移栽苗传播到果实产区。通常，从受根颈腐病危害的不同园区可追溯到一个单一的移栽苗来源。另外，杂草和某些非草莓寄主植物也会成为胶孢炭疽菌源，从而使病害蔓延。在佛罗里达，从草莓园区周边的野生植物中分离出来的某些胶孢炭疽菌在田间条件下也能引起草莓根颈腐病。在佛罗里达，利用遗传标记对胶孢炭疽菌的杂草分离菌株和草莓分离菌株进行了比较，结果表明，杂草分离菌株能引起草莓根颈腐病。来自非草莓寄主的病原菌可能也是苗圃中该病害的主要来源。

图11　炭疽病引起草莓匍匐茎上的凹陷坏死斑

胶孢炭疽菌和草莓炭疽菌产生大量的黏性孢子，它们主要是通过水或者附着在采摘者身上、农用机械及昆虫体上进行传播。尽管在田间还没有观察到胶孢炭疽菌的有性阶段，在佛罗里达利用分子方法已经将胶孢炭疽菌从受害植株中分离出来，发现病原体种群具有很高的多样性，是有性繁殖过程导致了这种多样性。这些结果表明，在一年一栽生产期间，分生孢子的传播（无性阶段）可能不像炭疽根颈腐病有性孢子（图6）传播那么重要。病原菌有性和无性孢子的中长距离传播可能仅限于移栽苗和采摘活动。

在佛罗里达，因为生产园区每年都会重新种植草莓，越夏植株残骸上的病原菌可能是另一个侵染源。近期研究发现，胶孢炭疽菌可以在草莓根颈残骸上存活，但在夏季会随着残骸的腐烂分解而死亡（Ureńa等，2001）。在佛罗里达典型的夏季气候条件下（热和潮湿），病原菌能够在植株残骸上存活几个月，甚至在没有炭疽根颈腐病迹象的植株残骸上也会存在该病原菌。由于病原菌可以在植株残骸上短期存活（<4个月），生长季结束后应及时杀死草莓残株并翻入土中以加速其分解。

治理。需要化学与栽培方法相结合来有效地治理炭疽根颈腐病。该病害最有效的治理方法要从预防着手，因为一旦病害在园内发展就很难治理。生产者应种植有保证的无病移栽苗来防止病原菌进入

园区。不幸的是，目前只有经认证的无病毒移栽苗可用。通常这些移栽苗也认证为无病害，但认证方法不能确保其不带病原菌。在这种缺乏无病移栽苗的情况下，治理病害的最佳途径是采用抗病性较强的品种。可能由于部分病原菌落具有高水平多样性，目前还没有能完全抗炭疽根颈腐病的品种。品种'甜查理'、'早不勒特'（Earlibrite）和'财宝'（Treasure）都具有一定的抗病性。

在产果园中，尚不清楚利用杀菌剂来治理炭疽根颈腐病的效果。如果移栽苗在苗圃中已受到侵染，在定植到生产园后病害就会显现，此时，使用非系统性杀菌剂效果有限。在苗圃中定期喷施保护性杀菌剂（如克菌丹或福美双）会限制病原菌的蔓延，也会降低病害在生产园中的二次传播。如果病原体菌尚未产生抗药性，使用系统性杀菌剂（如苯并咪唑类的苯来特和托布津）可以有效治理苗圃和生产园中的胶孢炭疽菌。不幸的是，一些导致炭疽根颈腐病的胶孢炭疽菌分离菌株已对苯并咪唑产生了抗药性。

4.果实灰霉病和花枯萎病（*Botrytis cinerea*）

病因和症状。果实灰霉病由灰霉菌（*Botrytis cinerea*）引起，它是世界性的草莓重要病害。在佛罗里达，该病害会导致严重的采前损失，主要是因为该病侵染草莓的果实和花，尤其是在湿度较高且白天温度中等至温暖的条件下（15.5 ~ 23.9℃）。果实灰霉病也是重要的采后病害，因为该病菌能在低温冷藏条件下生长。其病原菌侵染果树、蔬菜和杂草等多种植物。在草莓上，该病菌最初侵染花，但在幼果或成熟果实上显现症状。典型的病变会发生在果实近梗端，常由受侵染雄蕊或附着于果实上的受害花瓣引起（图12）。病变开始为小而硬的浅棕色斑点（图13），然后快速扩大并覆有白色真菌菌丝和灰色或棕色孢子（图14）。灰霉菌最终能使整个果实腐烂和干瘪（图15）。当病果受到触动，通常会释放大量肉眼可见的像烟灰一样的孢子。

图12　受侵染花瓣附着在果实上引发灰霉病

图13　灰霉菌引起的坏死通常从花萼下开始

病害发生和传播。灰霉病的传播主要依赖于园内死亡草莓叶片上产生的分生孢子（Braun和Sutton，1987）。该病原菌在草莓幼叶上繁殖不会产生任何症状。随着叶片的衰老，病原菌在死亡组织上快速生长并形成孢子（Braun和Sutton，1988）。孢子借助风媒、水的飞溅或采摘活动进行传播，最终侵染包括雄蕊和花瓣等不同的花器官。当花受侵染后，病菌最终危害成熟的果实并导致其腐烂。通常认为其孢子直接侵染果实不重要。该病菌也可以通过直接接触而蔓延到邻近的果实上。随着病害的进展，病菌在受害花和果实上产生孢子，这些受害组织会成为重要的侵染源。在一年一栽生产中，

图14　灰霉病产生的大量成熟孢子，使病斑具典型的灰色

图15　灰霉菌可以使果实完全腐烂干瘪

植株开花结果长达数月，在此阶段该病害造成的果实腐烂尤其严重。

治理。治理果实灰霉病和花枯萎病需要化学方法与栽培措施相结合。目前尚无高抗灰霉病的草莓品种，但具有花萼大而紧贴果实的品种可能更易感病，这是因为花萼和花托间的高湿度可促进在雄蕊和花瓣上的病原菌蔓延到发育中的果实上。

治理灰霉病包括保护花和叶免受侵染，或治理该病菌的分生孢子。在一年一栽的冬季生产模式中，对该病害的有效治理措施包括在盛花期常规喷施保护性杀菌剂并结合定期喷施专一性杀菌剂（Legard等，2001b）。植株缓苗期结束后，应立即开始定期喷施保护性杀菌剂，一直持续到整个生产季结束。如遇温度适宜、多雨或湿度大的天气，还要额外喷施保护性杀菌剂。在盛花期，还应定期喷施治理灰霉病的专一性杀菌剂，当开花量达到10%时，第一次喷施，7天后再次喷施。在佛罗里达，第二次盛花期为灰霉病最严重期，最好喷4次，每次间隔7天（Legard 等，2001a）。摘除田间所有染病和无商品价值的果实是治理灰霉病的关键措施，因为这些染病的果实都可能是侵染源，直接侵染临近的花和果实（Mertely等，2000）。摘除老叶也能减轻灰霉病，但效果不如使用杀菌剂明显。

5.叶枯病和果腐病（*Phomopsis obscurans*）

病因和症状。拟茎点霉属叶枯病和果腐病有时也会在草莓上严重发生，尤其是在美国东南部的苗圃中。在潮湿和温暖的条件下，其病原菌能使叶片严重枯萎。幼叶病变呈小（直径2 ~ 3毫米）而浅红紫色的圆形斑点（图16），并最终合并在一起变成大“V”形的坏死斑（图17），通常在病变区域的中心会形成黑色的分生孢子器。当叶面症状出现时，该病原菌会引起果实病变。受害果实开始时呈浅粉色、水渍状的圆形病斑，

图16　由叶枯病菌引起的幼叶叶枯病

随后合并成棕色大软斑（图18），病斑上布满黑色的分生孢子器。受害匍匐茎和叶柄上出现长形的黑色凹陷病斑，这与炭疽病害症状相似。

图17　叶枯病在成熟叶片上的症状是由小叶脉分隔开的大V形坏死病斑

图18　果腐病通常在远离花萼处出现轻微的凹陷病斑

病害发生和传播。病菌的孢子通过水的飞溅、采收作业和机械操作进行传播。温暖潮湿的环境条件有利于发病，因此，病害会在佛罗里达和美国其他东南部地区夏季苗圃中最严重。在佛罗里达的果实生产区，秋季和初冬会发生叶枯病，而果腐病通常发生在秋季已有叶枯病出现的园区，然后随着冬季天气寒冷和干燥而消失。在生产季晚期，则很少出现由该病原菌引起的症状。

治理。应当通过限制其在苗圃和产果区的发生和传播来治理叶枯病和果腐病。在美国东南部，叶枯病通常发生在苗圃中，而在加拿大北部或美国西部的苗圃中则无此问题。在潮湿的天气里，生产者应限制在染病园区采收和机械作业，以减少病害的传播。避免首先在染病园区采收，接着到无病园区进行采收，因为采摘工的手和衣服上都有可能携带病菌孢子。保护性杀菌剂像克菌丹和福美双，对治理该病害基本无效。甾醇类抑制剂如腈菌唑（Nova）对治理该病害很有效，但必须避免过度使用，以避免病原菌对其产生抗药性。

6.黄萎病（*Verticillium albo-atrum*和*V. dahliae*）

病因和症状。黄萎病是一年一栽冬季草莓生产中偶尔才出现的问题。该病害由黑白轮枝菌和大丽轮枝菌引起。这类病原菌能侵染多种植物，对马铃薯和番茄致病的病原菌对草莓也有致病性。该病害的初始症状是老叶萎蔫并在边缘和脉间褐变，新叶仍然正常，但生长缓慢，植株生长不良（图19）。受害严重的植株生长缓慢，最终死亡。染病植株的新茎出现类似于炭疽根颈腐病和疫霉根颈腐病的坏死条纹。有必要分离其真菌进行确认。

图19　受轮枝孢菌（*Verticillium* spp.）侵染的两植株发育不良，老叶过早死亡

病害发生和传播。某些杂草或者前茬作物都可能是黄萎病源，但还没有这方面的证据。受侵染的移栽苗是佛罗里达黄萎病爆发的主要病源。温暖和冷凉交替的天气条件有利于该病害发生。病害严重时，会引起大量植株枯萎和死亡。

治理。在苗圃和果实生产区，应用溴甲烷和氯化苦进行土壤熏蒸治理该病很有效。有关于草莓品种抗黄萎病的报道，但在美国东南部尚未对其品种进行抗病性测试。治理该病害的最佳方法是使用无病移栽苗，并避免在前茬为马铃薯和番茄地块上种植草莓。

7.疫霉根颈腐病（*Phytophthora cactorum*和*P. citricola*）

病因和症状。在一年一栽草莓生产中，疫霉根颈腐病是很严重的病害。在佛罗里达，尽管近期疫霉冠腐病主要由柑橘生疫菌引起，但历史上三七疫病菌引起该病害。在果实产区，该病害的主要症状是植株突然枯萎（图20），在根颈中形成褐色坏死的条纹。由该病菌引起的萎蔫和腐烂等病害症状，很难与由胶孢炭疽菌产生的症状相区分，因此，需要对病原菌进行分离和识别。

图20　疫霉根颈腐病使正常植株突然萎蔫和死亡

病害发生和传播。这两类疫霉产生的游动孢子可能会存留在受侵染的土壤或植物残骸中，但在佛罗里达还未发现此现象。在潮湿条件下，病原体产生游动孢子侵染草莓植株。三七疫病菌也会引起革腐病，而且受害果实也可能成为再侵染源。在佛罗里达，移栽苗是病害的主要来源。温暖及较长时间的潮湿天气条件有利于该病害发生，佛罗里达10月的天气正是这样，此时植株处于生长初期。

治理。治理疫霉根颈腐病的最佳措施是使用无病移栽苗。疫霉根颈腐病更有可能发生在来自加拿大和美国北方的移栽苗上，而美国的东南部生产的移栽苗则无此问题。在佛罗里达州，夏季的高温、高湿结合秋季溴甲烷和氯化苦对土壤的熏蒸，可以有效杀死越夏病菌。在果实产区，也可使用甲霜灵和三乙膦酸铝来治理这两类病原菌，建议生产者在植株缓苗后立即通过滴灌系统施用甲霜灵，以阻止病原菌的传播，但花期禁用甲霜灵。在生产季可使用三乙膦酸铝。

其他病害的识别、生物学及治理

1.角斑病（*Xanthomonas fragariae*）

病因和症状。角斑病是一种由草莓黄杆菌（*Xanthomonas fragariae*）引起的细菌性病害。在像佛罗里达这样的冬季草莓产区，它是一种严重的病害，在美国及世界各产区都能见到。草莓黄杆菌是一种生长缓慢的革兰氏阴性菌，在含有葡萄糖的培养基上产生光滑、环形、凸面的类黏性菌落。该病原菌高度专一地寄生在草莓上，尚未在草莓属以外的野生植物上发现。角斑病的典型症状是首先在叶片背面出现水渍状小病斑（图21），然后扩大形成角斑。初步侵染时，病变呈半透明状，用光照射受害叶片时，会产生窗格效应（图22）。在潮湿条件下，病斑会产生黏滑的细菌分泌物。侵染通常沿主叶

图21　角斑病导致幼叶出现水渍状坏死

图22　对角斑病的幼叶坏死部位进行灯光照射时产生窗格效应，这是对该病的一种诊断方法

脉进行并产生水渍状病变。老病斑会坏死并变为浅红棕色，还会合并在一起，产生的症状与某些其他叶类病害很难区分（图23）。病害严重时，也会在果实萼片上产生坏死斑（图24）。其坏死斑与叶片病斑相似，严重时使果实无法销售。

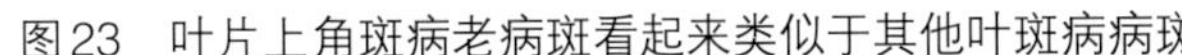
图23 叶片上角斑病老病斑看起来类似于其他叶斑病病斑

图24 草莓黄杆菌侵染花萼会使果实无法出售

病害发生和传播。在果实产区，角斑病原菌主要由受侵染移栽苗传入。该病原菌系统性侵染草莓植株，潮湿、冷凉的条件有利于该病原菌生长，随着采收作业传播。该病原菌还可通过雨水和喷灌水的飞溅进行传播。在佛罗里达，在生长季频繁使用喷灌防冻害时，可能会导致该病害严重爆发。冷凉的白天（20℃）和寒冷的夜晚有利于该病害的发生。

治理。治理角斑病的最佳措施是使用无病移栽苗。大多数杀菌剂应用效果有限，不推荐使用铜制剂，因为铜制剂只能控制植物表面的病菌而不能控制病斑内部和侵入到植物体内的病菌，而且高浓度铜制剂会产生药害。在佛罗里达州的研究表明，定期使用氢氧化铜能够降低角斑病的严重程度，这可能是限制了其传播，但由于铜毒害而使商品果产量降低（Robert等，1997）。当植株潮湿时，应避免在受害园区采收和移动机械设备，最小化使用喷灌进行灌溉和防冻，换而使用滴灌及大棚防冻。

2.植原体 在佛罗里达，几种草莓病害表现出植原体侵染的典型症状。植原体的分类主要是基于其16S核糖体的DNA序列，当前危害草莓的属于16SrVI（三叶草增殖）、16SrI（紫菀黄化病）或16SrXIII（变态绿）分类组。尽管不是所有受侵染植株都表现出明显的症状，但植原体病害的特点是由一个或多个独特的症状，进而影响植株形态。这些症状包括叶化（某个植物器官如瘦果变为叶）、变态绿（花器官或花瓣发育不正常并呈绿色）、丛枝病、生长发育不良和黄化。植原体病害可以通过嫁接或菟丝子进行传播，但叶蝉是其主要传播媒介。各类病害的病因和症状如下。

草莓紫菀黄化病。紫菀黄化病有两个亚组——东部（16SrI-A）和西部（16SrI-B）亚组。该病害的最主要症状出现在果实上。在瘦果上会长出绿叶，花瓣也可能变成淡绿色（图25）。症状可能会出现在田间一株草莓的一个到几个果实上，但后续果实无症状。受害严重的植株老叶可能会变成红到紫色，幼叶可能会小且叶柄短。

绿萼病。引起该病害的植原体属于16SrI-C组，该植原体侵染三叶草和草莓，在草莓植株和果实上表现出明显的症状。通常，植株生长发育不良，老叶变为紫红色，幼叶小而边缘亮黄（图26），最后，植株萎蔫、死亡。有可能产生一些正常形状的小果，但该病害的典型症状是花托叶化，果实外形像花椰菜（图27），这类结构会永久地停留在植株上（无正常的成熟和衰老）。

图25　果实感染紫菀黄化病后呈叶样生长（叶化）

图26　绿萼病植物生长发育不良、老叶紫红色

增殖病。引起增殖病的植原体属于一新16SrI亚组。该植原体引起的病害症状与其他植原体不同。新茎大量分枝并产生大量具短叶柄的小叶（图28）。受害植株通常生长不良，有茂密的灌木状外观，尽管受害植株偶尔会长成正常大小，但很少开花结果。

图27　绿萼病果实一直绿色，像花椰菜

图28　增殖病使新茎大量分枝、紧密成丛

病害发生和传播。叶蝉是传播植原体的主要媒介。然而，不同叶蝉种类对不同植原体亚组的传播能力不同。通常，叶蝉在取食染病植物过程中获取植原体，然后在取食正常植物时进行传播。植原体的寄主包括杂草和草莓等多种植物。叶蝉在获取植原体后，成群飞入草莓园，进而取食并传播病害。在苗圃中，受害母苗可通过匍匐茎将植原体传入子苗。在果实产区，受害植株通常会沿着垄床聚成一串，这是由于苗圃中来自同一母株上的子株都受到侵染。佛罗里达本州繁殖的苗木会出现紫菀黄化病，但大部分受害植株均来自于北方苗圃。在果实生产园区，植原体病害会在生产季发生，通常只有小部分植株（1%）受害，但偶尔病害极严重时，受害株数会达到10%～80%。

治理。采用认证无病移植苗。避免采用苗圃中具有叶蝉问题的移植苗。苗圃中应及时使用杀虫剂治理叶蝉以期最大限度地抑制植原体在染病植物和草莓间的传播。尽管目前对栽培品种的抗病性还不明确，但在佛罗里达，‘甜查理’比‘卡姆罗莎’发病少。园内一旦出现受害植株，则使用农药无效。在其他植物上使用四环素对该病害有效，但是在草莓上的效果尚不明确。

病害的总体治理策略

草莓病害治理可以分为几种不同的策略。传统方法有：化学方法（杀菌剂和熏蒸剂）、监管措施（认证和检疫）、栽培措施（搞好园区卫生、轮作和大棚）、生物防治（抗病品种和天敌生物）以及物理措施（分生组织的热处理、组织培养和采后冷藏）。最有效的治理策略是这几种方法或措施的有机结合运用。我们已对这些方法及如何在一年一栽草莓上应用进行了综述。

草莓病害的化学治理

草莓进行高垄一年一栽，栽前使用溴甲烷和氯化苦混合物（67 ∶ 33）对土壤进行熏蒸。考虑到溴甲烷将在2005年禁用，正在寻找其替代物。这些替代物包括：氯化苦、威百亩、1,3-二氯丙烯及碘甲烷。这些熏蒸剂或其混合物都有望成为替代品，但只有碘甲烷的广谱治害效果与溴甲烷相似。

当前，在草莓生产中可用多种已注册杀菌剂，并且正在进行研发和推广对特定病害具专一性的新型杀菌剂。对任何杀虫剂的使用都须按照标签说明进行。

在佛罗里达和其他冬季草莓产区，由于灰霉病、炭疽病、白粉病和根颈腐病等真菌病害高发，必须定期施用杀菌剂。杀菌剂的施用要根据当地气候以及发病情况进行。疫霉病的治理应在缓苗期结束后马上进行，通过滴灌或喷雾施用适当的杀菌剂。在草莓生长季，需要定期地喷施克菌丹和福美双等保护性杀菌剂，来防止叶片病害，以减轻灰霉病和炭疽病等果实病害。生产者也应当施用一些专用杀菌剂以治理常规杀菌剂所不能治理的病害。对白粉病而言，需要在春季和秋季施用硫磺或其他杀菌剂。盛花期需要施用灰霉病专用杀菌剂，以减少果实灰霉病发病率。从1月中下旬开始至生产季结束常规施用嘧菌酯（Quadris）来治理果实炭疽病。

其他农药对治理草莓病害也很重要。除草剂有助于消除非草莓植物上的黄萎病、炭疽病和疫霉病等真菌性病害。杀虫剂可有效治理传播植原体病害的叶蝉以及躯体和腿上附着病原体孢子的其他害虫。

治理草莓病害的栽培管理措施

利用地膜覆盖高垄栽培本身就是一种病害治理措施。地膜可防止果实和土壤接触，减少了土传生物的侵染。垄要做成一定形状确保其顶部不积水。垄床要足够宽以确保果实在垄上。近年来，垄床高度有所提高，这样更便于采收，因而减少了草莓冠叶下果实腐烂的发生。一年一栽可避免垄和植株上的病菌越夏而产生的一些病害。然而由于每年都会在同一地块种植草莓，病菌可能在植株残体中越夏。如果将草莓植株在生产季结束后尽快毁掉（例如北半球的4月）并翻入土中，或在垄上接着种植一茬春季蔬菜并在6月初蔬菜收获后马上进行耕翻，炭疽病菌就不能在植株的残体中越夏（Ureńa等，2000）。如果在垄上种植第二茬作物，建议生产者人工拔除草莓残株或用除草剂将草莓植株杀死并分解植株残体。

施肥。对于某些病害，要避免施用过量的氮肥。否则会导致植株长势过旺而难以被杀菌剂触及，也难于采收。未采收的受害果实很易成为炭疽病和灰霉病等病害再侵染源。对根颈腐病而言，高频率施氮肥可使植株快速生长，而对该病害更加敏感。尽管缺素对草莓病害发生的生物学机制尚不清楚，但应避免营养元素的缺乏。

灌溉。避免喷灌是限制某些病害传播的有效方式，因为叶片长期潮湿有利于这些病害的发生和传播。这些病害主要包括：果实灰霉病、果实炭疽病及叶枯病和叶角斑病。使用滴灌可减轻这类病害。因为在佛罗里达，新移栽苗（带叶苗）需要喷灌10 ~ 14天来缓苗。在缓苗期间，很多病害易得到传播。虽然去顶的移栽苗（如去叶苗）不需要进行过多喷灌，但这种苗会推迟结果期而不适合佛罗里达对早果生产的要求。穴盘苗定植后不需要喷灌，进而会减少病害传播，且适合当地的生产要求。

杂草治理。控制园内及其周围的杂草很重要，因为杂草是多种病原菌的寄主，也是像叶蝉等草莓病害媒介的避难所。

采收和其他田间措施。为了使病害传播最小化，协调采收操作很重要。病菌很易随着采收或其他田间作业在园内和园间传播。因为，对于一年一栽冬季生产模式，每2 ~ 4天人工采摘一次，采摘期超过4个月，采收可能是炭疽菌和草莓黄杆单胞菌等病原菌再次传播的主要途径。采摘工的身体、衣服及设备上都有可能携带病原菌的孢子。在佛罗里达气候条件下，果实生产季叶片上会有大量的露水，因此每天早上都有几小时的潮湿期，用于防冻保护的喷灌也会使叶片潮湿。当叶片有露水或由于防冻喷灌导致叶片潮湿时，应避免在早晨进行果实采收。采摘工应避免在染病区采收后直接到正常区采收，以使病菌的传播最小化。如果做不到，采摘工应洗手，甚至更换一身干净的衣服后进入新园区。

保护地栽培。世界上很多草莓产区，都采用或大或小的拱棚来保护植株免受冷害和雨害。棚内较温暖的条件能提早结果期。在佛罗里达，大棚内草莓植株叶片上游离水很少（Xiao 等，2001）。与露天生产相比，大棚生产能显著减轻果实灰霉病。佛罗里达大学近几年的研究表明，大棚对治理果实灰霉病很有效，即使是高感灰霉病的品种也无需应用杀菌剂。然而，大棚内相对湿度大不利于其他病害如白粉病的治理。

搞好园区卫生。搞好园区卫生是指人工清除或消毁受害植株和作物残骸，这可减轻一些病害如果实灰霉病和炭疽病的发生（Mertely 等，2000）。在佛罗里达，在缓苗期后不久，应开始经常去除坏死和衰老的叶片，并将垄间清理干净。在不使用杀菌剂的情况下，保持叶片的清洁能显著减少果实灰霉病的发生。去除一些染病的功能叶，会使光合产物减少，进而降低果实产量。移除冠层内染病和无商品价值的果实，对于治理灰霉病和某些其他果腐病也十分重要。然而，可以将畸形果丢在垄间而不会引发病害。对已去除病叶和病果的植株应用杀菌剂并不会提高灰霉病的治理效果。在佛罗里达条件下，应用杀菌剂治理灰霉病比去除病叶和病果更有效且更经济。

采后处理。采后腐烂是导致草莓果实无法销售的重要因素。在运往市场的过程中，如果出现明显腐烂，需要降低售价甚至退货。适当的采后处理主要依赖于对温度和相对湿度的控制。适当的温度管理对于延长草莓的采后寿命非常重要。由灰霉病导致的果实腐烂是长距离运输的主要限制因子。病原菌静态侵染田间的果实，在采后发生腐烂。灰霉菌（*B. cinerea*）生长的最适温度是20 ~ 25℃。在5℃以下贮藏，会显著减缓病原菌的繁殖进而减少果实腐烂。为了抑制灰霉菌的生长，需要在–3.9 ~ –2.8℃下贮存，但草莓果实在–2℃就会受冻。

移除田间余热（预冷）也是维持采后果实品质的关键要素。在佛罗里达，强制抽气预冷是草莓采后预冷的一种有效方法。佛罗里达大学近期研究表明，当采收期园区温度高于28℃时，采后快速预冷（采后2小时内）可减轻果实灰霉病（Blacharski 等，2000）。与抗病性品种（如‘卡姆罗莎’）相比，快速预冷对感病品种（如‘甜查理’）更加重要。

预冷后，在运输和贮藏期间，应把温度维持在4℃以下。佛罗里达生产季后期的果实，如采后温度不能维持在10℃以下，葡枝根菌（*Rhizopus stolonifer*）能明显导致果实腐烂。当温度在10℃以下时，葡枝根菌孢子的产生会受到抑制，在5℃以下，该病菌则不能生长。

气调贮藏是指在贮藏环境中减少O_2浓度并增加CO_2浓度，它能减少采后果实的腐烂并延长货架寿命。CO_2的浓度直接影响灰霉菌孢子的萌发。在佛罗里达，很多草莓在运输过程中都使用气调贮藏，以延长其货架寿命。叉车托盘上成垛的草莓用一不透气的大塑料袋进行密封，然后充入CO_2气体并将O_2和CO_2的浓度调节至各为10%。10%的CO_2浓度能抑制真菌生长、延缓果实成熟和衰老并减少果实腐烂。

控制贮藏环境的相对湿度，对减少果实腐烂和维持果实品质也很重要。容器内的果实表面能产生冷凝，尤其在如果温度升高时，冷凝会促进病原菌引起的腐烂。

监管治理

阻止草莓病害爆发最有效的方式就是防止病原菌进入生产区。当引进新品种或优系到生产园时，要确保引入的植物材料无病。遗憾的是，在北美还没有对草莓移栽苗的无病综合认证程序。在佛罗里达，最近爆发的果实炭疽病（*C. acutatum*）和炭疽根颈腐病（*C. fragariae*）显示，苗圃与这些病害的爆发有显著相关性。这些发现突出了目前用于苗圃和产果区的无病草莓种苗的认证程序和标准存在不足之处。目前认证程序主要是为了去除草莓病毒。在佛罗里达州的草莓无病毒，表明其认证已成功地去除了病毒病。然而，针对真菌和细菌性病害，必须改善其认证程序，以减轻炭疽病及其他主要病害如白粉病和角斑病的严重程度。

检疫在果实产区似乎还不可行，因为当前尚无无病菌移栽苗。通过检疫限制带病母苗进入无病苗圃可能更为实际。经热处理和分生组织培养出的植株通常认为无病害，这些种苗是商业化苗圃的起点。然而，当无病植株从温室或网室移栽到田间苗圃进行扩繁时问题就会出现。在子苗挖出并运往果实生产区之前，苗圃内或附近残余的病原菌通常会侵染子苗。要求苗圃开始时就种植用分生组织培养的植株，可以使用检疫手段来限制具有潜在污染、非许可的植物材料进入苗圃产区。

参考文献（略）

草莓基因工程

马温·普利茨
康奈尔大学，纽约州伊萨卡城

马温·普利茨　康奈尔大学，纽约州伊萨卡

基因工程是将一个有机体的基因转移到农作物上并获得有益性状的一项技术，该有益性状在相关农作物上没有。有益性状包括抗虫、抗除草剂、增加营养物质含量和提高产品质量。这项技术对生产者、消费者和环境都有潜在的益处。然而，由于基因工程食品的引进方式，很多消费者都不认可任何由转基因技术生产的产品。对基因工程的关注主要包括转基因食品的安全问题、对环境造成的未知影响、对食品供应公司的监管日益增多及“自然”杂交界限的伦理道德问题。

虽然这些关注都是正当的，但是基因工程的潜在益处巨大，因此一些科学家还在继续致力于转基因草莓的培育。抗除草剂的草莓品种最重要。由于草莓植株相对较小，无法与杂草竞争，且目前几乎无除草剂可用于草莓生产，所以生产者需要花费大量的时间耕作和除草。如果能够获得抗除草剂草莓，就可使用广谱性芽后除草剂喷草莓园，既可杀死杂草又不伤害草莓，还可节省生产者相当多的时间和精力。

位于加州奥克兰的DNA植物技术公司培育出了抗草甘膦（抗农达）的草莓品种‘塞尔娃’和‘卡姆罗莎’并对其进行过田间试验。这类品种植株含有一个修饰基因，该基因可以产生抗草甘膦酶。尽管生产者预期可得到抗除草剂草莓品种，但在2001年，该公司对这类品种的研发突然中止。但其他方面的研发如培育抗病、抗线虫、抗虫、改良存贮品质的转基因草莓品种仍在进行。

尽管这些转基因植物具有潜在的益处，但很多生产者对采用转基因品种依旧很保守。一旦转基因品种出现一点问题，消费者可能会认为所有的转基因草莓都不好。如果草莓变得很容易种植，可能会出现产量增加而供过于求的问题。转基因草莓的生产可能会增加监管记录工作量并产生令人头疼的管理问题，这无疑会存在一些法律障碍。目前还不清楚这项技术将如何发展。

蜜蜂给草莓提供有益真菌、增加产量

琳达·麦坎德斯(Linda McCandless)和麦克·科瓦克(Michael Korvak)
纽约农业试验站昆虫学系，纽约州日内瓦

麦克·科瓦克
纽约农业试验站昆虫学系，日内瓦

蜜蜂是自然王国中传递有益真菌到草莓园的最勤劳飞行器，这些真菌能够抗灰霉病，所有的蜜蜂的虫体都在爬出蜂箱门时而沾满该真菌。

康奈尔大学昆虫学家约瑟·科瓦奇博士说："在20世纪90年代后期，我们历时5年多的研究表明，大黄蜂和蜜蜂能把木霉属的孢子传递到草莓花上，进而控制草莓灰霉病。"

科瓦奇博士正在期待一个蜜蜂"洗脚盆"（footbath）的专利。该盆适合横放在蜂箱入口处，盆内可放置任何生防制剂，但科瓦奇商业测试的有益真菌为自然界存在的哈茨木霉菌（*Trichodema harzanium*）1295-22，通常称为T22。

当蜜蜂爬出蜂箱时，需通过装有灰色粉末的"洗脚盆"，每个蜜蜂可以携带多达10万个木霉菌的孢子。当蜜蜂觅食花蜜和花粉时，就会将T22的孢子留在觅食的花朵上。T22与灰霉菌竞争，灰霉菌的孢子就会被T22的孢子淘汰。

灰霉菌在草莓的花上广泛繁殖，而且快速传播，尤其是在花期温暖、湿润的条件下，从而对草莓产生病害。随着果实的成熟，灰霉菌发展成灰霉病，使果实变得不美观且不可食用。为了治理该病，生产者通常需在花期使用1 ~ 2种化学杀菌剂。木霉菌也可以喷施，但到目前为止蜜蜂是最有效的传递工具，使用喷雾器1/10的量即可起到治理作用。

一片美丽草莓园正值花期，蜜蜂飞得嗡嗡响（M. Pritts）

纽约8个县的10个草莓生产者都使用蜂箱插板（"洗脚盆"）对蜜蜂传递T22进行了测试。对于养蜂人员而言，唯一需要做的就是当插板空了时更换新插板，通常在花期5 ~ 7天更换1次，具体实行还要依据蜜蜂的活动和天气而定。T22看起来像烟灰。草莓主要是借助风媒和重力授粉，但是使用

蜜蜂传粉能产生更多的种子和更新鲜的果实。过去5年来单用蜜蜂授粉，生产的果实体积平均增长20%。一些研究表明把蜂箱放在草莓园内授粉，会使草莓果实的重量增加18%～26%。科瓦奇的研究结果也证明，蜜蜂授粉能使草莓果重增加25%～35%。这一重量的增加主要是由于更好的授粉增加了单果种子数量。蜜蜂授粉花形成的种子要比由风媒和重力传粉形成的多。近年来，草莓生产者对蜜蜂传粉的需求量也在增加。

哈茨木霉菌是康奈尔大学的一种专利真菌生防剂，已证明其对多种植物病原真菌的治理有效。位于纽约州日内瓦的Bioworks有限公司大量生产该生防制剂用于其他用途。

T22得到了美国环境保护署的认可。毒理试验表明，T22对脊椎动物没有致病性或毒性。草莓及蜂箱（生产食用蜂蜜）上使用真菌制剂需要注册并得到美国环境保护署的批准。

纽约州的草莓生产在美国排名第七，面积为886.7公顷，产量近450万千克，果实产值约960万美元。

（摘自北美草莓生产者协会通讯，2000年第一期）

草莓营养缺乏症

诺尔曼·奇尔德斯
佛罗里达大学园艺科学系，佛罗里达州盖恩斯维尔

诺尔曼·奇尔德斯　博士
佛罗里达州大学园艺科学系，盖恩斯维尔

草莓上常见N、K、Mg、Fe和B等营养的缺乏。早春冷湿的土壤会导致一种或多种缺素症状，使植株发育不良。任何一种或几种营养的缺乏都会导致产量和品质的下降，某些元素较其他元素的缺乏后果会更加严重。建议将土壤pH调至6.5左右。营养的缺乏在轻沙土或沙壤土中发生的可能性要比在壤土和黏壤土中高。

在植株和叶片没有出现明显症状时，也会发生微量元素（Mn、B、Zn、Cu、Fe和Mo）和大量元素（N、P、K、Mg和S）的缺乏，从而导致产量下降。在症状出现之前，可用组织营养分析手段进行检测，所在县的农业部门或某些私人实验室会提供检测服务。植株所需营养由早期通过滴灌施到土壤中或者叶面喷施的肥料提供。螯合物形式的肥料可被植物更快吸收和利用。可用试剂盒（盒内具说明书）测定地膜覆盖模式下草莓生长和结果期叶柄汁液中K、N和B的浓度。下面给出在第一次采果期各种营养元素（以干重为基础）的足量范围。营养缺乏症如下图。

缺氮（N）　最初表现为整个叶片呈淡绿色（图1和图2）。幼叶变小。随着果实发育，老叶开始变成橙红色。果实体积和产量都会明显减少。根少、色暗、分布范围小并与缺素量相关。在新成熟叶片中N的足量范围是3.0%～3.5%。

图1　叶片缺N（G. May）

图2　园内缺N植株呈淡绿色

缺磷（P）　导致老叶呈深绿色，小叶脉出现深蓝紫色，扩展到大叶脉，最终会导致叶片呈现蓝绿色（图3）。缺P症状可能会在花期开始出现，收获期蓝色加深。对P的需求量相对较低，种植绿肥可增加土壤有效磷含量。栽前应适当施P肥。P的足量范围是0.2%～0.4%。

草莓对钾（K）需求很高。栽前应适量施K肥。缺K（图4）首先会出现在老叶上，叶缘变红，然后可能出现坏死斑并向内扩展。严重时，幼叶可能会变成淡黄色，匍匐茎也会变短变细，根生长减缓，果实产量和品质明显下降。K过量能加剧Mg缺乏。K的足量范围是1.5% ~ 2.5%。

图3 缺P，出现深蓝绿色（G. May）

图4 缺K，叶缘灼伤状（G. May）

缺镁（Mg） 在老叶主叶脉间开始变为浅红色，然后延伸至中脉（图5）。该症状约出现在花期。匍匐茎植株很快会出现相同的症状，变小变轻。直到缺Mg症状相当明显时，花和果实才会受到影响。Mg的足量范围是0.25% ~ 0.5%。

缺钙（Ca） 一般出现在缺B之后（如果两者都缺乏时）（图5、图6、图7和图8）。出现叶尖灼，叶片较小、变形且扭曲；叶柄长度正常；花败育，几乎无种子形成，这与缺B症状相似。缺Ca严重时，老叶会出现一条横穿叶片中心的微紫色条带，随后开始坏死。根的生长量减少。Ca的足量范围是0.4% ~ 1.5%。

图5 缺Mg，叶脉间枯焦（G. May）

图6 轻度缺Ca，叶片卷曲（G. May）

图7 严重缺Ca时的叶片症状（G. May）

图8 缺Ca使匍匐茎干枯（G. May）

缺硫（S） 使幼叶变小且呈浅黄绿色（图9）。这与缺N症状相似，但缺S症状表现在幼叶上而缺N则首先表现在老叶上。缺S的原因可能是所施化肥不含硫或是园区周围极少或无工业烟尘。

缺硼（B） 使幼叶发育不良、皱折、扭曲、最后趋于“方形”（图10、图11、图12和图13），还可能会出现叶尖灼。B对于花粉萌发非常重要，因此，缺硼时果实较小，其上没有或只有松散的种子。或许会增加新茎分枝，根生长发育不良。B过量会出现危害，应用时要谨慎。B的足量范围是在20 ~ 40毫克/千克（译者注：即百万分比浓度）。

图9 缺S（右侧）使整个幼叶变为浅绿色（G. May）

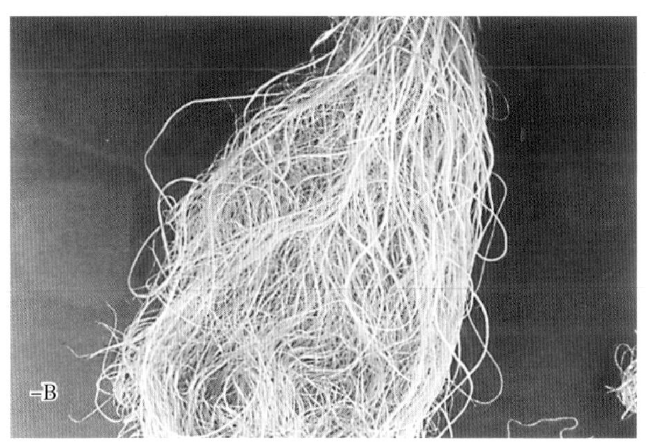

图10 B充足时的根系状态（G. May）

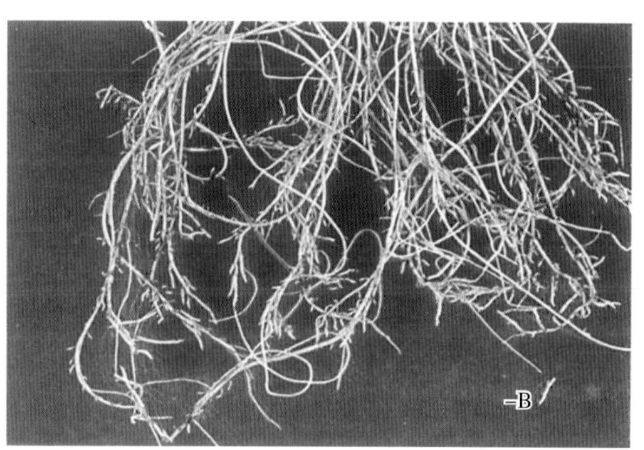

图11 缺B时的根系状态（G. May）

图12 缺B使叶片生长不对称（G. May）

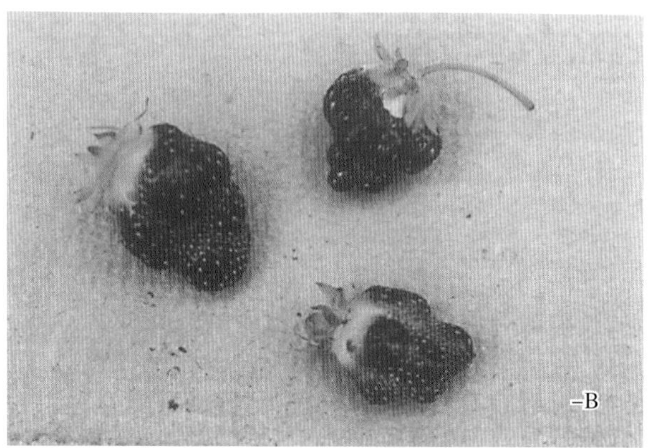

图13 缺B引起的果实畸形

缺铁（Fe） 首先会出现在幼叶上（这如缺乏大多数微量元素一样），表现为幼叶发育不良并呈黄白色，但叶脉绿色（图14）。匍匐茎的长度不受影响，但匍匐茎苗矮小且重量轻。避免过度施用石灰，通过施加铵态氮肥和硫磺降低土壤pH会增加Fe含量。叶面喷施螯合Fe可暂时缓解缺Fe症状。Fe的足量范围是50 ~ 100毫克/千克。

缺锰（Mn） 在草莓生产中不常见，但在土壤pH较高或过度施用石灰的园区可见。草莓较耐土壤高Mn含量。当缺乏时，老叶主叶脉变深绿色，叶脉间变浅绿，呈“人”字形。果实较小，果色较浅。严重缺乏时，会有一些斑点出现。Mn的足量范围是30 ~ 100毫克/千克，800毫克/千克就会过多。

图14 缺Fe引起的幼叶黄化

图15 缺Mn主脉深绿色，主脉之间浅绿色，呈“人”字形。缺素严重时出现斑点

缺锌（Zn） 是北美果实生产中的常见现象。植株可能无法利用土壤中的Zn。缺Zn表现为幼叶较小、畸形，脉间变白泛黄，叶缘波状。可以通过滴灌施肥或叶面喷肥补给。过量石灰和高土壤pH都会加重缺Zn。在15 ~ 30毫克/千克就会出现缺Zn症状，15毫克/千克以下症状严重。

缺铜（Cu） 症状在草莓上通常不明显，但Cu也是必需的微量元素。目前有Cu制剂，但单独喷Cu对植株叶片高毒，因此必须与石灰结合来保证其安全性。Cu的足量范围是5 ~ 10毫克/千克。

缺钼（Mo） 主要发生在酸性土、沙土和淋溶土中生长的甘蓝等植物上。在草莓上不常见，也无相关描述。可通过叶面喷施或滴灌施肥进行微量补给。Mo的足量范围小于1毫克/千克，但在有些植物上范围为5 ~ 8毫克/千克。

狗和电动围栏对草莓的保护

威斯康星州的艾伦（Allen）和朱迪·波特（Judy Porter）用隐藏电围栏加上金毛犬和布莱克拉布拉多猎犬保护他们的草莓免受鹿（鹿会把积雪、覆盖物移到一边、啃食叶片、踩穿地膜）、负鼠（小袋鼠）、火鸡、鹤及其他野生动物的伤害。这些狗脖子上佩戴一个能接收信号的项圈，当有动物穿过电围栏时，这些训练有素的狗就会立刻感知并捕获或驱赶冒犯者。该系统尤其在狩猎和果实收获季受到广泛应用。

草莓生产中的草害治理

杂草治理专家 莱斯利·霍夫曼（Leslie Huffman）
加拿大农业部NORIGO，安大略省哈罗

在新建草莓园进行低垄毯式栽培之前，生产者必须尽早规划其草害治理工作（参见本书第二部分“草莓地膜覆盖栽培”）。无多年生杂草且其他草害不重的新园区有利于其草莓生产的顺利进行。

种植前一年：建议秋季种植黑麦（135升/公顷）等绿肥作物。生长旺盛的绿肥作物能提高土壤有机质含量并抑制一年生杂草生长（以及所产草籽）。使用2，4-D类除草剂能减少阔叶杂草且不影响绿肥作物的生长。

在定植前一年使用系统性除草剂如草甘膦（Roundup）（注：需严格根据标签说明使用）可消除多年生杂草。成功的关键是施用的浓度要高（按照标签上治理多年生杂草的说明进行）且在多年生杂草最敏感期施用。治理各种杂草的最佳时期如下：偃麦草旺盛生长并且叶片数达到6片时、乳草属杂草刚萌发时、旋花类杂草花量达到10%时、罗布麻盛花期过后、加拿大蓟和苦荬菜在萌发早期。在此时期，杂草会将贮存养分向下运输至根系，同时将草甘膦运至根部而将其杀死。

定植当年：草莓苗应定植在无草土壤中。种植前使用芽前除草剂氟乐灵（Treflan）进行除草效果好，在定植后四周内要进行耕作和锄草。在矮金鱼草或野生紫罗兰泛滥的园区，也可在定植两周后施用敌草索（Dacthal）。可在定植4周后通过灌溉施用草萘胺（Devrinol），但这可能会抑制新匍匐茎生根。一年只允许使用一次草萘胺，秋季使用最佳。大多数生产者会在草莓定植约6周后使用低浓度的特草定（Sinber）除草，这时草莓母株根系已初步形成但匍匐茎还没大量形成。如果以上措施不能消除阔叶杂草，在早期可使用2，4-D治理阔叶小杂草类，但要避免在匍匐茎生根时和8月中旬后花芽分化时施用。可使用（一年只允许使用一次）P-丁基丁基吡氟禾草灵（Fusilade Ⅱ）清除禾本科杂草，但在施用特草定14天内禁用。在9月初使用特草定、敌草索或草萘胺对防止秋天滋生的一年生杂草在冬性生长至关重要，施用低浓度就有效。然而在深秋霜降后草莓进入休眠期，则需施用最高浓度的特草定或草萘胺。

结果期：如果深秋施用特草定或草萘胺，春季草莓覆盖后就不需再用除草剂。对移除覆盖后长出的偃麦草或自生性谷物，在草莓开始采收30天前都可使用吡氟禾草灵治理（通常在初花期使用）。如有必要，在此期间也可使用特草定、敌草索或草萘胺，但需遵循标签说明进行。施用吡氟禾草灵后14天内禁用特草定以免引起草莓叶片灼伤。另外，在无杂草千里光的情况下，草萘胺适合于秋季施用。

草莓植株更新有利于施用除草剂如2，4-D（常用于蒲公英）、吡克草（Lontrel）（常用于蓟类、野豌豆和牛眼菊）和草甘膦（用于消除灯草）治理杂草。施用这些除草剂7 ~ 10天后进行植株更新。由于已割除草莓植株地上部，留存部分能耐高浓度的特草定，但如果之前施用过吡氟禾草灵，需等14天后才能使用特草定。某些生产者使用克无踪（Gramoxone）使草莓行变窄，这比进行耕作对一年生杂草的治理效果好很多。

8月中旬前后，通常要打掉后期的匍匐茎，将漏掉的杂草耕除，施用氮肥促进花芽分化，并在9月初施用特草定、敌草索或草萘胺等除草剂（参照“定植当年”部分）。在深秋使用的除草剂与植株定植时的一样，不同的是可以使用特草定。

新栽培模式：在安大略省和美国东北地区，很多生产者都在采用地膜覆盖栽培模式。虽然该模式中也会出现草害，但比毯式栽培容易治理。主要问题是防止冬季一年生杂草的出现、控制垄间的杂草生长及如何处理废地膜。可在垄间利用克无踪或覆盖作物来抑制杂草，栽前使用的熏蒸剂减少了苗孔周围的杂草，但如何处理废地膜仍是一个难题。

接下来该何去何从？我们正在寻找新型、高效、安全的草莓除草剂，但短时间内很难实现。目前，可用于草莓生产的除草剂有限，生产者正试图利用各种栽培措施来除草，这就是杂草的综合治理（IWM），众多草莓生产者已在运用该理念。

在园地周围进行杂草预防很关键，这尤其是在当地政府对路旁杂草治理不足的情况下。

栽培模式　与蔬菜生产者已采用的最少量耕作栽培模式相似，这也许适应于草莓定植的当年。蔬菜生产者采用了种植覆盖作物，然后用除草剂将其全部杀死或仅在种植行上耕作。某些生产者在行两侧设置风障。通过调节定植机将蔬菜直接种植在覆盖作物残留上，以此来抑制杂草并保持水分。

杂　草　图

生长习性：一年生或冬季一年生，有时二年生。

繁殖方式：种子。

危害：花期从5月初至8月，有时至秋季，产生大量种子，常在早秋萌发并与草莓进行强烈竞争。

治理：

- 在新定植园区，进行耕作以除去嫩草。
- 利用敌草索消灭嫩草。于春季萌发时、草莓植株更新时、9月初和覆膜前施用。
- 利用特草定也能消除该杂草，施用关键期为9月初。

野生堇菜（*Viola arvensis*，紫罗兰属）

生长习性：多年生。

繁殖方式：种子或地下根状茎。

危害：花期从6月持续至秋季，产生大量种子。能够形成密集的根状茎，与草莓进行强烈竞争。使用芽前除草剂无效。

治理：

- 在草莓植株更新时施用吡克草。
- 避免该杂草结籽。

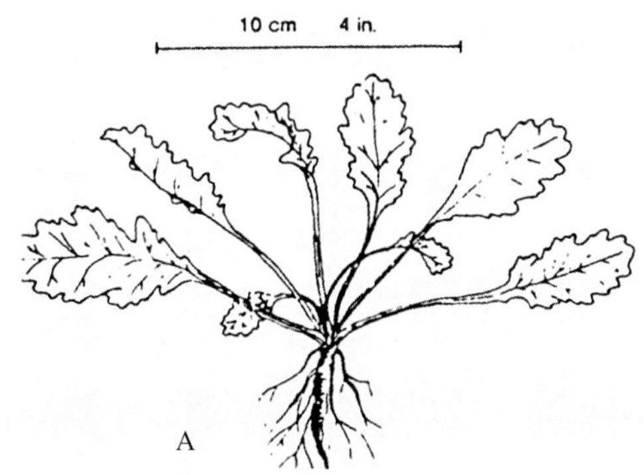

滨菊（*Chrysanthenmum leucanthemum*，菊科，紫苑属）

生长习性：多年生。

繁殖方式：种子、地下根状茎或块茎。

危害：在湿润的沙质土壤上能迅速传播并与草莓进行竞争。其块茎和小坚果能够存活很久，会在耕作时四处扩散。吡氟禾草灵和草甘膦对其无效。

栽前治理：

● 最佳治理期为草莓定植前。可与玉米或蔬菜作物轮作，轮作期间使用高效异丙甲草胺（Dual）进行除草。

● 7月油莎草果实开始形成前进行耕作或割草。移入新园前，需将割草机清理干净。

● 坚持连续除草，因该草很难治理。

栽后治理：

● 该杂草刚出现时进行耕作。

● 施用高浓度特草定会有一定的抑制作用。

● 持续人工锄草。

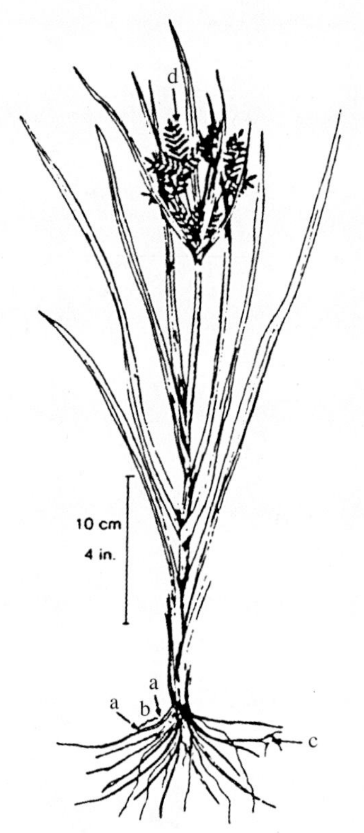

油莎草（*Cyperus esculentus*，莎草科）

生长习性：多年生。

繁殖方式：种子或匍匐根系。

危害：柳穿鱼草一旦成活就会迅速传播，与草莓形成强烈竞争。难以用除草剂治理。

治理：

在草莓上：

● 刚萌发时施用敌草索。

● 点喷草甘膦，对草莓植株更新后15厘米高的杂草具一定的抑制作用。

在其他作物上：

● 通过耕作可抑制该杂草，但也会将根系扩散到新土中。

● 与玉米轮作并使用氨基三唑（Amitrol）来治理。

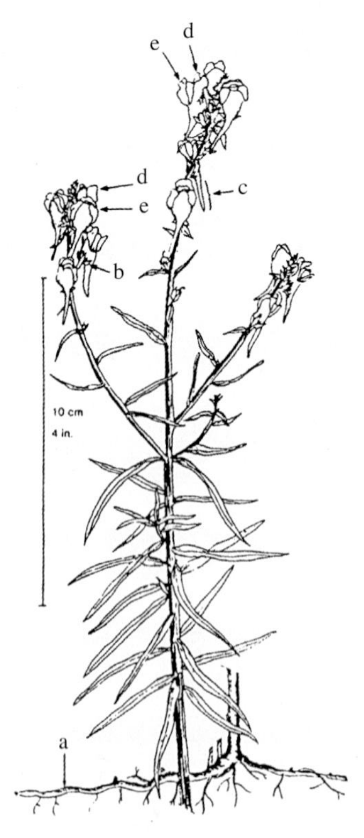

柳穿鱼草（*Linaria vulgaris*，玄参科，金鱼草属）

生长习性：多年生。

繁殖方式：种子。

危害：该矮生杂草能在整块草莓园中传播。大部分除草剂都对其效果差。

治理：

- 通过耕作来控制小草生长，但随着新草不断涌现需频繁耕作。
- 一年施用4次敌草索能对嫩草起到一定的抑制作用。
- 需要通过割草来抑制种子形成。

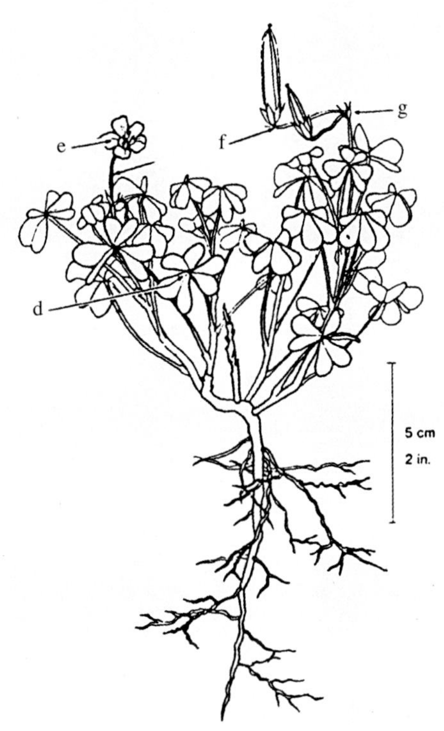

酢浆草（*Oxalis stricta*，酢浆草科，酢浆草属）

生长习性：多年生。

繁殖方式：仅靠种子繁殖。

危害：花期从春季持续到秋季，种子能随风传播很远。

治理：

对嫩草：

- 种子萌发前使用特草定或敌草索能控制其蔓延。

对成熟草：

- 在草莓植株更新前施用2，4-D可控制蒲公英生长，几天后再进行更新。但不要在8月中旬至蒲公英进入休眠期施用。
- 植株更新时使用吡克草也能对其进行治理。

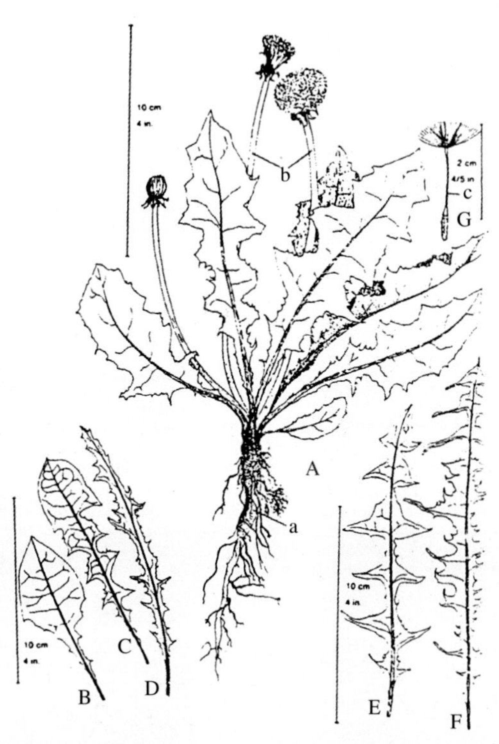

蒲公英（*Taraxacum officinate*，菊科，紫苑属）

A. 植株；B ~ F. 不同植株叶片形状和叶尖的变异；G. 种子

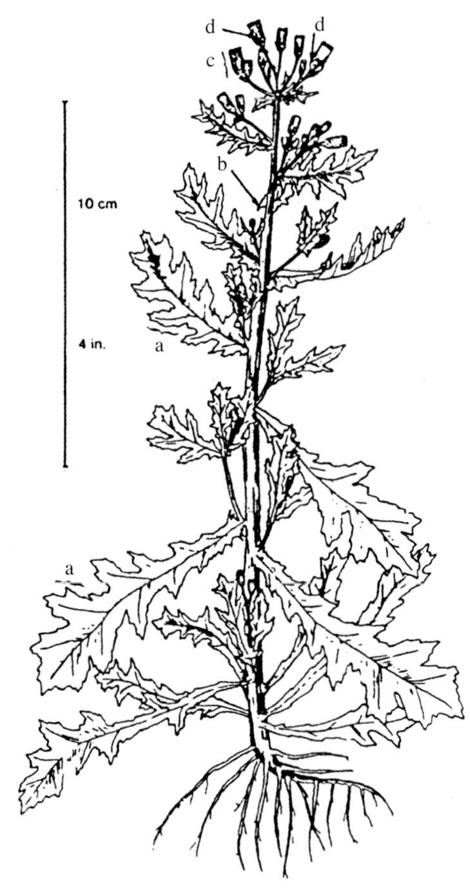

欧洲千里光（*Senecio vulgaris*，菊科，紫苑属）

生长习性：一年生。

繁殖方式：种子。

危害：花期为6 ~ 10月。整个夏季种子都可萌发，会产生大量后代并与草莓进行强烈竞争。

治理：

● 第一片真叶长出时进行耕作。

● 种子萌发前使用草萘胺能够抑制其生长，但需在春季、草莓植株更新时、9月初及覆膜前施用。

● 一旦该杂草长大，在草莓植株更新时施用吡克草有效。

注意：为防止因光照而失效，应在灌溉或降雨后两天内使用草萘胺（深秋时7天内）。

提示：一定要杜绝千里光结籽。

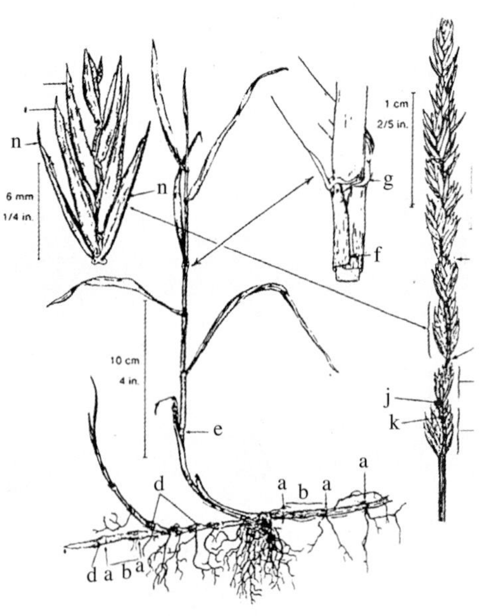

偃麦草（*Agropyron repens*，禾本科）

生长习性：多年生。

繁殖方式：种子或地下根状茎。

危害：能够在密集的植物群体中传播，能与包括草莓在内的所有作物进行强烈竞争。

治理：

● 定植前：一年中最佳的除草时间是在定植前。春秋两季当偃麦草达到4 ~ 6片真叶时施用中等浓度的草甘膦最有效；也可在春季定植时施用，但这样会推迟定植时间。

● 定植后：移除覆盖后或草莓植株更新时偃麦草长至3 ~ 5片叶时施用高浓度的吡氟禾草灵（一季只允许施一次）。

● 在采收前30天以上、植株更新时或秋季霜冻时，点喷或刮涂草甘膦。

生长习性：一年生。

繁殖方式：种子。

危害：花期6～9月，产生大量种子，特草定对其无效。

治理：

● 当该草幼嫩时进行耕作。

● 在早春种子萌发前施用敌草索。每次更新后、9月初和覆膜前喷药以消除后来萌发的植株。

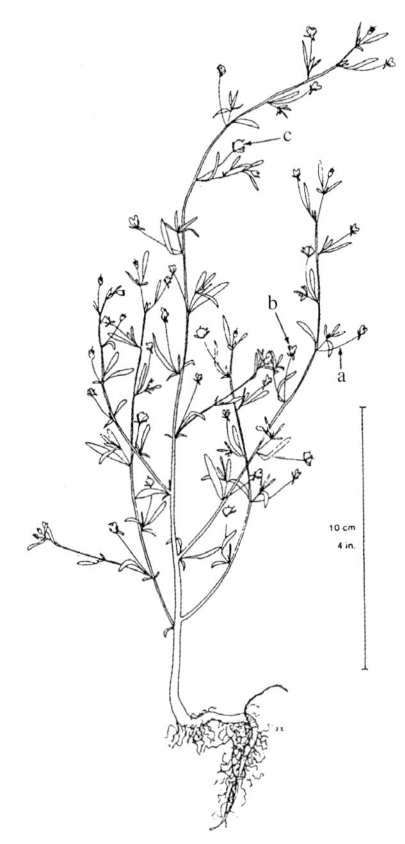

矮金鱼草（*Chaenorrhinum minus*，玄参科，金鱼草属）

生长习性：一年生。

繁殖方式：仅靠种子繁殖。

危害：该杂草在土壤中留下大量种子。相比其他一年生杂草，它对吡氟禾草灵的敏感性低。早春施用吡氟禾草灵时常因其还未萌发而无效。

治理：

● 定植前施用氟乐灵来抑制其种子萌发。

● 移除覆盖后立即施用草萘胺、特草定或敌草索。草莓植株更新、9月初和覆膜前重复施用这些除草剂。

● 如果同时存在偃麦草，于春季施用高浓度的吡氟禾草灵，等到该草大量出现时喷施。

● 在草莓植株更新前点喷或刮涂草甘膦。

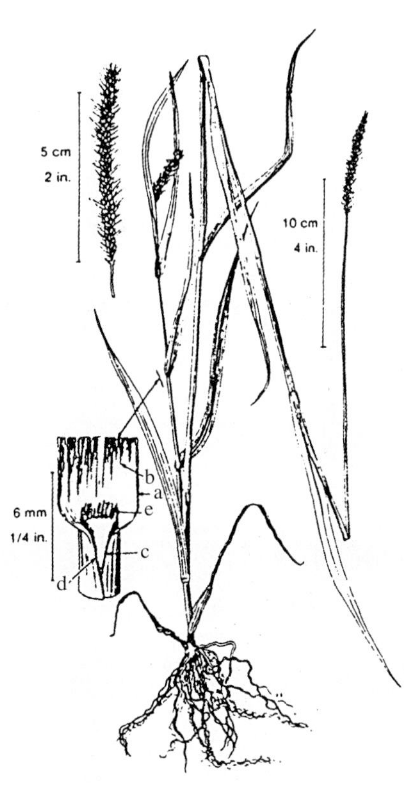

狗尾草（*Setaria viridis*，禾本科）

表1　草莓地膜覆盖生产中的化学除草（W. M. Stall等，佛罗里达大学，盖恩斯维尔或多弗[1]）

除草剂	目标作物	使用时期	用量（千克有效成分/公顷）	
			无机形式	有机形式
稀草酮（Clethodim）（Select）	草莓	出苗后	0.045～0.056	—
注意：可用Select来控制一年生和多年生禾本科杂草。确定喷雾量后加入1%体积的植物油。单次用量每公顷不得超过232 mL。采收前4天内禁用。				
敌草胺（Napropamide）（草萘胺 50DF）（草萘胺 10G）	草莓	移植后及缓苗后	0.9～1.8	—
注意：能够控制一年生禾本科杂草和一年生阔叶杂草。随灌溉将药液渗土中5～10厘米。对成熟杂草无效。从草莓花期至采收期禁用。				
百草枯（Paraquat）（Gramoxone Extra，Boa）	草莓	出苗后直接喷施	0.21	—
注意：芽后直接喷施，来控制垄间一年生阔叶杂草、禾本科杂草及多年生杂草。每公顷施用量为0.6升Gramoxone Extra或0.9升Boa，每公顷喷雾量不少于187升。为防止药剂接触草莓植株，在喷施时应对其进行防护。药液中需加入非离子型表面活化剂。每生长季使用不得超过3次。采收前3天内禁用。				
MCDS（Enquik）	草莓	出苗后直接喷施或在垄间喷施（需对草莓进行遮挡）	20～30升	—
注意：能够控制多种阔叶杂草植株，但对禾本科杂草作用小。每公顷喷雾量187～468升。每380升药液加入0.5～1升非离子型表面活化剂。Enquik对尼龙腐蚀严重，因此需使用非尼龙型塑料或316-L不锈钢喷雾设备。使用前须仔细阅读标签说明，遵循其所有规定。				

[1]应严格根据当地标签说明施用。

草莓生产者通常在定植、植株更新和花芽分化阶段撒施化肥。但这些养分也会被杂草利用（杂草对肥料的利用效率也许比草莓还要高），因此撒施化肥可能会产生更多的杂草。可以考虑用条状施肥来防止本应受益于草莓的养分被杂草吸收。这在地膜覆盖栽培模式中已经采用。

覆盖作物不仅能够抑制杂草生长，还具有提高土壤有机质含量、防止土壤冲蚀和涵养水分等优点。某些生产者利用活体覆盖物来为冬季保护性栽培提供无杂草环境。当稻草缺乏时，某些生产者尝试了这种方法，但面临着除草剂药害和覆盖作物的竞争问题。我们应该重新考虑如何种植覆盖作物、调节土壤肥力和种植时间并考虑怎样使用除草剂才能避免药害。使用化学方法进行植株更新和使用免耕打孔定植技术也许是一个解决途径。研究人员正在寻找除黑麦外更适宜的覆盖作物。

栽前覆盖作物对抑制杂草也许更有效。我们正在研究利用栽前覆盖作物来抑制线虫，但新的结果显示某些覆盖作物却对控制多种杂草效果更好。康奈尔大学的马温·普利茨正在探索能抑制杂草和线虫的轮作作物。他的一次试验结果表明，将万寿菊作为覆盖作物能够减少70%的杂草，并且能控制线虫。他的另一研究结果表明，毛野豌豆、万寿菊和黑麦轮作与草莓连作相比，草莓产量提高了60%。

随着高效农具的开发，我们有必要重新考虑耕作设备。康奈尔大学的马温·普利茨和位于魁北克加拿大农业部的戴安·比诺特（Diane Benoit）都一在致力于研发不同的农机设备，尤其是与普通旋耕机功能不同的旋耕机。普利茨博士的研发是针对草莓生产，而比诺特博士的研发则主要针对蔬菜生产，但他们的成果很相似。锄草刷和指状除草机能够控制行内的小草，利用该设备除草3次加上人工除草两次，就能彻底抑制种植当年的杂草。康奈尔大学将机械除草、除草剂除草和人工除草这3种除草方式在耗资和草莓产量上进行了经济学比较，发现在草莓种植当年前者比后两者更合算。进一步改善农机的性能将会使其在草莓生产中发挥更大的作用。

为了进一步提高杂草治理效果，有关控制杂草关键时期的信息不可缺少。对大多数作物而言，早期的控草工作至关重要，对草莓也是这样。在定植当年，至少要在头两个月需控制住杂草蔓延，最好能持续到8月，翌年的匍匐茎繁殖能力与果实产量都能达到最高水平。康奈尔大学的马温·普利茨研究发现，如果能在定植当年保持无杂草，次年繁茂生长的草莓植株就几乎能完全抑制杂草生长。但在第三年，杂草还是会造成危害并降低果实产量（尚未确定其确切危害期）。

最重要的是，我们需要不断了解杂草，正确地识别并观察其生物学特性。还要考虑通过改善草莓栽培措施来更有效地治理杂草。在21世纪，这将是一项巨大挑战，我们要运用杂草综合治理（IWM）的所有措施来控制草莓生产中的草害。

致　谢

本章杂草图引自莱斯利·霍夫曼1997出版的《草莓更新培训》，加拿大安大略省。

草莓生产中的除草机具

马温·普利茨（Marvin P. Pritts）
康奈尔大学，纽约州伊萨卡

曲齿耙（flex-tine harrow，FTH） 耙杆上安装着一个带有尖齿的浮床，这样就能在不平整的地面上进行高速浅耕。随着穿梭于垄上，其齿耙不断震动，能够除掉刚萌发（子叶期，即第一片叶期）的杂草且不伤害草莓根系。这种齿耙不会将土壤深层的草种带到表层，还能同时高速进行多垄操作。但这种农具的使用时期非常严苛，只能在杂草处于第一片叶时使用。

锄草刷（brush hoe，BH） 具有由动力输出轴驱动的塑料毛刷，能在水平面上不断旋转（和清路机类似），来刷掉土壤上的小草。可通过调节导向轮来改变耕作深度。能除掉高达25厘米的杂草，并且刷起的土壤能掩埋垄内杂草并能延迟草种萌发。使用的时机并不严格，但土壤不能很湿。该设备使用时需两人操作，垄必须直，而且移动缓慢。

指状除草机（finger weeder，FW） 专为控制垄内杂草而设计。它具有3对由地轮驱动的转动手指：两对在前面推开土壤并将杂草从垄内连根拔起，第三对将土壤复位，并将漏掉之草埋入土中。该农具轻便，可用小型拖拉机牵引。但必须辅之以垄间耕作且速度缓慢。在匍匐茎形成前，需使用旋耕机在垄间耕作一次。

常规旋耕机或复式变换器（rototiller/multivator） 专为拔出并收集垄间杂草而设计。耕作时会将草种由地下带到地表而促使其萌发。

我们对这些除草农机具进行了试验，在一毯式栽培的草莓新园区评价了除草剂草萘胺和以上4种农机具的除草效果。在除草农机具不伤害草莓匍匐茎的前提下不能控制杂草时，将试验区域一分为二,一半维持原处理，而另一半用草萘胺进行除草。旋耕结合人工除草是一种常规措施，也是耗资最多的处理方式，而只施用草萘胺耗资最少，但却杂草最多且产量最低。在生长季末期，虽然各处理的杂草总量差异很大，但只要前期能够控制住草害，最终就不会对产量有显著影响。结果显示，较有前景的除草方式是使用锄草刷，它能够极好地控制杂草而无需使用除草剂，同时也是耗资最少的处理方式之一，该试验区的产量也很高。如果草莓生产者能够对该型号的锄草刷稍加改良，使其能在整个生长季中覆盖逐渐变宽的垄，其除草效果会更好。

鹅与除草（weeding with geese） 每6亩草莓园中放养6 ~ 8只1个月大的幼鹅，设置围栏并提供鹅窝，且在园地的四角提供谷物与水，可在草莓毯式栽培的第一年抑制禾本科杂草以及刚萌发的嫩草。在雨水多的年份，禾本科杂草蔓延，草种大量萌发，会使耕作困难，利用该法治理草害效果好。在当前强调食品安全（需尽量避免微生物污染）的形势下，一般不会在采收年中放养鹅，即使放养，也只会在回暖的第一个月前后进行。

结　论

草莓生产者应确保在匍匐茎形成前园中无杂草。使用经改良的锄草刷（BH）会减少大多数生产者的人工除草费用，并在定植当年不需使用除草剂。如果生产者计划使用除草剂，最好的做法是在匍匐茎苗生根前先用耕作机具进行除草，然后使用除草剂。

如果生产者仅依赖除草剂进行除草，很可能会因杂草产生抗药性而使除草剂无效。毫无疑问，短期内不会有新型的除草剂出现来挽救这种趋势。应在栽前准备和作物轮作上多花精力，并优化当前除草剂的功效。请看栽培论文的图片。

总　　结

治理草莓草害有4种策略：1）首先，在栽植前一年杜绝多年生杂草；2）在园地四周进行常规割草来防止草种传入，并使用无草种覆盖物；3）在适宜的时期通过耕作、地面覆盖、使用除草剂和增大定植密度来预防草种发芽生长；4）当杂草出现后并在结籽前将其消除。杂草少的草莓园，病虫害也会减少，并且能够取悦前来采摘的顾客。

（引自：美国东北部、中西部和加拿大东部草莓生产指南。NRAES，康奈尔大学，纽约伊萨卡）

A. 曲齿耙的耙杆上安装着一个带有尖齿的浮床，可在不平的地面上高速浅耕；B. PTO锄草刷具有水平旋转的塑料毛刷，能够除去田间的小草，通过导向轮调节耕作深度，在地区性北美草莓生产者协会会议中参展；C、D.该草莓采收辅助工具由位于威斯康星麦迪逊460亨利·豪的生物系统工程公司设计，称作“趴着工作站”（图片由Astrid Newenhouse提供）；E. 威斯康星州詹姆斯维尔的秀·何作顿（Sue Hazelton）用可调捆绑式辅助采收凳采摘丛生果实。F. 威斯康星大学鲍勃麦尔（Bob Meyer）主持的“健康农民多获利”项目正在试用一非机动辅助采收样车，该车结构简单，价值约150美元。（Astrid Newenhouse，Marcia Miquelon，Biological Systems Engineering，460 Henry Hall，Madison，WI53700）。

食品安全与小果生产

伊丽莎白·宾·韦伯（Elizabeth Bihn Weber）
良好的农业操作项目
康奈尔大学，纽约州日内瓦

几十年来，与果蔬消费有关的食源性疾病发病率翻了一番多。从农场到餐桌这一食品生产和供应链中任何环节都有可能发生污染。一旦发生细菌、病毒或寄生虫等有害微生物污染，就很难将其消除。因此，防止污染势在必行。我们开展了“通过良好的农业操作来降低美国果蔬微生物污染风险”的项目，该项目由美国农业部联邦研究、教育和推广服务（CSREES-USDA）部门的食品安全和质量增进项目及美国食品和药品管理署（US-FDA）项目资助，其目的是培训生产者认识食品安全生产的重要性，提供教育资源来辅助评估并防止从农场到餐桌这一食品生产和供应链中每一操作环节中的微生物污染风险。

纽约农业试验站的伊丽莎白·宾·韦伯 在纽约尼亚加拉瀑布举行的北美草莓生产者协会年会上发言

良好的农业操作（GAPs）项目合作者有16个州，该项目已经制定了使用农产品安全教材的完整教育模式和推广体系，以开设培训班的形式将这些信息传授给培训人员，再由这些培训人员负责培训基层农民。题为《食品安全始于农场：生产者指南》的小册子是最初的教材之一。它提供了与新鲜农产品相关的一些食源性疾病信息，并针对农场主、农场经理、农工、包装车间经理、包装工、教育推广人员以及农业部工作人员如何避免果蔬在农场和包装车间感染微生物提出了建议。

众人踊跃参加北美草莓生产者协会年会（摄于北卡罗来纳州罗利市）。在2月会前和会后举行了趣味横生的旅游

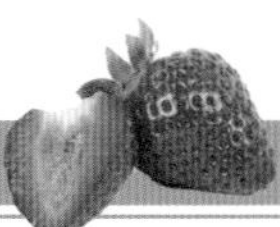

无论生产者是将农产品送到超市还是直接销售给消费者，食品安全都非常重要。GAPs项目主要致力于3个领域：有机肥的使用、灌溉用水的质量和农场工人的培训。通过这3个方面使食品安全风险降至最低，生产者就能提高产品质量及其安全性。GAPs项目同时强调做好准备的重要性。随着公众对食品安全的关注逐渐提高，生产者必须做好回答食品安全相关问题的准备。还要制定一项农场预备计划以应对发生的任何食品安全问题。公众最感兴趣是通过公开生产实践过程来降低微生物污染风险。GAPs项目希望通过良好的农业操作与做好准备相结合，能为消费者提高果蔬产品的安全性。

第四部分　草莓多年生低垄毯式栽培模式

多年生草莓的生产与营销

马温·普利茨（Marvin P. Pritts）
康奈尔大学果树蔬菜科学系主任，纽约伊萨卡

在世界各地的寒冷地区，常对草莓进行多年生低垄毯式栽培来使其多年结果。秋、冬两季的低温和短日照促进了春末的开花与结实，而夏季的长日照则促生大量的匍匐茎。草莓进行多年生栽培时，在第一个生长季中，生产者通常会低密度定植以促生匍匐茎来形成"毯式垄"，而不是去除匍匐茎（图1）。植株密度从起始至第一个生长季结束，由每公顷约17 300株增长到247 000株。在第二个生长季的春季，母株及其子株都会开花结实。在第二年及以后几年的春末夏初，该栽培模式每年可生产果实13 500 ～ 16 800千克/公顷，最高可达28 000千克/公顷。该栽培模式起始成本低且风险小。产量和果实体积往往会随着栽培年限的增长而减少，因此其生产通常在3 ～ 5个结果季后就结束。另一种多年生栽培模式是"带状"高密度栽培，该模式在定植当年就能结果，翌年产量很高（可达33 600千克/公顷）。下面我们就对这两种栽培模式分别进行介绍。

马温·普利茨，康奈尔大学，纽约伊萨卡

园地选择　草莓多年生栽培最好选择在排水良好、土壤有机质含量中等以上（>2%）的土地上进行。如果排水性差，可采用高垄或铺设排水设施。土壤要肥沃且pH为6.5左右。根据土壤测试结果[1]，栽前施肥和施石灰对土壤肥力和pH进行分别调整。沙质壤土最好（图2）。一般而言，适合种植苜蓿的园地也适合栽培草莓。

如果不进行轮作，同一园地不能连续5年以上栽培草莓。草莓连作时间越长，根系病害就会越重（图3）。同时，土壤中的除草剂残留会抑制草莓生长并使其易染根部病害。某些毯式栽培品种易感黄萎病，因此要注意不能在种植过茄属如番茄、土豆、胡椒、茄子和烟草等作物的土地上栽培草莓。必须对所有园区进行线虫检测。当根系病害和线虫危害严重时，就需要进行土壤熏蒸或种植覆盖作物。

1　联系当地的农业推广部门（通常位于县政府附近）或私人土壤测定实验室。

图1　管理良好的低垄毯式草莓园，垄上密度约为每平方分米1株草莓，垄间杂草很少（除特殊注明外，所有图片均由M. Pritts拍摄）

图2　草莓在排水良好的沙质壤土中长势最好

图3　随着栽培年份增加，根系病害加重（K. Wing）

图4　休眠草莓移栽苗以每束25株进行销售

园地应靠近水源，如果进行自采摘销售，还需靠近主要公路。同时，还要考虑该地区同行的竞争。

园地准备　园地准备的关键步骤是要消除多年生杂草。这是因为可用于草莓生产的除草剂很少，且这些除草剂对多年生杂草的抑制效果不理想。杂草对草莓生产危害巨大，其程度超过病害和虫害。此外，杂草还有助于病虫害的传播。在栽前的一年除草要比栽后进行容易得多。很多生产者在栽前的夏季没有除去园中的多年生杂草，而直接进行草莓栽培，在接下来几年中才试图利用多种除草剂来消除草害。

在栽前的夏季进行轮作，并配合使用广谱性芽后除草剂（如草甘膦），是一种有效的除草方法。反复耕作或用黑色塑料膜进行几个月的覆盖也很有效。最理想的做法是，在栽前2～3年就开始准备园地，消除多年生杂草，这对有机生产尤为重要。

使用高浓度的土壤熏蒸剂也能抑制杂草，但在全球范围内该方法的使用已受到限制（由于其影响环境、可用性和费用等问题）。在土壤病、虫和草害严重的情况下需要进行土壤熏蒸。在熏蒸时，土壤需要疏松、温暖（>10℃）并且没有腐烂植株残体。栽前的夏末或秋初为最佳熏蒸期。

栽前需测定土壤的酸碱度和钾、镁、磷、钙、硼等营养元素含量。在园中以V形取样，每块园地至少在10个不同位点进行取样。取样应在表土层（25.4～30.5厘米）进行。根据测定结果，在耕前撒施适量的肥料。由于土壤测定程序尚未标准化，需遵循测定实验室的要求进行取样。不同测定单位的结果差异很大，因此不要只采纳一个实验室的测定结果。

在栽前向土壤中施入足量的钾、磷、镁和钙，以满足生产期所需，并按需求补充其他营养。如果栽后才施用，这些营养就很难满足草莓生长所需。

使用石灰或硫黄来调整土壤pH需一年的时间，因此必须在种植前一年就实施。某些养分如磷，难溶于水并且在土壤中移动缓慢。磷由土壤表层到达根系层被植物吸收需要数年的时间，因此在栽前就要向土壤中施加足量的磷并将其与根际土壤混合。

栽前将动物厩肥或豆科绿肥混入土中，可作为良好的缓释氮源。动物厩肥中还含有大量的钾、磷和钙，但其镁含量很低，且是潜在的草种来源。厩肥在栽前需经腐熟后施入土中，以此将果实感染致病微生物的风险降到最低并减少草种萌发。使用厩肥提供养分时可能需要添加镁肥。

栽前应安装灌溉系统，因为栽后需要立即灌水。栽后使用的任何芽前除草剂都需要有雨水或灌溉水才能发挥作用。因此，灌溉系统需在栽前就准备就绪。同时，在早春时节，灌溉系统还是防霜冻的有效工具。由于滴灌省水，在采收期间也能使用，还能减少垄间的杂草，许多采用毯式栽培的生产者都将喷灌转变为滴灌系统。

栽前一年种植覆盖作物是改良土壤和抑制杂草生长的好方法，如果覆盖作物选择适当（如万寿菊和苏丹草），还能抑制线虫（表1）。当土壤为沙土或其有机质含量低时，种植覆盖作物作用最大。大多数覆盖作物都能适应与草莓相同的土壤条件。除需额外施加氮肥（45千克/公顷，播种前施加）、有时还需施加磷肥外，无需施其他肥。

表1　适合于毯式草莓栽培的覆盖作物（栽前1年进行）

覆盖作物	最晚播种日期[1]	播种量（千克/公顷）
黑麦	10.01	90～112
燕麦	09.15	67～112
小麦	09.15	90～112
野豌豆	09.01	34～45
黑麦草	08.15	17
大麦	08.15	84～112

（续）

覆盖作物	最晚播种日期[1]	播种量（千克/公顷）
草木樨	08.15	22
红三叶草	08.15	11 ~ 22
荞麦	08.01	84
万寿菊	07.01	6 ~ 11
苏丹草	07.01	56 ~ 101

[1]该播种日期适合北部地区。如进行毯式栽培的地区较温暖，可延后播种。

当种植覆盖作物只是为收获谷物或秸秆时，可以采用最小播种量。但若需要生长旺盛、密集的覆盖物来抑制杂草并提高土壤有机质含量时，则建议加大播种量。

通常会将覆盖作物在栽前的秋末或早春翻耕入土中。含氮量低的覆盖作物（谷物和禾草）应在秋初就进行翻耕以利其充分腐烂分解（除非土壤或地理条件易于残株腐烂）。豆科作物含氮量高且分解迅速，可在定植前一个月内翻入土中。

毯式的形成 仲春时期（4 ~ 5月），定植休眠移栽苗（图4和图5），株距为31 ~ 61厘米，行距为1.1 ~ 1.3米（12 350 ~ 20 500株/公顷）。移栽后必须灌透水。这对于毯式的形成很关键。第一年，匍匐茎长满垄内株间形成地毯状（图6）。定植越早，匍匐茎苗的数量就会越多。定植晚则效果差，因为匍匐茎苗数会随着定植延后而减少。如果必须在春末定植，则应适当减小株距。如在夏初定植并且株距很大，常会导致栽培失败，因为匍匐茎产生量低，子苗无法长出足够的叶片并形成花芽。随着移栽苗储存时间的延长，其活力会降低，并且土壤温度太高也不利于根系生长。如果增大栽植密度，定植晚也能获得成功，还能减轻杂草危害（参见带状栽培）。

图5 定植机在辅助定植（某些定植机可一次栽植12垄）

图6 植株定植后不久，匍匐茎就开始从母株根颈处长出

定植后不久，根颈会长出少量叶片并出现花蕾。为促进匍匐茎生长和垄床形成，应将这些花去除（图7）。如果允许其结果，则会降低植株活力。定植约4周后，需施加氮肥（34 ~ 68千克/公顷）以促进毯式形成。可选择施用含盐指数较低的硝酸钙。在形成毯式的一年中，通过耕作将垄宽控制在46厘米内。

对多年生草莓生产者而言，由于在定植当年有大量的裸露地面，杂草是最大的管理挑战。当植株根系已扎进土壤时可以使用芽前除草剂除草，但通常根系的量仍很有限。进行多次、定期耕作和人工除草可以显著地延长草莓植株寿命。对草莓植株生长而言，杂草的早期生长要比夏末时与其形成竞争所产生的危害大得多。

通过灌溉使土壤湿度维持在其饱和持水量的50%来保持草莓最适生长。滴灌已迅速被毯式栽培者所接受并采用（图8），但喷灌仍是最常见的灌溉方式（图9）。在夏末，垄床应已长满草莓植株，其密度应为每米13 ~ 20株。在8月底至9月初追施氮肥（34千克纯氮/公顷）以确保植株有充足的氮营养进行秋季生长。此时对肥料的选择就不太重要，可使用尿素、硝酸铵或硝酸钙。

秋末（11月中下旬），植株开始进入休眠，在寒冷的气候条件下，需使用覆盖物来保护根颈免受冻害和干燥的伤害。通常，垄上要覆盖7.6 ~ 15.2厘米厚的秸秆（图10），一旦夜间温度开始低于−2℃时就需进行覆盖，此时一般为11月底至12月初。一吨秸秆可覆盖厚度约为2.5厘米/英亩（1英亩≈6.07亩）（图11）。小麦和黑麦秸秆是最好的覆盖材料。早春时（3 ~ 4月）用机械将覆盖物耙除或旋开，铺到垄间为果实发育提供洁净的环境（图12）。在3月中旬就应将覆盖移除，移除过晚会降低产量和延迟花期。

全园覆盖（25 ~ 53克/米^2）常用来提早花期和增产（图13）。在3月中旬或在秸秆刚移除时进行覆盖，至始花时移除，以不影响风和蜜蜂授粉，活跃的蜜蜂授粉可使果实体积增大15%。某些生产者会将这些覆盖物保留在园旁，以备用于防止夜间霜冻。

图7　定植后摘除花蕾能促进匍匐茎生成

图8　滴灌有利于新定植草莓的生长

图9　喷灌虽然能帮助草莓防霜害，但灌溉效果比滴灌差（出水太多），并且会喷湿叶片而诱发病害，某些生产者同时使用两种灌溉方式

图10　覆草机可切碎大方形或圆形草捆，以覆盖草莓免受冻害

图11　在冬季草莓园用秸秆和积雪覆盖将会降低冻害风险

图12　低温季节过后，在早春将秸秆覆盖耙除

图13 将园地进行全覆盖能加速草莓开花结果并防止春霜冻害（F. Wiles）

图14 使用喷灌来保护草莓免受春霜冻害

花对春季霜冻很敏感，可用喷灌进行防冻保护（图14），在温度处于零下期间需连续喷灌。采用滴灌的生产者可用全园覆盖来替代喷灌防霜冻。如果同时应用喷灌和全园覆盖，在覆盖物上进行喷灌就能以很少的水量达到很好的防霜冻效果。

当气温回暖6周后植株开始现花。管理良好的园区，其植株健壮、叶片浓绿且杂草少，用垄间铺草来抑制杂草和某些病害的发生（图15，图16和图17）。盛花期过后3 ~ 4周就可以收获头茬果。单个品种的采收期持续2 ~ 3周，如果早、晚熟品种搭配，总采收期可持续5周左右。头茬果最大（图18），在整个采收期中果个会逐渐变小（图19）。

采收期过后，要对垄床进行更新。这主要是稀疏处理，以防止过多的匍匐茎苗生根导致过度拥挤。首先，生产者通常会使用2，4-D来除去垄中的多年生阔叶杂草。几天后会割除植株的叶片（图20），这有助于防止病害发生及促进杀螨剂的渗透，还有助于施用灼伤草莓叶片的除草剂。割除叶片不是必须的，当根系很弱或植株受到水分胁迫时，这样做反而会有害。

割除叶片后，用圆盘耙或旋耕机将垄宽缩减到25 ~ 38 厘米（图21）。由于从根颈生出的新根位于老根之上，当垄变窄后，植株可从根颈上约3厘米厚的土层中受益。去掉旋耕机的侧护板是一种机械覆土的方法。但覆土深度超过3厘米则会影响植株生长。

割除叶片后不久，需要施肥和浇水来促进根颈和匍匐茎生长。在夏季和初秋通过耕作来保持垄宽并除草。在秋季，如上年一样对垄床进行覆盖，翌年春天再结果，通常会保持结果3 ~ 4年。

与一年一栽地膜覆盖模式不同的是，多年生栽培有很多品种可选用。由于生产季短暂，很多生产者会利用早、中和晚熟品种搭配来尽可能地延长采收期。常用品种有‘早光’（Earliglow）、‘东北风’（Northeaster）、‘安纳波利斯’（Annapolis）、‘哈尼’（Honeoye）、‘肯特’（Kent）、‘全明星’（Allstar）、‘宝石’（Jewel）、‘拉瑞坦’（Raritan）和‘晚光’（Lateglow）。果大、亮红、风味佳、丰产和抗土传性病害是其理想性状。

图15　用很多秸秆覆盖垄间能够抑制杂草生长并改善采摘条件

图16　无杂草的园区丰产并能吸引采摘者

图17　草莓园美丽的盛花期

带状栽培 带状栽培模式在定植当年就能收获一定量的果实，由于栽植密度大，翌年产量会很高（图22）。其园地选择和垄床准备与毯式栽培相同。一般而言，带状栽培需在较高的垄上进行，垄中心距为0.9米。于5月下旬至6月下旬，以7.6 ~ 15.2厘米的株距在垄上定植成单行（71 600 ~ 143 000株/公顷）。这种起始密度高的栽植方式会导致第二年的高产量。通常需要人工定植，因为使用定植机无法达到如此高的栽植密度。与毯式栽培相比，这种栽培模式的定植期较晚，因此匍匐茎较少。

定植后，垄间用草进行覆盖。无需去花（因此匍匐茎生长受到抑制），所以在7 ~ 8月间就能有一定的产量（图24）。由于这些果实错过了6月的常规采收期，能以高价出售。如果母苗质量好，栽植第一年的产量能达到2 200 ~ 3 400千克/公顷。

要定期去除匍匐茎以确保植株根颈在越冬前能长到足够大。生长季需定期施肥，在定植当年，氮肥施用总量约为110千克/公顷。通常以液体硝酸钙通过滴灌系统施入。11月下旬或12月上旬气候变冷时需很厚的覆盖物。通常，高垄比低垄需要更厚的覆盖物。春季移除覆盖后，植株开花结果。结果期与毯式栽培的相同，但果实产量显著高于毯式栽培，通常能超过22 000千克/公顷。

果实采收后，需要对垄床进行更新，方法与毯式栽培相同。由于高垄栽培越冬保护需要的秸秆较多，铺到垄间的就会多一些。某些生产者会在垄床更新前移除这些覆盖物。割除植株叶片后，垄形变窄，然后将覆盖物移回垄间。

由于在第二年去除所有的匍匐茎不切实际，到了第三年带状栽培可以改成窄垄毯式栽培。改良后就要按毯式栽培进行管理。

该带状栽培的改良模式已越来越普及，因为起始栽植密度大易控治杂草。

图18 首茬果很大

图19　草莓果实并不会同时全部成熟，采收期会持续3周

图20　在更新垄床之前割除叶片

图21　叶片割除后使垄变窄，秋季来临前再次使其变窄（垄过宽会降低产量且易发生病害）

图22　可在春末进行定植，但要密植才能形成“带状”垄

图23　带状垄定植后，垄间需要覆盖

图24　带状栽培在定植当年就能结果

图25　环境潮湿时灰霉病是常见的果实病害

图26　环境温暖干燥时二斑叶螨（在叶片背面取食）是常见的虫害

图26a 放大后的二斑叶螨（Eric Erbe，USDA-ARS）

图27 在黏重潮湿的土壤中，红中柱根腐病是常见的病害，所幸的是，某些草莓品种（右侧）对该病害某些生理小种具有抗性

病虫害 灰霉病（*Botrytis cinerea*）是草莓多年生栽培的重要病害之一。当花瓣或发育中的果实长时间处于潮湿时易发生该病害（图25）。而进行草莓多年生栽培的地区经常有春雨。使垄变窄、适量施肥及花期使用杀真菌剂就可治理该病害。适当的采后处理和贮藏能够减轻果实受害程度。

二斑叶螨（*Tetranychus urticae*）是草莓的主要害虫（图26a），主要发生在温暖的产区。它们不会直接危害草莓果实，但能降低叶片的光合效率进而降低产量。经常释放捕食螨可将害虫数量维持在低水平。使用某些杀虫剂或过量施肥会加重螨害。

在黏重的土壤中进行毯式栽培时，红中柱根腐病（*Phytophthora fragariae*）会很严重（图27）。致病生理小种能在染病母株中传播，一旦受到侵染，该园片将不能再栽培感病品种。每年对土壤熏蒸可以减少该病害的发生，但这并不适合多年生栽培模式。利用高垄栽培、抗病品种、改善土壤排水条件并使用特定的杀真菌剂，能够防治该病害。不同红中柱根腐病生理小种遍及世界各地，因此抗病品种并不能抗所有生理小种。

如果感病的草莓品种栽植在3年内种植过其他染病作物如土豆、番茄、茄子、辣椒或烟草等土壤中，则易感染黄萎病（图28）。黄萎病会使外围叶片枯萎死亡。在栽植第一年较常见。

盲蝽（*Lygus*）遍及世界各地。成虫和若虫取食花托，危害瘦果导致果实畸形（图30）。该害虫很难治理，因为不能在花期即盲蝽危害最严重的时期使用杀虫剂。对园地周围的盲蝽栖息地进行适当的处理能够减少其种群数量。

多年生草莓生产者也许经历过"黑根腐病"，在春季根系变黑并长势差。线虫、丝核菌（*Rhizoctonia*）和腐霉菌（*Pythium*）与这类病症相关。在先前种过草莓的地块、土壤板结或根系受胁迫的地块，该病症经常出现（图3），例如，连续使用除草剂特草定就会引起该症状。

还有许多危害草莓的虫害，大多数都可引起巨大的经济损失，毕竟果实的价值很高。这些虫害和病害包括蚜虫、仙客来螨、芽象甲、叶蝉、根象甲、蛴螬、象鼻虫、钻心虫、蛞蝓、革腐病（*Phytophthora cactorum*）、角斑病（*Xanthomonas fragariae*）、白粉病、叶斑病、某些采后病原菌和某些病毒和线虫等。参见本书中有关病虫害部分。普利茨和汉德磊（D. Handley）于1998年还出版过《草莓生产指南》（康奈尔大学农业与工程服务自然资源部门，NRAES-88，莱利罗布楼，纽约伊萨卡）。康奈尔大学还开设了一个网站来帮助生产者识别草莓病害（https://www.hort.cornell.edu/diagnostic/）。

表2 纽约州毯式草莓生产预算概况（20世纪90年代末期，调整）

每夸脱（1.1升）草莓的价格>1.40美元			当折现率>6%时各种开销											
年份	每公顷产量	每公顷收入	劳力费用	服务费	材料费	设备费	常规采收费	其他	固定花费	总花费	利润或净收入	折现现金	净现值积累	折扣率
			$94	$0	$427	$77		$600	$1 220	$1 818	（$1 818）	（$1 818）	($1 818)	1.000 0
种植当年	0	$0	$1 131	$0	$2 786	$793	$0	$4 866	$1 978	$6 689	（$6 689）	$6 284	$8 129	0.943 4
第一个结果年	17 290	$24 206	$1 353	$0	$4 545	$637	$4 431	$10 952	$1 976	$12 926	$11 280	$10 038	$1 909	0.890 0
第二个结果年	17 290	$24 206	$1 341	$0	$4 157	$637	$4 431	$10 935	$1 976	$14 094	$11 668	$9 796	$11 705	0.839 6
第三个结果年	9 880	$13 832	$1 341	$0	$3 515	$637	$2 754	$8 245	$1 976	$10 218	$3 614	$2 863	$14 568	0.792 1
第四个结果年	7 410	$10 621	$1 341	$0	$3 033	$637	$1 909	$6 918	$1 976	$8 894	$1 479	$1 106	$15 675	0.747 3
			收支平衡价格>$2.47								净成本>$8 507			

图28 红中柱根腐病和黄萎病的田间症状相似。该园区也有黄萎病，这在曾种植过茄属如土豆、番茄、烟草、辣椒、茄子或其他易感黄萎病作物的园地种植草莓是一种常见病害。某些草莓品种具有黄萎病抗性

图29 牧草盲蝽成虫和若虫取食花和发育中的果实，引起果实畸形（NYAES）

图30　牧草盲蝽取食会导致“猫脸”形果（NYAES）

图31　许多自采农场内设有宠物园来吸引儿童和其他顾客

经济学分析 德玛瑞（A. Demarree）和瑞肯伯格（R. Rieckenberg）对毯式草莓生产进行了详细的经济预算分析。他们的数据由普利茨和汉德磊引用在上述的《草莓生产指南》中。表2中的数据出自一个典型的毯式草莓生产园。在这个案例中，有一半的果实批发销售，另一半则以自采形式销售。在2001年初，每夸脱的保守价格是：批发1.8美元，采摘1美元，事实证明尤其是在前两个结果年中其净现值积累为正数。他们的分析显示，每公顷园地的前期花费约为8 400美元，在第一个结果年后资金就能回流，零售比自采摘或批发销售更为盈利，而且以美元/夸脱的价格进行销售就能实现收支平衡。

在有机生产情况下，产量降低30%，而价格增长40%。将额外的人工除草费用计算在内，以1.47美元/夸脱的价格销售才能实现收支平衡，但由于价格较高，前两个结果年就可获利，之后，产量会下降到不能维持盈利的状态。考虑到土壤肥力以及杂草危害，大多数有机草莓生产者的种植周期仅为两个结果年。

他们还对带状草莓栽培模式进行了预算分析，认为该模式在定植当年就能获得每公顷4 900夸脱的果实产量，并且第一个结果年的产量比毯式栽培的高30%，其他花费则相同。经过5年的栽培，带状模式每公顷的净现值积累要比毯式栽培的高7 400美元。

普利茨对带状栽培的盈利性进行了调查，发现第一年的产量对该栽培模式的成功与否至关重要（见：草莓生产操作相关研究的经济效益评价，《进入21世纪的草莓》，A. Dale和J. Luby主编，时代出版社，俄勒冈波特兰）。除非定植当年的产量能达到8 600夸脱/公顷，否则3年后该栽培模式的净现值积累会低于毯式栽培［假定带状栽培第三年的产量比毯式栽培的低25%（一些大学的研究也支持了这一结论）］。

基于目前的产量和价格，草莓仍是一种有利可图的作物。生产者对零售和自采销售的价格控制力很强，为获得利润常将价格抬高。而批发销售者对价格的掌控力则较差，盈利较少，因此为收回栽培的投资成本并盈利，产量一定要高。

草莓营销

大多数毯式草莓生产者都不会将果实运到很远的地区进行销售。而会批发给当地的食品店或零售店，还可在农场设摊直接销售或者自采销售。

观光直销 成功的直销者都会意识到其销售的不仅是浆果，还包括与采购体验有关的农场风景、声音、气味和气氛。因此，许多农场会向顾客提供有偿的观光景区，即使顾客不购买其产品。超市能够从其他地区批发大量的草莓果实并以低于当地农场的价格进行销售。然而，尽管许多超市都设立了类似于农贸市场的农产品区并饰有当地农民的特色照片，但超市无法提供愉悦的农场之旅。

有关直销农场的最新调查结果显示，以下方面对成功经营的影响最大：

——整洁诱人的园区和销售摊位；

——态度友好的雇员；

——便利且充足的停车位；

——干净的厕所；

——明晰的指示牌；

——新鲜的果实。

优秀的直销园还会向顾客提供体验农场的机会。这可包括宠物园（图31）、迷宫（图32）、骑马或乘坐干草车游。任何能够提高农场体验的活动都有可能增加其销量。

几乎没有顾客是受价格驱动而来到直销农场，大部分都是注重果实品质的。对生产者来说首要并且最重要的是保证出售的果实品质处于最佳状态。最重要的果实品质是新鲜和美味，其次是色泽和大小。价格低通常意味着品质差，生产者很难靠薄利多销挽回收益。购买草莓的顾客一般不会为了比价

而东走西顾，而是青睐于某个园区并相信其价格是合理的。彻底了解生产成本才能制定出合理的价格。

直销方式 草莓通常有三种直销方式：消费者自采、鲜果销售（零售或批发）和加工品（冷藏、果酱、果冻、果酒等）销售。大多数生产者都会采用上述方式的一种进行销售，并且能连续提供产品。向消费者提供制作果酱、果冻甚至酿酒的配方和知识等，能够提高销量并吸引回头客。尤其是在零售市场中，对有机草莓的需求依然强盛。

自主采摘 对许多生产者而言，自采摘销售模式已很成功，但这高度依赖于园区的地理位置。为了吸引到足够多的顾客，采摘园区必须建立在距人口密集区32千米范围内，还需仔细评估销售区域附近的同行竞争。每公顷草莓园能供865 ~ 1 236位顾客采摘（图33）。

所处地理位置不理想的采摘园区虽然也有很成功的案例，但大多数经营成功的都建立在主干路附近且交通便利的地点。园区中开往采摘区的道路要方便顾客行车或到达，例如为消费者提供乘车服务，还必须有足够的停车位，还要配置洗手间、饮用水、阴凉亭和座椅。可以建设一些娱乐设施，这会备受孩子喜爱，但一些生产者会指定“禁止儿童入内”。指示牌和有关规定应放在显眼的位置，以便采摘顾客前往购买产品（图34）。

尽管采摘销售的最大优势是减少了采收劳动量，但必须要雇佣田间管理员来指导顾客泊车、采摘以及支付。管理员必须客气友好，并对农场了解透彻。结算区应保持整洁，效率要高（图35），不能让顾客排队等候支付。

大多数生产者在销售时会按重量而不是体积收费，以避免因重量不足而发生争执。利用电子秤可迅速称重。生产者可能还需要为其自采摘园购买额外的保险。

零售型农场销售 草莓在摊位零售要比自采销售风险高，但若能使销售地保留一个乡村农场的外观，也是可行的（图36）。农场销售能够提高自采摘园的销售额。与自采一样，农场销售也需要保持干净、整洁，并在引人注目的展示区摆放新鲜果品。城市中出现了越来越多的农贸市场，当地的农民聚集在这里销售自己的产品。在这些市场中，草莓很受欢迎，这也为向大众推广草莓产品提供了机会（图37）。

具有零售摊位的生产者正在尝试反季销售草莓，例如制作冷冻草莓及草莓增值产品（如果酱、果冻和果酒）来周年供应。对草莓进行加工的生产者必须遵守相关卫生和商标法规。这可能包括要定期检查，购买不锈钢设备和净水装置。

广告 草莓生产者不像乳制品和牛肉生产商那样有订单来促进销售，而需要自己做广告宣传。最好的宣传方式就是口口相传，顾客们会将自己满意的农场推荐给他人。为顾客提供一次愉悦的农场体验将会收获巨大的潜在效益：这将为农场带来大量的客流并获得许多忠实的顾客。相反，一次沮丧的农场体验也会由顾客传递给他人。

广告要能够表达出生产者希望顾客关注的事情，并且聚焦于整个农场的特色，而不单单是草莓的价格。广告要得体且质量高。采摘农场的大多数顾客是来自农场周围32千米以内、受过教育并陪同孩子一起来的中年女性。如果在这个范围外进行宣传将会得不偿失。应集中在人口密集的地区进行宣传。广告要突出游玩农场的乐趣，果实的品质、新鲜度、口感和营养价值——而不是价格。采摘农场的广告重点应放在农场之旅带来的采摘乐趣、休闲和教育意义上，还要指明农场的位置、采摘日期和时间段以及联系电话。广告要简洁、引人入胜且辨识度高。大部分潜在顾客关注广告的时间只有几秒钟。

标牌对于指引顾客找到园区的确切位置非常重要。标牌内容要明显、易读并且字数少。需要设置在远离停车场的地方，这样司机就能看到、及时减速、拐进来并停车。

最有效的宣传手段之一是向顾客发送邮件。在适当的时机发出明信片，注明开园日期和产品的优良品质，比其他任何宣传方式都有效。邮件客源的姓名和地址是他们曾经来农场时或电话咨询农产品时收集的。

每天都会有许多人阅读当地的报纸，这就为招揽顾客提供了一个很好的途径。广告应放在最受欢

图32　在自采农场，迷宫是孩子们非常喜欢的娱乐形式（也是用于轮作的覆盖作物）

图33　许多顾客为了省钱都愿意自己采摘，并能享受户外乐趣

图34　精明的卖家还会为顾客提供其他的花钱渠道

图35　顾客喜欢便利的交通和在荫凉处为采摘的果实称重付费

图36　在路旁建立一个引人注目的商场，位于住宅前并与住宅相通

图37　“增值”是一种能够提高销售与农场收入的方法

迎的板块，例如一周美食、市场或娱乐板块。为防止顾客失去阅读兴趣，广告还需简短。照片和商标能够抓住顾客的注意力并提高广告的有效性。广播宣传是引人注意的好方法，但当农场位置复杂时就失去了指引顾客来到农场的效果。对于收音机广告而言，重复播放是成功的关键。在一个频道播放10次要好过在10个频道各播放一次。电视广告很昂贵，除去播放时间的花费，制作费用也很高。然而，在本地频道的某些时间段插播广告，如果许多潜在客户喜欢观看的话，性价比也会很高。白天时段的广告比黄金时段价格要低一些，并且会引起家庭主妇的注意。

广告应围绕采摘期进行。少量广告在即将成熟时开始。大量广告应在采摘季之初开始投放，随着时间的推移其力度逐渐减小。生产者不能等到销量停滞后才开始宣传。一般的原则是，自采摘农场的广告预算要达到销售总额的5%（新采摘农场的广告预算可达到10%）。

本地批发销售 处于以下情形时生产者往往会选择批发销售：1）其经营模式不适合顾客采摘；2）农场地理位置偏远；3）果实产量大。通常批发销售的价格要比鲜果销售的低30%，因此这种销售方式的利润率低。

批发销售包括：

——果实运输前进行适当预冷；

——在采收季来临前就与购买商接洽，制定好运输计划、包装容器种类、标签要求和支付方式；

——联系好可靠的采收劳动力。

大多数生产者对采摘农工以夸脱或磅为单位实行计件支付工资，而不是按小时计费。对于工作量突出的农工还会颁发奖金以资鼓励。需对采摘工进行培训，不仅需只采收品质好且成熟度适宜的果实，还要知道如何妥善摘放果实。保持良好的工作环境对留住好农工至关重要。生产者应对农场和产品投入极高的热情，使农工们能感受到他们是该团队的成员。农工们的工作态度会体现在采收果实的质量上。

采摘工作最好在保持果实干燥的情况下于清晨尽早开始，中午之前结束。这样既能保证采收的果实质量最好，又能避免采收者在一天中最热的时段工作。某些生产者会在下午5时后继续进行采摘工作。

果实的采后处理是鲜果交易中最重要的环节。生产者必须提供高品质果实并保持其最长货架寿命。这就意味着在采摘、贮存、运输设备上需投入更多资金。

品种选择对果实品质具有重要影响。适用于批发销售的毯式栽培优良品种有‘全明星’‘节日’（Holiday）、‘哈尼’和‘宝石’。营养不良的植株比健壮植株生产的果实保鲜期短。施足钾肥和钙肥很重要，且氮肥不宜过量。在春季（>34千克/公顷）或垄床更新时（>112千克/公顷）施用过量的氮肥会使果实变软。叶片分析能帮助生产者对施肥方案进行微调优化。

在花瓣脱落时施用杀菌剂可显著减轻果实发霉腐烂。灰霉病（*Botrytis cinerea*）（图25）易侵染衰老的花瓣，进而侵染发育中的果实。受侵染果实直到成熟时才会表现出肉眼可见的症状。因此，尤其是在阴冷潮湿的气候条件下，在花瓣开始脱落时喷药非常关键。某些害虫（如露尾甲）取食果实后只会留下很小的伤口，但这会有利于病原真菌侵染。某些害虫还会在果实间传播细菌和真菌病害。如果使用杀虫剂来治理害虫，则需要考虑采收前的农药使用限制。州政府和联邦政府偶尔会抽样检测超市中果实的农药残留。

频繁采摘（两天一次）对批发销售至关重要。带有白尖的果实要比充分成熟的维持硬度的时间长，并且在贮藏过程中水分损失少。两次采收的间隔过长会导致很多果实过熟。这些果实看起来诱人，但货架期短。应对采摘工进行培训，确保只采摘成熟度及外观适宜的果实。用于鲜销的果实品质往往会随着生产季节的推移而逐渐下降。在头茬果采摘前要确保安排好销售渠道，因为这些果实的品质和大小通常是整个采收季中最佳的。

采摘工应直接将果实放入包装盒内，避免再次分装。宽、浅的包装盒比深的更适宜承装果实。要咨询采购商以确定包装盒的种类，每种都有其优缺点。纸浆盒价格低廉，但容易弄脏。木质盒不仅易

图38　如果果实在采摘时没有分级，在运输前要进行分级

图39　分类后的果实由冷藏车进行运输，以保证其到达市场时状态良好

脏而且价格昂贵。坚硬透明塑料盒（聚苯乙烯）不仅耐脏，加上盖子后还能显著减少水分蒸发，顾客能够直接看到其内的果实，而且价格低廉，但果汁易聚集在盒子的底部。这些包装盒都不方便对草莓进行低温处理，灰霉病也易于在下层果上发生。开缝的塑料盒能够实现对果实的快速降温，且不会被弄脏，也不会集存果汁，但如果缝隙太宽，果实就会受到损伤。大批发商常使用上覆保鲜膜、具窄缝的半品脱塑料盒。

用于批发的草莓常装入容量为一夸脱的盒中（1夸脱约等于0.68千克）。然后将这些盒放入纸质托盘中（图38），称重后要确保每个托盘的重量都不少于5.4千克。在运往冷库预冷前，需将所有果托都置于阴凉处（图39）。运输到批发市场的果实需经过两个阶段的冷藏。将采收的果实简单的放入冷库还远远不够，因为田间的余热不能迅速散去。采后几小时内需将果实快速运往冷库进行预冷。冷却时间每耽误一小时，保鲜期就会减少一天。在早晨尽可能早的采摘果实，就可以充分利用夜间的低温。预冷结束后，用大塑料袋将每个垛满草莓托的叉车托盘密封，置于1.7℃下等待运输。

销售链中的许多环节都可能降低果品质量。典型的操作流程是：将果实从田间运入冷库进行预冷，然后用塑料膜密封，用冷藏车运往分销中心仓库卸载，分装到卡车中运到零售超市并在其后房卸载，最后摆放在超市内。在这个流程中每一次违规操作都会影响果实质量。每个运输阶段都应保持果实冷却并覆盖保鲜膜。不能将草莓盒子直接堆叠到车厢中或使用胶带或拉伸膜对其进行固定。为减少运输震动，冷藏车需装有空气悬架系统而不是弹簧系统。通过使用正确的采收和冷藏技术，草莓采收后保鲜期可达两周。货架期长是果品质量的重要组成部分，而果品质量是影响销售的重要因素。

图40　草莓生产季结束后种植南瓜有助于提高收入，两年的轮作：草莓—南瓜—小麦—草莓（照片由Joyce Calhoun提供，Calhoun Produce，Ashburn，GA31714）

多年生栽培草莓品种

安德鲁·詹姆逊（Andrew R. Jamieson）
加拿大农业及农业食品部，大西洋食品和园艺研究中心
加拿大新斯科舍省肯特维尔

安德鲁·詹姆逊　新斯科舍省肯特维尔

草莓生产者应重视其品种的选择，这对多年生栽培尤为重要。品种的选择首先要基于其所需优良性状来考虑。还需考虑其园区的小气候如生长季的长短、平均积温和花期霜冻风险等因素。土壤物理性质、土传病害发病性和灌溉水源也应考虑在内。在冬季寒冷地区，还应考虑品种的耐寒性。另外，草莓的采收期也很重要，一个适当的品种就可以有3周以上的采收期。最后，也许最重要的是，要考虑销售方式，是由顾客直接采摘（自采）还是采摘后运到或远或近的超市进行生食零售或是用于加工？加工草莓大多生产于太平洋沿岸西北地区。还需要考虑草莓在其他地区的加工品质，因为许多顾客会购买果实，用于自加工。

多年生栽培模式有何特别之处？

用于多年生产的草莓品种，植株结果多年（通常2～4年），其匍匐茎繁殖能力必须强，抗寒性也要强，并且对某些病虫害具有高度抗性。在多年生栽培模式中通常会低密度定植植株，使行内长满匍匐茎苗，但在一年生栽培模式中，旺盛生长的匍匐茎可能会是个缺点，由于多年生栽培模式一般用于冬季严寒地区，因此，不耐寒品种会受到限制，但可以利用秸秆或其他覆盖物来保护抗寒性差的品种免受冻害。在多年生栽培模式中，病虫害会较重，因此，尤其是在不能长期轮作的园地，品种的抗病虫性尤为重要，例如，在有红中柱根腐病（*Phytophthora fragariae* Hickman var. *fragariae*）的园地，选择抗该病的品种就能够持续生产。

地方品种的适应性　品种具有区域适应性，在不同气候条件下，其表现也会不同。在加拿大和美国的不同地区，可供选择的多年生品种如表1所示。品种的起源地通常是最适合其生长的地区，但有少数品种（如‘哈尼’）具有广泛的适应性。由于草莓苗价格较低廉（毯式栽培的种苗费用不到生产成本的10%），我们鼓励生产者在当地气候条件下根据自己的栽培模式对新品种进行试验。生产新手在购苗前，应与当地有经验的生产者或专家认真讨论品种的选择。

表1中列出了各地的主栽品种（排列顺序为从早熟到晚熟）。草莓品种的更新速度比其他任何水果的都快，因此生产者要经常关注新品种信息。下面将表1中的品种按字母顺序列出，并简要介绍其重要性状，以供品种选择时参考。这些都是单季收获的品种（6月结果型或短日型）。在北方，一年生栽培模式中常选择多次结果型品种（日中性），在越冬后还能收获。

美国和加拿大多年生草莓主栽品种（按字母顺序排列）

‘全明星’（Allstar）[US 4419×（NC1768 ×‘铁庄稼’（Surecrop））] 于1981年在马里兰的贝尔茨维尔推出，为中晚熟品种，适应于大西洋沿岸中部地区及中西部和东北的南部地区栽培。该品种果实较硬、果色橙红、味淡、芳香且耐运。抗红中柱根腐病等多种病害。

‘安纳波利斯’（Annapolis）[（‘密克马克’（Micmac）×‘拉瑞坦’（Raritan））×‘早光’] 于1984年在新斯科舍省肯特维尔市推出，取代了品种‘威斯塔尔’（Veestar）而成为加拿大东部地区的主栽早熟品种，也是美国北方的重要品种。产量中等，果大、硬、果色淡红且品质佳。采收期较短且果实采收率很高，烂果数少。抗寒性强且抗红中柱根腐病。

图1　常见多年生草莓毯式栽培品种［寻找你所在地区最新和最好的栽培品种，左上：‘安纳波利斯’（Annapolis）；左下：‘肯特’（Kent）；右上：‘哈尼’（Honeoye）；右下：‘宝石’（Jewel）］

表1　美国和加拿大地区性主栽草莓品种

地　区	草莓品种
太平洋沿岸西北地区[1]	‘苏马斯’（Sumas）、‘胡德’（*Hood*）1、‘图腾’(*Totem*)、‘苏科散’（Shuksan）、‘本顿’（Benton）、‘瑞奈尔’（Rainier）和‘红边’（*Redcrest*）
中西部以北和加拿大草原诸省	‘安纳波利斯’‘哈尼’‘卡文迪什’‘肯特’‘宝石’‘奖赏’和‘威诺娜’（Winona）
中西部和安大略省南部	‘早光’‘威斯塔尔’（Veestar）、‘安纳波利斯’‘哈尼’‘卡文迪什’‘肯特’‘全明星’‘高斯克’（Governor Simcoe）、‘晚光’和‘宝石’
东北部和加拿大东部	‘早光’‘威斯塔尔’‘安纳波利斯’‘哈尼’‘东北风’‘卡文迪什’‘查姆博利’（Chambly）、‘肯特’‘全明星’米拉（Mira）、‘宝石’和‘奖赏’

（续）

地　区	草莓品种
中南部	‘早光’‘哈尼’‘鲜红’‘红首领’‘全明星’‘宝石’‘晚光’和‘阿肯’（ArKing）
大西洋沿岸中部	‘早光’‘安纳波利斯’‘哈尼’‘东北风’‘卡文迪什’‘全明星’‘宝石’和‘晚光’
东南部	‘早光’‘全明星’‘鲜红’‘阿特拉斯’（Atlas）、‘阿波罗’（Apollo）和‘宝石’

[1] 太平洋沿岸西北地区用斜体表示的品种主要用于加工。

‘阿波罗’（Apollo）[NC1759 × NC1729] 于1970年在北卡罗来纳州罗利市推出，是一个中熟老品种，仍在东南部地区栽培。果实体积中等至大、硬度中等且味甜诱人。抗叶部病害，但易感红中柱根腐病。

‘阿肯’（ArKing）[‘鲜红’（Cardinal）×（MdUS3082 ×‘德利特’（Delite））] 于1981年在阿肯色州费耶特维尔市推出，是适于中南部地区的晚熟品种。果大且肉很硬。抗红中柱根腐病。

‘阿特拉斯’（Atlas）[NC1759 ×‘奥布里顿’（Albritton）] 于1970年在北卡罗来纳州罗利市推出，为中熟老品种，在东南部地区仍有栽培。果大、硬度适中且风味佳。植株长势旺，但易感白粉病和红中柱根腐病。

‘本顿’（Benton）[OR-US 2414 ×‘威尔’（Vale）] 于1975年在俄勒冈州科瓦利斯市推出，为晚熟品种，主要在俄勒冈州栽培并用于鲜食。果实大小中等、风味佳。植株长势很旺，即使感染病毒也不会影响其长势，抗寒性一般。

‘奖赏’（Bounty）[‘泽西贝尔’（Jerseybelle）×‘森加·森加那’（Senga Sengana）] 于1975年在新斯科舍省肯特维尔市推出，适于北方栽培、晚熟和主要用于自采销售。很抗寒且高产。果实深红色、肉软且口感浓郁。果实易去萼，可制成味道浓郁的果酱。第一个大果成熟后，其他果实会变小。

‘鲜红’（Cardinal）[‘早美人’（Earlibelle）× Ark. 5063] 于1974年在阿肯色州费耶特维尔市推出，为中熟品种，在中南和东南部地区广泛栽培。果实大、肉硬、易去萼，鲜食和加工风味都很浓郁。非常高产且抗多种病害。

‘卡文迪什’（Cavendish）[‘格鲁斯波’（Glooscap）×‘安纳波利斯’] 于1990年在新斯科舍省肯特维尔市推出，早中熟品种，在加拿大东部及美国中西部和东北地区栽培，用于鲜食。高产，果实大、硬度中等、果色深红且风味佳。在某些气候条件下，会成熟不均匀而导致白斑。抗红中柱根腐病，但易感白粉病。

‘查姆博利’（Chambly）[‘火花’（Sparkle）×‘哈尼’] 于1990年在魁北克省圣让河畔黎塞留推出，为中熟品种，主要栽培于魁北克省用于鲜食。极抗寒且产量很高。果实大小中等、果色深红、硬度中等且酸甜适宜。对红中柱根腐病具一定抗性。

‘早光’（Earliglow）[(Fairland ×‘中陆’（Midland））×(‘红光’（Redglow）×‘铁庄稼’)] 于1975年在马里兰州贝尔茨维尔市推出，为早熟品种，以其果实品质优良而闻名。主要栽培于中西部和东北的南部地区、中南部和大西洋沿岸中部地区。产量中等至偏低，果实大小中等、果形匀称、有光泽、风味浓郁且冷冻效果佳。抗红中柱根腐病等多种病害。抗寒性中等。

‘高斯克’（Governor Simcoe）[‘节日’（Holiday）×‘卫士’（Guardian）] 于1985年在安大略省锡姆科市推出，中熟品种，主要栽培于安大略省用于鲜食。果实体积中等至大、果色淡红、肉硬、味淡且耐运输。在沙土中栽培产量会更高。易感根系病害和白粉病。

‘哈尼’（Honeoye）[‘节奏’（Vibrant）×‘节日’（Holiday）] 于1979年在纽约州日内瓦市推出，早中熟品种，在许多地区都高产。它是加拿大和美国中西部以北、中西部及东北地区的主栽品种，在中南部和大西洋沿岸中部地区也有栽培。果大、色深红、硬度中等偏上但风味变化大，在某些条件下果实会很酸，较易除萼，利于加工。对根系病害很敏感。

‘胡德’（Hood）[US-Ore.2315×‘捕捉美’（Puget Beauty）] 于1965年在俄勒冈州科瓦利斯市推出，栽培于俄勒冈和华盛顿地区用于加工和鲜食。易采摘，易除萼，加工或鲜食风味均佳。中熟品种并且抗寒性中等。

‘宝石’（Jewel）[NY1221 ×‘节日’] 于1985年在纽约州日内瓦市推出，晚中熟品种，适应性强。在安大略省南部，美国中西部以北、中西部和东北地区栽培广泛，在中南部和大西洋沿岸中部地区也有栽培。果实大小中等偏上、诱人、色亮红、果肉和果皮硬度均高、风味佳且耐运输。很感白粉病和根系病害。

‘肯特’（Kent）[（‘红手套’（Redgauntlet）×‘提奥加’（Tioga））×‘拉瑞坦’（Raritan）] 于1981年在新斯科舍省肯特维尔市推出，中熟品种，是加拿大东部的主栽品种，在美国中西部至东北地区也有栽培。高产，果大、硬、亮红、诱人、风味佳且耐运输。但不抗根系病害。

‘晚光’（Lateglow）[‘塔木拉’（Tamella）×(NCUS 1768 ×‘铁庄稼’）] 于1987年在马里兰州贝尔茨维尔市推出，晚熟品种，适合于大西洋沿岸中部和中西部的南方地区栽培。果实硬度适中、果色亮红且风味芳香诱人。抗寒性中等，抗红中柱根腐病，但易感白粉病。

‘米拉’（Mira）[‘斯科特’（Scott）×‘哈尼’] 于1996年在新斯科舍省肯特维尔市推出，中晚熟品种，适合于加拿大东部和美国东北地区栽培。高产，果实浅红色，货架期长。风味中等偏上，偏酸。抗红中柱根腐病等多种病害。

‘东北风’（Northeaster）[MDUS 4380 ×‘节日’] 于1994年在马里兰州贝尔茨维尔市发布，早中熟品种，已开始在东北部和大西洋沿岸中部地区栽培。果大、硬、口感浓郁且芳香。有些人喜欢其口感，但有些人则不喜欢。抗红中柱根腐病，但易感白粉病。

‘瑞奈尔’（Rainier）[（‘西北’ × Sierra) ×‘哥伦比亚’（Columbia）] 于1972年在华盛顿州奥查德港市推出，晚熟品种，主要在不列颠哥伦比亚省栽培，用于鲜食。对病毒抗性强，但产量比‘图腾’（Totem）低。果实品质好。抗寒性中等。

‘红首领’（Redchief）[NC 1768 ×‘铁庄稼’] 于1968年在马里兰州贝尔茨维尔市推出，中熟老品种，在中南部地区仍有栽培。果实诱人，果实大小、硬度及口感均为中等。尤其是在黏重的土壤中植株长势旺、高产。抗根系病害。

‘红冠’（Redcrest）[‘林恩’（Linn）×‘图腾’] 于1990年在俄勒冈州科瓦利斯市推出，晚熟品种，主要栽培于俄勒冈州，用于加工。高产、易除萼，具有优良的加工特性。果硬、味酸。易感染病毒和白粉病。

‘苏科散’（Shuksan）[（‘西北’（Northwest）×Sierra) ×‘哥伦比亚’] 于1970年在华盛顿州奥查德港市推出，中晚熟品种，主栽于华盛顿州，用于鲜食。抗寒并抗病毒和根系病害。

‘苏马斯’（Sumas）[‘奇姆’（Cheam）×‘提奥加’（Tioga）] 于1986年在不列颠哥伦比亚省温哥华推出，中晚熟品种，主要栽培于不列颠哥伦比亚省，用于鲜食。果实大、诱人且风味佳，抗寒、抗病毒并抗红中柱根腐病。

‘图腾’（Totem）[‘捕捉美’×‘西北’] 于1971年在不列颠哥伦比亚省阿加西市推出，中晚熟品种。为太平洋沿岸西北地区的主栽品种，主要用于加工。果硬、内外均为深红色且风味浓郁，具有优良的加工特性。抗寒、抗病毒、抗果实腐烂和红中柱根腐病。

‘威斯塔尔’（Veestar）[‘瓦伦丁’（Valentine）×‘火花’（Sparkle）] 于1967年在安大略省万兰德试验站推出，为老品种，已被‘安纳波利斯’大量取代，但在加拿大东部仍有栽培，主要用于自采。早熟品种，因其极佳的口感而著名，但果实较小且软。产量中等，易感红中柱根腐病。

‘威诺娜’（Winona）[‘早光’×（‘晚光’× MDUS 4616)] 于1996年在明尼苏达州圣保罗市推出，晚熟品种，抗寒性强，适合于中西部以北、中西部和东北地区。果大、硬且风味佳。由于花梗短，果实常紧贴地面。植株长势健壮，抗红中柱根腐病等多种病害。

图2　草莓果实形状（美国农业部）（从左到右、从上到下果形依次为：扁球形、球形、球状圆锥形、圆锥形、长圆锥形、带果颈形、长楔形和短楔形）

多年生毯式栽培与一年生覆膜栽培的前景

马温·普利茨（Marvin P. Pritts）
康奈尔大学园艺系
纽约伊萨卡

多年生草莓低垄毯式栽培模式已有150多年的历史。于20世纪50年代以前，在美国是主要栽培方式，目前，该模式在世界上寒冷地区仍很盛行。然而，即使在毯式栽培集中的产区，近年来该模式正在被一年一栽地膜覆盖高垄栽培模式所取代。20世纪50年代，在加利福尼亚州，地膜覆盖模式逐渐取代了毯式模式，在随后的几十年里，覆膜模式已推广到世界上较温暖的地区如西班牙、意大利和墨西哥。近年来，覆膜栽培在北卡罗来纳州已基本取代了毯式栽培，在弗吉尼亚、马里兰、宾夕法尼亚、新泽西、纽约和新罕布什尔等州也在商业化应用。显然，覆膜模式有很多优势，那么，毯式栽培还会有未来吗？笔者认为答案是肯定的，这特别是在对毯式栽培进行改良的情况下，即使没有改良，毯式栽培还是有其特定的优点：第一，在第一个生长季母株繁育出子株，生产周期为4 ~ 5年（而不是一年），这使得其生产成本低；第二，由于园中有大量的植株，由冻害（或其他问题）带来重大损失的风险低。只要防控害虫和防霜害措施到位，毯式栽培就几乎不会"出错"，是一种可靠的且有包容性的模式；第三，在毯式栽培中有很多品种可用，其苗源广且便宜；第四，毯式栽培不必每年处理大量废地膜，不需每年进行土壤熏蒸，仍生长良好；第五，休眠苗比一年生栽培模式中所用的鲜苗或穴盘苗在缓苗期内需水量少。另外，多年生草莓根系能更有效地利用氮肥，因此，比一年生生产需要的投入少。后两个优点对那些想进行可持续农业的生产者来说很重要。笔者认为，寒冷地区栽培者应对毯式栽培模式进行改良，即在保持其优点的同时，采纳一年生覆膜栽培的某些优点。可考虑在以下诸方面进行改良：

1. 实行高密度晚定植，以最大限度地抑制杂草 定植越早，母株产生的匍匐茎就越多；反之，匍匐茎就越少，虽然高密度定植会提高苗木成本，但容易控制杂草，因为在早春栽前杂草大量萌发时可进行翻耕，同时草莓的生长季也会缩短。劳动力成本增加的速度远超苗木成本，因此，如能显著降低除草成本，高密度定植更经济。

2. 使用新式耕作机具和除草剂治理杂草 几种新型草莓除草剂正在等待注册，这包括某些价格低廉但很有效的选择性除草剂，例如，最近在草莓上注册的烯草酮（商品名：Select）就是很好的禾本科除草剂，另外，正在IR-4等待批准的除草剂有：克线磷、丙炔氟草胺（Strike）、乙氧氟草醚（Goal）和二甲戊乐灵（Prowl）。新形耕作机具能更有效地除草，这些机具有：除草刷、弯曲锄头和指形除草机，这些机具可在除草时最低程度地破坏深层土壤结构。

3. 更好地利用覆盖物抑制杂草 特别是在定植密度高但匍匐茎少的情况下，利用生物可降解和有机覆盖物来抑制杂草。还可在植物性覆盖物上直接进行草莓定植，这最适于高密度栽培。

4. 培育抗除草剂草莓品种 随着现代科技的发展，可能会培育出抗草甘膦的草莓品种。从理论上讲，能够实现直接在园中喷草甘膦除草，而不伤害草莓植株。已在研究通过转基因来培育抗除草剂草莓品种，但这还没有商业化。康奈尔大学正在利用常规育种技术来培育抗除草剂品种。使用抗除草剂品种有可能显著地降低毯式生产成本。当然，转基因草莓的应用还存在着许多问题，这可能会限制其应用。然而，重点是新技术可以帮助识别和开发对广谱除草剂有抗性的品种，这对毯式草莓生产效益大。

5. 培育生长快且比杂草更有竞争力的新品种　草莓育种家们尚未关注草莓植株如何快速地生根来与杂草竞争。我们设定了一种能在田间识别快速生根草莓类型的方法，已识别了一些类型，但这些类型是否比杂草更有竞争力还有待进一步研究。如果毯式生产者们有快速生根性强并能与杂草竞争的品种可用，就可促进其产业成功。

6. 选育大果丰产品种　正在不断推出的新品种已经增加了果实体积和产量。顾客们有可能不希望果实体积比当前市场上一年生栽培的还大，因此，接受能力可能会是问题。某些毯式栽培品种如‘卡文迪什’(Cavendish)、‘卡博特’(Cabot)和‘安纳波利斯’(Annapolis)的果个接近一年生覆膜栽培品种。在毯式栽培模式下，‘卡文迪什’‘宝石’(Jewel)和‘哈尼’(Honeoye)的产量可超过224吨/公顷，与一年生覆膜栽培模式的相当。

7. 实行高垄栽培　一年一栽覆膜模式基本上是使用高垄栽培，这易于采收和提早结果。然而，毯式栽培也可以使用高垄。虽然高垄在早熟方面的效果不如黑色地膜覆盖强，但也能促进早熟。可用全园覆盖来进一步提早其开花和结果。使用高垄栽培所面临的挑战是需要将前面提到的其他改进方法与之融合，例如，目前的许多耕作机具都是专为低垄栽培所设计的。

对毯式栽培所做的这些改良并不会牺牲其本身的长处。这些改良将毯式向覆膜模式推进，并且不需要大量塑料地膜或专门的生产程序。当然，如果北方能有抗寒品种穴盘苗，并且在定植之前可以长期保存，就可通过晚定植来更加缩短杂草治理期。

最后，对应用一年生覆膜栽培模式的地区而言，越往北，风险越大。在更冷地区，定植日期更加关键，秋季过短会对其一年生的缓苗具多种挑战。可通过行间覆盖和塑料拱棚来克服某些挑战，但成本很高。对于在高垄上缓苗不久的植株而言，低温冻害的风险也在增加。根据笔者观察，只有极优秀的生产者才能在北方一年一栽模式下获得成功。许多生产者都尝试过一年生模式，但都没有坚持下去。大多数北方草莓生产者，都同时生产水果和蔬菜，很少有人能有足够的时间和精力对一年生模式的细节加以关注。毯式生产模式的风险低，该模式很可能会长期存在。

（摘自北美草莓生产者协会于2002年在北卡罗来纳州罗利市举办的会议资料）

北美草莓生产者协会在新斯科舍的一次旅行中，我们在一蓝莓园与其经理艾尔·奇德逊（Earl Kidston）共进午餐。在新斯科舍，草莓可与蓝莓相邻栽培。A. 在艾尔·奇德逊住宅外大量栽培的蓝莓；B. 分级、包装和贮藏车间；C. 包装；D. 北美草莓生产者协会主席及本次旅行的领队查尔斯·科迪（Charles Keddy），他也是新斯科舍省肯特维尔附近一苗圃的主人

吉姆·利威尔（Jim Lewerer）的草莓营销

理·迪安（Lee Dean）
果农新闻记者
密歇根州斯巴

尽管威斯康星州梅诺莫尼的吉姆·利威尔（Jim Lewerer）在其红雪松谷（Red Cedar Valley）农场设有草莓直销（将采摘好的果实直接进行批发或零售）和自采摘园，但他倾向于直销。与众不同的是，他的职员把草莓果直接运到方圆约32千米内的6个附属销售点（在欧克莱尔和梅诺莫尼各有两个，在哈德逊河和奇博瓦福尔斯各有一个）进行销售。

他的草莓果在各个销售点都很受欢迎，这些销售点吸引了其方圆13 ~ 24千米之内成千上万名来自本州和圣克罗伊斯河对面明尼苏达州双城市的顾客（图2）。

利威尔说“草莓生产者应认真考虑进行直销，即使开始时在当地只有一个摊点，然后扩增”。“许多全职商人宁愿买采摘好的果实，而不愿亲自去采摘。如果另一个生产者过来经营自采园与你竞争，抢走你的自采客源，你会怎么办？难道你不应该考虑成为第一个搞直销的那个人吗？”

图1　当利威尔买下红雪松谷农场时，没有草莓生产经验

利威尔在几年前从他的邻居那里买来一个草莓园之后，不久就发现了这个现象。他买来的那个园地面积为2.4公顷，又栽了1.6公顷，把这4公顷园地都经营成了直销采摘好的果实。他的邻居利用剩余的2.8公顷园地，继续经营其自采摘销售。下一季，他的邻居无法把2.8公顷园地所产的果实全部销售出去，而在以前所经营的5.2公顷园地所产的果实则很易销完。这主要是因为利威尔的草莓果摊。

最初，利威尔选择经营直销的最主要原因是由于地理位置。在最开始的8年里，他和家人生活在离这里88千米远的明尼苏达州斯蒂尔沃特市。在此情况下他就不可能有足够的时间来经营自采摘。但随后发现，现成采摘模式更加灵活、更赚钱、更少受天气影响并便于园区操作。

利威尔说：“可无限增加营销点数目。我们有两、三个备用销售点尚未派上用场。

在红雪松谷农场，直销的要素有熟练采摘工、采摘桶、免费热线电话系统、一园内办公房车和一个由二手雪佛兰牌厢型车组成的小型运输队。

大多数采摘工是来自五个校区的高中生，还雇佣了一些老挝苗族农工。采摘时间是从上午5:30至

图2　A，C和D. 在农场内搭帐篷进行草莓直销；B. 邻园正在进行自采摘销售；F. 自采园内的工棚；E和G. 利用租来的停车场设立销售点，每个销售点距农场24 ～ 32千米，销售点内具草莓货架。利威尔在辅助采摘车上。广告牌上大量的红色与草莓很般配

9:30，目前，每采一桶支付1.60美元，如果采摘困难，工资会适当上调，以确保至少为最低工资标准。

每个采摘组有10 ～ 12名采摘工和一名指定的组长组成。组长负责确保每桶装满合格果实以及每垄上的成熟果都得到完全采摘。每次采收后，组长们负责装载各自的运输车（图4）并开到各个附属

销售点，然后亲自进行销售。

这些组长兼销售的工作很受大学生们欢迎，他们可在3周的采收期内挣到在其他类型工作中2 ~ 3个月才能挣到的钱。利威尔一家有6个孩子（这些孩子都在上学，但采摘季是学校的假期），同时经营着该农场，他全面负责管理农场，其长子是其中的一个组长，一个女儿是其办公室的经理，另一个儿子负责管理自采摘园，其余都为采摘工。

园内办公房车和电话系统是租来的（图2A和3A插图）。利威尔从他的第一份工作（明尼苏达州运输部门）中得到启示，就是使用建筑工地房车。

利威尔说："对于任何一个居住在城区之内但想在郊外办农场的生产者而言，这提供了极大的灵活性。可从24千米外买一块16公顷的园地，经营草莓直销，这永远都不会倒闭"。

从农场和其他6个销售点都可直接买到草莓果实。在农场中的销售点，可以通过预约集中订购，

图3 A.利威尔夫妻正在对北美草莓生产者协会旅行团进行讲解；左边是北美草莓生产者协会的执行秘书艾伦·格瑞比（Erin Griebe）；插图：园内临时办公房车；B.在嵌固轮上布设两条滴灌管带的PTO草莓苗定植机；C.旋转型指状除草机；D.垄间旋耕机；E.簧齿耙；F.用于一般割草和草莓垄床更新的割草机（N.Childers）

在任何给定的采收期都可预订150 ~ 250桶。但在其他销售点，只进行当日批发或零售，顾客先来先买，售完为止。

每个桶的一面上有红雪松谷农场的商标，另一面则有销售热线电话。采好的果实每桶4.7升，价格11美元，而自采摘的每桶7美元。

建立免费销售热线便于各地的顾客得到所要购买草莓的信息，而不需付长途话费。在采收期，从上午6时到下午6时，办公房车内都有专人接电话。此时间段之外，自动录音电话系统会报告关于第二天的采摘时间和采摘量信息。在当地的报纸上很少登广告。

8辆运输车构成了一个完整的运输系统（图4）。6辆往返于各个销售站点，两辆负责运送草莓和农场用物资。每个销售点都配有桌子、遮阳伞、横幅、指示牌、可摆放75桶草莓的货架和手机。

为什么会用雪佛兰厢型车作运输？利威尔答道："雪佛兰厢型车很耐用，除了需定期更换电池和轮胎外，一般不会出问题"。对于交通工具，他喜欢可行驶约24万千米的八缸350雪佛兰车。在采收

图4　A. 快速喷药机；B. 多垄液体喷雾器；C. 中心井、电动水泵和化肥注入装置；D. 二手可移动喷灌管；E. 雪佛兰厢型运输车；F. 销售点专用的草莓货架拖车，由皮卡车拖至销售点（N. Childers）

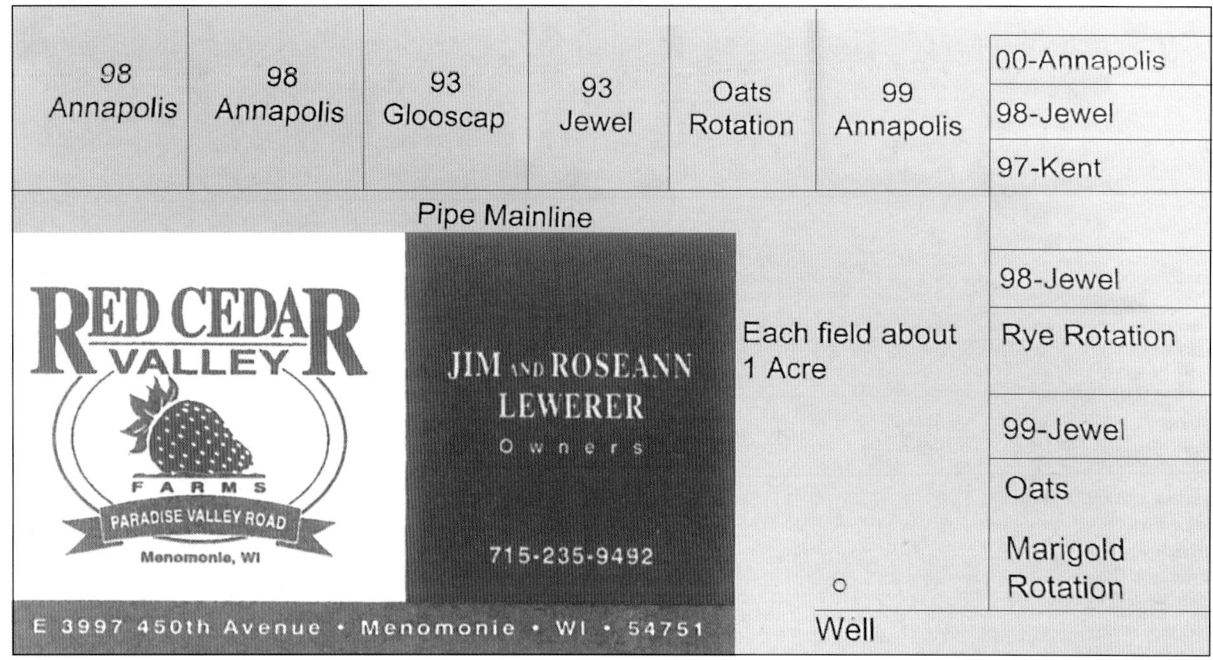

图5　利威尔的草莓园区品种、轮作计划、喷灌和滴灌管道平面示意图（左下方是利威尔的名片）

季节，平均每辆车每月行驶1 600千米。

自采顾客约采摘其农场内25%的果实。自采摘经营开始于两年前，那时，其邻居搬离了此地去大学教书。

利威尔说："我想我只是顺其自然。我不会拒绝自采顾客，但也不会做大量的广告或者以促销来诱引自采顾客来农场。许多人会选择在货摊或农场买采好的果实，只是因为经济很好，人们有钱消费。这也是我经营直销的一个原因。如果有一天经济不好，我希望人们知道这里仍可自采摘"。

利威尔强调，高质量的草莓果实是经营成功的决定性因素。对果实大小、色泽和风味而言，他最爱的直销品种是'宝石'和'安纳波利斯'。他也栽培'格鲁斯波'(Glooscap)和'肯特'(Kent)。但不会栽'哈尼'，尽管其高产，但在本园区表现不佳。

将草莓与燕麦、黑麦或万寿菊进行轮作（图5）。草莓垄中心间距为1米，株距30厘米并双行栽植（每公顷27 500株）。生长季进行土壤和植株组织分析、叶面喷肥和监控果实含糖量。利威尔正在尝试滴灌，以避免由喷灌引起的叶斑病和炭疽病问题。

利威尔做的另一个改变是放弃土壤熏蒸。近3年来取而代之的是，在匍匐茎抽生前使用除草机成功地清除了嫩草，之后使用丹麦齿状除草机除草。

利威尔在一乳牛场长大，但在买下该农场前，他完全没有草莓生产经验。在从第一份工作早退休之前，就已经知道自己想做些其他工作，只是不知道做什么。他甚至买了一本书，浏览了1 001个企业的创业机会，但是没有一个能使其心动，直到一位地产经纪人问他想不想要买一个草莓园。

在查看了一个关于草莓采收的视频，以及了解了其邻居以后，利威尔决定买下这个草莓园。他知道其在汽车和设备方面的技能会派上用场。

"再加上种植作物比买一个自助洗衣店要好听些"。

利威尔从邻居戴尔·科瑞斯顿森（Dell Christensen）那里学到了草莓知识，科瑞斯顿森是一位已退休的农业推广专家，退休前是明尼苏达州底特律湖泊北部地区技术学院特色水果种植组织的带头人，目前仍还是该组织的成员，该组织于冬季开课。

保尔草莓农场

草莓生产者威廉和南希·保尔（William H. 和Nancy L. Bauer）
明尼苏达州查普林

保尔草莓农场是一个由保尔夫妇（比尔和南希·保尔）、岳父母和两个儿子合伙经营的家庭农场。农场共计22公顷，其中南希的父母买了8公顷，随后她的父亲把3.6公顷卖给了邻居去开发。南希的父母后来退休了，两个儿子离开了这里上大学。现在农场的面积为17.2公顷，其中3.2公顷为草莓园，全由保尔夫妇负责经营。

保尔夫妇把农场打理的很迷人：优雅整洁的建筑物、开满鲜花的一年生花床、石子路及边沿整齐的绿草坪。农场的入口也很诱人。许多顾客来自30分钟车程的明尼阿波利斯或40分钟车程的圣保罗。农场的两侧有钢丝围栏，外面是居民区，另外两侧是缓冲林带（图1）。保尔夫妇和邻居及顾客相处融洽，尽量在无风情况下进行喷药，以使大家都高兴。草莓园在2 ~ 3年内与南瓜、甜玉米轮作。其生产的甜玉米很受欢迎，南瓜在秋季收获。草莓季结束后，他们经营一个0.4公顷的蓝莓园，其品种是适合北方气候的半高丛‘北空’（Northsky）和‘北蓝’（Northblue）。

当南希能读到本文时，应是在11月下旬，此时正是草莓覆草防寒期，尽量赶在暴风雪到来之前覆完，尽管这时草莓植株还没有完全进入休眠期。每公顷约使用43捆稻草。威廉在当地的中学教书，下班回家后安装喷灌设施。这里秋季很干燥，除利用喷灌设施灌溉外，还用其防霜冻。

适于该农场栽培的草莓品种有‘火花’(Sparkle)、‘号手’(Trumpter)、‘格鲁斯波’‘宝石’和‘安纳波利斯’。试栽了新品种‘米萨比’（Mesabi），该品种在这里贫瘠的沙质土中表现佳、果实甜。从6月中旬到7月10日进行自采摘，约5%的果实提前挑选采收，由少年帮忙采摘。比尔夫妇热爱经营这个农场及其高中教学工作。

4月的最后一周以1.2米宽的垄距进行定植。基于调查结果，来年计划将垄距降至1.1米，因窄垄便于采摘。调整后所需新设备的成本可由所增产量来弥补。垄床更新包括割除叶片、缩窄垄床至40厘米、耕作和施用除草剂。

用3种除草剂控制杂草。在定植后不久施用芽前除草剂敌草索，如有需要，可重复施用。在秋季，通常于结冻之前使用草萘胺。在春季，如出现禾谷类杂草，可施用稀禾定（Poast）。在垄床更新后至秋季到来前，用特草定除草，如特草定无法控制禾谷类杂草，可用稀禾定。治理杂草的关键是用锄头和手工除草。我们监控除草农工以确保除草到位。

草莓园无鸟害问题，但知更鸟对蓝莓危害严重。需用防鸟尼龙网罩在每个蓝莓垄上，每次采摘时都需移除，采后放回，这很费工。近年来鹿的数量有所增加，但尚未危害到该农场。

在采收季节，利用广播和报纸做广告来招揽顾客，还有一个浆果食品配方及宣传采摘日期的小册子（图2），小册子上有农场的联系电话。顾客可将小册子带回家并分发给邻居，这些顾客可给农场打电话获得每天的销售信息。打进的电话数量预示着该天大约有多少顾客光临。顾客车辆引至铺有草皮的停车场。威廉雇用初中生进行采摘，早上7点到达。学生们还帮忙照看旗帜和指示牌并将自摘者保持在指定的垄区。自采者们自带采摘容器如冰淇淋桶或大碗。如果没带，可在农场购买5.7升的浅式纸板托。果实以重量计价。采前对采摘容器进行称重。在白天高温时段，采摘停止，傍晚时分再开始。剩余果实在顾客大量经过的路边摊点出售。

欢迎儿童进入草莓自采园，但需大人监管。但在蓝莓自采园，则不鼓励7岁以下的儿童入内。因为蓝莓采摘耗时，而幼童无耐心。

家庭趋向于购买摘好的现成果实。看来许多家庭没有时间去自采摘。每位顾客也不会一次采摘太多，大多只用于临时鲜吃、做一罐果酱或少量的果派。

保尔夫妇做了一些关于土壤改良和叶面施肥如海藻肥的试验。年轻的家庭常希望吃到农药残留很少或无残留的果蔬。少使用化学农药是进行果蔬生产的趋势。

图1 A. 1.2米宽的垄床，为提高产量和易于采摘，在来年将垄宽缩至1.1米；B. 农场的草莓采收季之后，是蓝莓采收季；C. 稻草人指路；D，E和F. 玛丽（Mary B.）（戴墨镜）正在讨论右边的南瓜和甜玉米的年收入；G. 如果你在该次旅行中能得到某些启发，这次旅行就很值得；H. 位于明尼苏达州白熊湖烧烤餐馆旁的哲卡布逊家庭苹果/草莓路边摊。从左到右：阿特（Art）、南希（Nancy）、迪克（Dickey）、德尼斯（Denise）、比尔（Bill）（协会活跃分子）、鲍勃（Barb）、娜塔莉（Natalie）、艾伦（Ellen）、玛德琳（Madeline）和最年长的会员约翰（John）。比尔是北美草莓生产者协会的领导及前董事会主席

BAUER BERRY FARM

10830 FRENCH LAKE ROAD
CHAMPLIN, MN 55316

763-421-4384

BRINGING YOU THE HIGHEST QUALITY BERRIES AND SWEET CORN

Farm History

The Bauer Berry Farm is owned by Bill and Nancy Bauer with seasonal help from sons, John and Bruce. The farm has been producing fresh produce for you since 1977, growing strawberries, blueberries and sweet corn.

Our berries have been carried home to neighboring states and our sweet corn has even been shipped as far as Alaska. We pride ourselves in providing you the freshest, highest quality produce we can grow.

We recognize the effects of modern agriculture on the environment and have attempted to modify our impact on the land. In an effort to minimize soil erosion and maximize water conservation, we have planted tree shelter belts and rye cover crops. A grass buffer zone around our wetland minimizes run off. We have introduced the use of many organic plant nutrients and soil microbe enrichments on our crops.

Picking Seasons and Hours

Call the picking hotline for the latest update on our produce. During business hours we attempt to answer all phone calls, but if the line is busy, you will receive the current message.

Produce Update: 763-421-4384

You can also find out about us on the Web:
www.mda.state.mn.us/mngrown
That's the web site for the Minnesota Grown produce directory.

Strawberries
The strawberry season will begin Mid-June this year and last about 4 weeks, which means plenty of berries even after the 4th of July. Hours for strawberry picking are from 7:00 AM until 1:00 PM, daily. We are not open during the hottest part of the day, because the berries get too warm and do not keep well. Instead, plan to pick during the evening. Once the season is at its peak, we will be open several evenings a week, from 5:00 to 7:00 PM. It's usually much cooler then, and by far less busy.

Blueberries
The blueberry season will begin approximately July 7th and also last about four weeks. Blueberry picking hours will be from 8:00 AM to Noon each day and also several evening pickings will be possible. The produce update will keep you informed.

Sweet Corn
Our super sweet corn harvest should begin the last week of July. We pick the corn every morning and have the wagon load at the farm by 9:30 am. If you want to order 10 dozen or more, call a day ahead so we can have it ready for you. We will also be selling our corn at 56th and Nathan Lane in Plymouth.

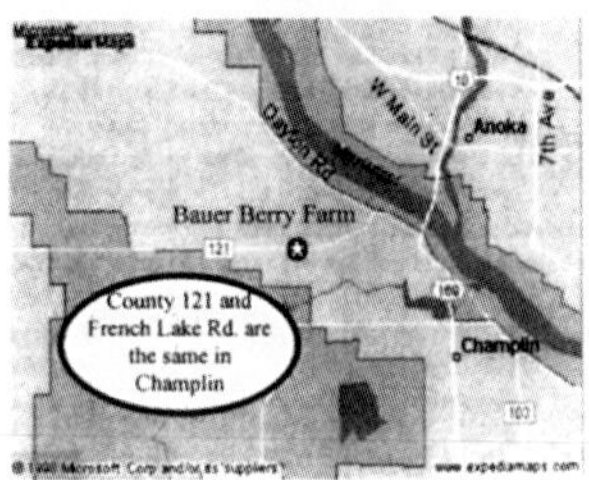

ATTRACTIONS

Family Fun for All Ages
Berry picking means an outing to see your food as it grows. Everyone can appreciate picking your own fresh fruit as it is packaged in nature. No one else will touch your food. You are the quality control chief...There is no middle man, so you save money. Children are allowed to pick with adult supervision. They observe first hand the cycles of nature and how the berries grow. They can see that berries don't grow on store shelves.

Clean Fields
The strawberry fields are straw mulched. This means that the fields are never muddy, even after a hard rain. In turn, the berries stay clean, so you don't even have to wash them!

Day Care Tours
Tours are available upon request. We will accommodate groups of 15 to 25 children. The tour includes a hay wagon ride, an educational presentation and of course picking some berries. Please schedule early, as the calendar fills quickly.

Great Eating
Strawberries are everyone's favorite. We all love shortcake, pies, jam and of course eating them straight off the vine is exquisite. They're loaded with nutrition, too. Did you know that a ½ cup serving has all the Vitamin C you need for a day? (And who can stop at just one half cup?)
The latest research on nutrition ranks fruits and vegetables for their ability to neutralize free radicals, which are unstable oxygen molecules associated with cancer, aging and heart disease. Fruits and vegetables with deeper color are more powerful antioxidants. At the very top of the list are blueberries, followed shortly by strawberries. **Can you think of a better way to stay young and healthy?**

Our Blueberries
Blueberries also have the ability to prevent urinary tract infections, just like cranberries. Eating Well magazine named Blueberries the 1998 Fruit of the Year, citing their fiber content, Vitamin C content, in addition to anthocyanins, the pigment that makes a blueberry blue, which may help prevent cancer and slow the effects of aging.

CARE OF YOUR STRAWBERRIES

In order to keep your strawberries at their peak of freshness and flavor, remember these guidelines:
Pinch the stem as you pick: don't squeeze the berry.
Keep your berries cool. Wait to hull the berries until just before you want to serve them.
Because of the straw mulch in the fields it is not necessary to wash the berries for dirt. We do not spray the fruit with chemicals, so there is nothing to wash off. Your berries will have less frost in the freezer if you don't wash them.
To freeze your berries: hull them, then either put them whole, sliced or crushed into freezer bags or containers. Sweeten to taste for crushed or sliced berries. Frozen whole berries are a great snack to pop in the mouth one at a time.
Thaw your berries and serve over cereal, ice cream, or yogurt to enjoy the flavor all winter long.

Pinch stem here

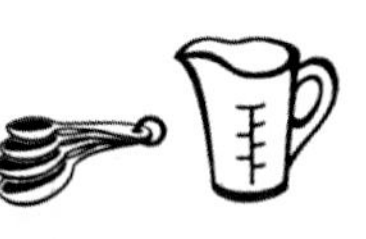

RECIPES

Fresh Strawberry Pie
Mix together and bring to a boil:
1½ cups of crushed strawberries
¼ cup water
stir together and add to the boiling strawberries:
1 cup sugar
3 T. cornstarch
Stir constantly over medium heat and boil one minute. Cool
In the meantime, arrange one quart, or more to suit your fancy, of hulled strawberries in a prepared pie shell. When the glaze is cool, pour over the berries in the pie shell, and chill at least 2 hours. Garnish with whipped cream. Serve and enjoy.

Strawberry Milkshakes
This is a great way to enjoy the flavor of strawberries in a milkshake that is thick like the richest malt without an ounce of ice cream. Here's how you make them:

2 cups frozen whole strawberries (or other frozen fruit such as blueberries, raspberries, bananas, etc.)

2 cups milk

3 T brown sugar or honey; more or less to taste

1/3 cup powdered milk

2 T malt powder if desired.

Blend until smooth. Add more berries or milk to adjust the thickness to your liking.

图2 保尔农场的小宣传册（你也可能想制作一本类似的小册子，分发给顾客及其邻居或来访者，北美草莓生产者协会有样册）

密苏里州的布朗草莓农场

草莓生产者大卫·布朗
密苏里州米勒

多年来，我一直想拥有并经营草莓产业。1994年春天，我家附近一个10英亩（60.7亩）的园地挂牌出售，这片地的土质差，防护林带过度生长，但潜力很大。该园地位于公路边的高地上，公路连接两个大城市斯普林菲尔德和乔普林，而这里是正中间，也位于多个小镇之间。花了几个月的时间才把该园清理出来。

园地准备 园地长满了羊茅草，其他杂草则不多，而不得不对其喷草甘膦，然后深翻，撒施石灰和肥料。于5月中旬播种了苏丹草，7月中旬苏丹草已长至3米高。割倒苏丹草后犁入土中，然后又播种了一次，在9月当苏丹草长至近2米高时又进行了割草和翻耕以用作绿肥，在冬季播种了黑麦草。来年可重复这一过程来改良土壤。

种植 在3月中上旬，割倒黑麦草并将其翻入土中。然后，分析土壤营养成分并依需施肥。于3月下旬，翻耕后用起垄机起垄，然后用机械移栽机单行定植草莓苗。目前采用的行距是1.1米，株距是46厘米。我的移栽机仅值20美元，而新的则需350美元，虽然简单，但足以应付草莓苗栽植。滴管带已置于土中，只需将管头连接到主水管上，定植后就可灌水。

园中的水井出水量较低（每分钟仅106 ~ 114升），因此我们把园区划分成几个灌溉小区，一次只灌溉一小区。我们也使用喷灌系统来辅助除草剂药效及防霜冻。定植时施用了低浓度的敌草胺。虽

图1 布朗从威斯康星州买来一台二手干草切碎机，可容纳12个干草捆，切碎的稻草从底部的孔中直接覆盖到苗莓垄上（左：布朗的儿子；右：布朗）

[1] 伊利诺伊切斯特郡的贝尔尼·科尔维指出，“如在定植前播种一年生黑麦草，会长的过高，使用漏斗式播种机可避免将草种撒到垄上。一年生黑麦草覆盖可减少除草剂的使用、避免垄间土壤板结并降低稻草的使用量”。但黑麦草的生长必须通过除草剂或割草机来控制。

图2 冬季结束后，用土壤疏松机来把覆草移至垄间

然园地的土壤较肥沃，定植后4 ~ 6周也施过1次氮肥。在此期间直至整个夏季，根据情况进行手工锄草及拔草。

去花 去花是定植当年的常规栽培措施。研究表明，当年进行去花会增加来年的果实产量。由于果实需求量大，我们尽可能地生产更多果实。在有人帮忙时，我们可以用3 ~ 4个傍晚去除所有的花朵。

此后，随着匍匐茎的抽生，我们就用手或锄头把其拉入垄中，如有必要，可多次使用除草剂、杀菌剂或杀虫剂。在8月中旬，再次施肥。

整个夏季，我们都用一个去掉中间挖爪的老式三爪挖掘机在垄上耕作并维持垄宽，使之达到46厘米。在12月的第一周，即在冬季覆盖前喷施一次敌草胺。

覆盖 头几年都用手工进行稻草覆盖和移除，即使在小于0.8公顷的园里其劳动量也很大。由于劳动力短缺，我们决定用干草切碎机来进行操作。从威斯康星州的一个草莓农场买了一台二手切草机，将其安装在一个长约1米并可放置12个草捆的平台上，切碎的稻草从平台底部的一个孔中漏下，直接覆盖到草莓垄上。这只需要两人操作：一人驾驶拖拉机，一人操作切草机，就可在较短时间内完成覆盖。在春季，则用草莓土壤疏松机来去除覆草并移入垄间（图2）。土壤疏松机购自伊利诺伊州的农机具商店，该机械实际上是一个小型的机械耙，可以拖挂在拖拉机或四轮全地形车的后面，使用方便且功效高。

劳力 我们有时会雇佣墨西哥农工来清理园地，这些农工喜欢按件计酬。但过去两年里，我们雇佣的是年轻阿米什劳工，他们帮助干多种农活，如至少进行一年两次的园地清理，在采摘季到来之前，有时也会帮助清理或搭建牲口棚或干些其他杂活。这些工作按小时付酬，但也有例外，那就是采摘时按采摘量付酬。我们也会在当地报纸上刊登招工广告，农工流动性很大，但我们也有每年都回来继续工作的固定农工。

广告　第一年我们就准备好所邮寄的人员名单和地址，并每年更新。在收获季开始前的7 ~ 10天内邮出印有色彩艳丽草莓图案的明信片，明信片上的信息包括草莓农场预计开始采收的时间、如何查找相应的报纸广告以及我们的联系电话。在收获季开始前两周，我们就有录音电话留言向客户报告关于即将到来的草莓收获季信息，客户可以提前预约采摘。一旦采摘季开始，我们会在闭园期间用录音电话留言向客户报告下个采摘日的安排。

因为我们的草莓农场位于连接两个大城市的公路中间，采摘季节每天都在两个城市的报纸上刊登广告，也会在当地小镇的周报上登广告。实践证明，这种方法要比花大钱在流通量大的免费报纸上刊登广告有效。

在通往农场的主路旁，我们设立了一个4英尺 ×8英尺的标志牌，指向农场，在当地社区的各种公告栏上我们也贴上了小型的宣传海报，从远至48千米的地方我们就开始了这些宣传，效果很好。

将来，我希望会有一家专门播放农事的电台，可利用该电台进行广告宣传，内容包括重复播出15秒的商业广告，如有可能，会有远程现场直播。

采摘季的日常运作　布朗草莓园通常于5月的第三个周四正式开放采摘。开放日之前总会有些果实成熟而需要及时采摘，一般会联系当地居民在傍晚来采摘这些果实。这可避免早熟果腐烂并令当地居民开心，因为这可避开开放日的拥挤人群且有更大的选摘余地。

周一到周六的开放时间是早7时，周日为下午1时。即使我们的开放时间为早7时，人们通常会来的更早。关闭时间为晚7时。

农场员工在早上六点半开始上班，这些员工包括收银员、园地现场协调员以及六七个应付现成果实订单的人员。

由于农场没有冷库，员工们一般不会提前很长时间来采摘现成果实。我们首先采足前一天的订单需求，这可使果实保持新鲜状态。我们也会尽力满足临时来园购买现成果实客户的需求。

我亲自接待来园采摘的客户，发放采摘容器并介绍给园地现场协调人员，由协调人员引领到指定的采摘垄。

伊利诺伊切斯特郡的贝尔尼·科尔维指出，“如在定植前播种一年生黑麦草，会长的过高，使用漏斗式播种机可避免将草种撒到垄上。一年生黑麦草覆盖可减少除草剂的使用、避免垄间土壤板结并降低稻草的使用量”。但黑麦草的生长必须通过除草剂或割草机来控制

销售　农场提供草莓果包装托盘（高度为8厘米的打蜡纸箱），托盘上有提手，便于移动和称重。最后，客户们会把装有果实的托盘带回家，客户们对此很满意。虽然打蜡的包装托是笔开支且需提前组装，但实践证明这比用饮料箱要方便的多。虽然饮料箱有很多且通常免费，但有很多缺点：草莓汁会浸透其纸板、没有把手且装果量少。大多数客户通常都会将托盘装的很满，重达7千克左右，有些甚至会超过8千克。同样，我们也会对预定现成果实的托盘装满，除非有特殊重量要求。

多数客户的采摘会超过1托盘，当摘满一托后，我们会在托上写上其姓名，搁置一旁，然后让其采摘下一托。结账后，我们会帮助客户把所采草莓装到其车上。

从我的农场一直按磅销售。理由很简单，按磅销售比按体积销售挣钱多，这也会避免在结账时发生争吵或不愉快。如果按体积销售，客户们会试图把包装容器装的过满，这是人的本性，而按磅销售则不存在这一问题。客户们把采摘的草莓带回家，生产者则拿到了所需的费用。当然也有例外，那就是在农贸市场进行按箱销售，因为生产者控制着箱内果实量。

附加值产品　我们已试图开发一些其他产品，如印有我们农场商标的草莓酱、草莓食谱和草莓去皮机。这些都不太成功，最成功当属出售瓶装水和碳酸饮料，这会使价格加倍，我们已卖出了好几箱。

收获季结束　采摘季通常会持续17 ~ 18天，售量最多的时段是前10天，以后客户会越来越少。结束后，我们会撤下标牌、清理采摘容器并把所有物品归类入库，等待来年再用。做好收尾工作后，每人都要休息。

在纽约州吸引消费者的‘独特营销策略’

瑞克·米尔尼克（Rick Melnick）
《美国果树生产者》杂志编辑

都说选址至关重要，位于布法罗和罗切斯特之间的纽约州奥尔良县可能不符合理想选址要求。这里是纽约州人烟最稀少的地区之一，当地人口不到4万。然而位于瓦特波特、隶属戴尔果园有限公司的布朗浆果农场接受了这一挑战，他们的路边商场很成功。

毕业于康奈尔大学果树专业的鲍勃和艾瑞克·布朗兄弟把其家族生意推向了新的高度。还在康奈尔大学期间，鲍勃就请一位咨询师研究了在瓦特波特开设路边店的可行性。咨询师告诉鲍勃此处不适于开店，鲍勃说："但我真的很想试一试，于是我们决定不管怎样先把它建起来再论。"

布朗兄弟的零售业始于一售卖草莓的12米^{2}路边摊，从这简陋的开始一直发展到目前具有372米^{2}设施的布朗浆果商场。鲍勃认为冰淇淋肯定受欢迎，因为瓦特波特是夏季去五大湖旅游的休息站。"因此，刚开始时我们主销冰淇淋，以便推销浆果。现在则是主销浆果，顺便销售冰淇淋。"

该地区具有两个州立公园和一个游艇俱乐部，这提供了稳定的客源。"旅行者要去当地的商店都需经过我们这里，旅客们一旦驻足我们店，就会有充分的理由在本店闲逛或购物。"

不一样的商场 我们的销售业已经发展成一个多元化商场，有一个售卖食品和甜点的大柜台，一个可俯视游乐场的就餐区，而我们的乡村商店部分则拥有多种多样的礼品供挑选。在商场的中心，游客们可以选择各种果酱及果冻，也可以从门前的展品中挑选1蒲式耳苹果或者1罐苹果醋。

"我们的商场有3个主题：一是农场主题——乡村商店；二是航行主题，因为我们这里距安大略湖不到两千米；第三个，可能也是最重要的一个，就是我们注重儿童客人（那也是麦当劳之所以成功的原因），一个不是面向父母而是面向儿童的市场。"布朗兄弟的商场对儿童充满吸引力，每年都有近3 000位年轻访客从附近城市而来，去野外旅游并在此停留。每年的租赁收入与农场其他收入相当，农场工作面积约有81公顷。

布朗兄弟使用了一些与众不同的市场营销策略将其浆果商场办成了纽约州西部最有名的商场，与众不同是指经营水果业。乡村商店吸引了包括布法罗、罗切斯特和巴塔威亚地区在内方圆80千米的老师和学生。让我们先从牲口棚开始，在那里鲍勃给孩子们介绍关于农场生产的第一手信息。"我们试着在他们离开前教给他们一些知识，希望这次旅行对他们是一次难忘的回忆。"孩子们有机会去喂食或抚摸农场牲畜，然后他们到南瓜园看南瓜，等回来时，牲口棚内已经为其准备好了午餐，孩子们坐在干草捆上，以长条木板做餐桌，孩子们对此很喜欢。在离开之前，还会给每位发一张纸去涂画布朗草莓农场的漫画，然后带着它和新鲜采摘的水果送给爸爸妈妈。孩子们还会得到一张下次来访时免费冰淇淋券。"经常会有一些父母告诉我，他们的孩子已经在这里旅游过了，但总是想再来一次。而这正是我们所需要的。"

"关于野外游览的收入，我们可达到收支平衡。一旦父母们看到我们所提供的，保证会有回头客。有一对居住在48千米以外的夫妇每周都要来3 ~ 4次购买派或咖啡。"

布朗兄弟商场最吸引人的项目之一是游乐场。里面有一台旧拖拉机、一艘海盗船和一艘摩托艇供孩子们爬着玩。布朗兄弟还于秋季在游乐场里装饰上一些稻草人，这些稻草人的穿着打扮像卡通或者儿歌里的人物。装满干草的粮仓是另一个受欢迎的项目。孩子们和他们的父母可通过一隧道进入粮

仓。鲍勃说父母们玩得和孩子们一样开心。

由于这一地区的旅游业，浆果商场在整个夏季都挤满了游客，因此鲍勃集中精力销售农场的产品。浆果农场从哥伦布纪念日开始至10月的每个周末都会举行秋季节日活动，这让父母们有了更多陪孩子玩的机会。“我们举办秋季节的初衷是很多家庭都想聚在一起做点事，比如一起驾车到农村远足，我们的秋季节日就为他们提供了一个很好的目的地。”

发展历史悠久　最早的40公顷老农场是布朗家族于1804年购置的。直到19世纪末期，鲍勃的曾祖父哈瑞才开始涉足水果产业，种植了榅桲和一些不同品种的苹果树。

“二战”末期，加工苹果的价格高，因此将农场经营的重心转向了加工苹果。“目前我们仍有很多加工苹果，约占40%，但这些老苹果树给我们带来的利润不多，现在经营鲜食水果才赚钱。”

目前，布朗兄弟的农场面积有81公顷，多数是苹果树，有约6公顷的树莓、蓝莓、接骨木和草莓。

艾瑞克说，他们利用滴灌技术使浆果产量增加了25%～30%，充足的水分使果个大而诱人。

“我们在树莓上投入很大。目前我们使用V形整形法，以使树体整洁，这对批发和观光采摘销售都很重要。”观光采摘目前很流行。

将来打算　当浆果商场在冬季感恩节前周末关闭的时候，他们每年都发售数百份苹果礼品包。空白订单主要放在商场里备取，当冬季彻底关门前，他们会发送出这些礼品包。

但农场规模可能会缩小。“我们目前对所栽培水果树种很满意，然而鲍勃准备缩小农场规模，但不会缩减零售业，我们已着手将布朗浆果商场打造成夏日胜地，准备在冬季歇业。”

草莓信息

- 超过53%的7～9岁儿童都认为草莓是其喜欢的水果。
- 8颗草莓即可提供儿童日需维生素C推荐量的140%。
- 大多数最早成熟的草莓果实个头都很小。
- 70%的草莓根系都位于8厘米深的表土层中。
- 草莓是春季最早成熟的水果。
- 8盎司（226.8克）草莓所含的热量只有203.1焦耳。
- 比利时有座草莓博物馆。
- 草莓与玫瑰和苹果同属一科。
- 草莓的风味受气候、品种及采摘时成熟度的影响。
- 每颗草莓约有200粒种子。
- 草莓是种子长在果实外部的唯一水果。
- 94%的美国家庭都吃草莓。
- 据美国农业部统计，美国每人每年消耗的新鲜和冷冻草莓达2.9千克。
- 草莓在美国的每个州（包括阿拉斯加）和加拿大的每个省都有栽培。
- 加利福尼亚州生产了全美国约80%的草莓。据加利福尼亚草莓委员会介绍，加州草莓基本上可周年生产，3～5月是产量高峰和品质最佳时期。
- 如加州每年生产的草莓一个挨一个的排起来可以绕地球15圈。
- 加州每年的草莓产量达45万多吨。
- 加州草莓产区平均亩产量约为3.5吨。
- 加州每年的草莓栽培面积约为9 300公顷。
- 俄勒冈州黎巴嫩镇每年的草莓节是全世界最大草莓酥饼的起源地。
- 平均每个美国人每年吃掉两千克新鲜草莓，外加0.8千克冷冻草莓。虽然草莓可加工成多种产品如冷冻草莓、草莓酱、草莓果冻以及草莓冰淇淋，但都不如熟透了的新鲜草莓美味。

- 草莓果实很脆弱，需要小心搬运以免碰伤。如今的运输技术可使草莓周年供应，但成本高。草莓育种者和生产者已经生产出耐贮运草莓。
- 佛罗里达州的草莓生产位居美国第二。该州草莓生产从12月延续到来年5月，3 ～ 4月是产量高峰期。为满足市场需求，从11月至翌年5月美国需进口草莓。

（伊利诺斯大学推广服务部门，厄巴纳/香槟）

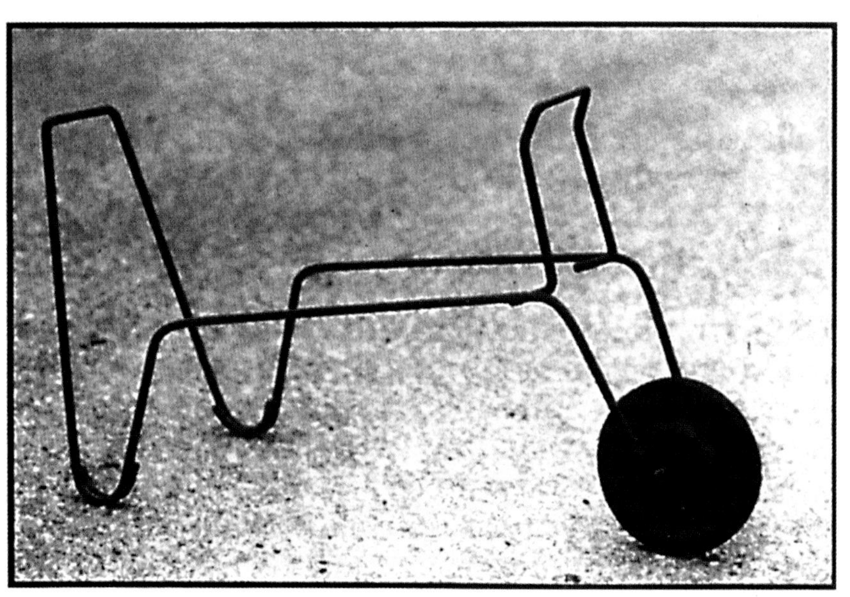

独轮草莓采摘车（加州大学）

太平洋西北地区的草莓产业还会有未来吗?

查德·芬（Chad Finn）
美国农业部西北小果研究中心
俄勒冈州科瓦利斯

美国农业部的查德·芬博士在加拿大尼亚加拉举办的北美草莓生产者协会（NASGA）年会上发言

自1992年以来，太平洋西北地区（俄勒冈州和华盛顿州）的草莓产业已由约3 200公顷下降到不足2 200公顷。西北地区的产业大衰减是随着美国多数地区长达半个世纪的产业衰退而发生的。在过去50年中，加利福尼亚州的草莓产业已从一个产品主要销往西部各州的一般产业发展为令人称奇的大产业，年产量达45多万吨，其中75%的果实销往北美地区及全世界的鲜果市场。加州崛起的草莓产业已经占据了整个北美地区鲜草莓批发市场的大份额。尽管如此，太平洋西北地区仍是加工草莓的主产地。由于气候及品种等原因，西北地区一直是质量最好的加工草莓产地，其加工产品每千克价格要比加利福尼亚或其他地区的高0.22 ~ 0.44美元。虽然果酱制造商们买不起这种高价草莓，因其产品中含50%的果实，但酸奶、冰淇淋和糕点生产商及日本商人还是可以接受这种高价格。然而，这一局面已经开始瓦解，主要原因有：1）生产成本的提高；2）加州草莓及进口草莓的低价；3）美国加工产业整体上的衰退。但一些加工商还是倾向于选用高质量的草莓果实。可以肯定，未来该地区的草莓产业会大幅缩小。

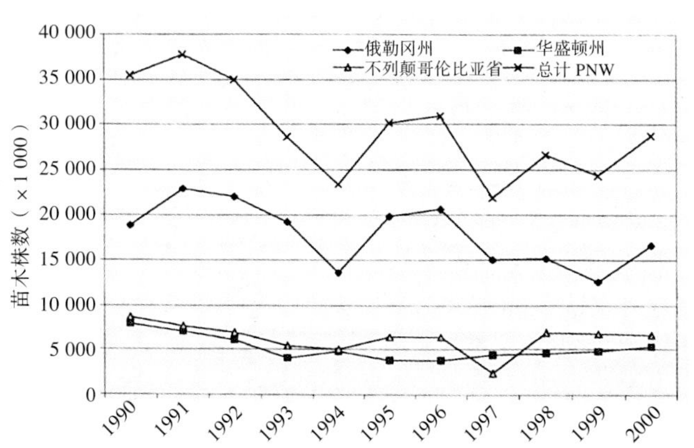

图1　1990—2000年太平洋西北地区草莓苗木销售情况
（引自派特·摩尔（华盛顿州立大学，普雅拉普）从各苗圃收集的供应太平洋西北地区的数据报告）

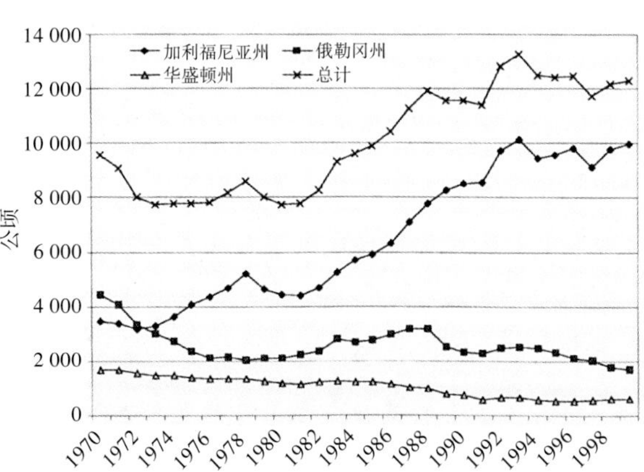

图2　1970—1999年间太平洋沿岸各州草莓栽培面积
（美国农业统计局，多年数据）

第五部分　草莓设施栽培

北卡罗来纳的温室草莓生产

诺尔曼·奇尔德斯（Norman F. Childers）
佛罗里达大学园艺科学系，盖恩斯维尔

在温室中使用基质栽培草莓有诸多优点：不需要土壤熏蒸、温度和环境条件可自动控制、不用担心是否下雨或土壤类型、不需前期的去花处理、不需安装庞大的灌溉系统、没有杂草问题且基本没有病虫害和鸟兽害，也不需要应付大批顾客的停车、采摘及结账等问题。但也有一些缺点，比如需投资租用或自建温室、装备温室设施并需掌握新的栽培管理技术。这一系统看来对临近城市的中小企业具有吸引力，可每周采摘进行鲜食销售。

我们参观的这家企业位于东南海岸平原地带的北卡罗来纳威明顿，由威廉和玛丽·拉本夫妇经营。一进入这座11米×29米的温室，你就会被眼前成排的各不同发育阶段的草莓果实所震惊。这些草莓栽培在11厘米的PVC管架上，这些管架沿温室走向排列。每排管架都能最大程度地接受光照，生产规模相当于一个0.2公顷的草莓园。在当地季节性条件下，于10月上旬用装有标准泥炭土混合物基质的10厘米花盆栽植了10 322株'甜查理'草莓苗，盆栽置于PVC管孔中，盆距约30厘米（见图）。利用小黑塑料管（见图）向盆中输入营养液（由市场购买的固体化肥配制而成）或水，由定时器控制每天浇灌3次，每次3分钟。每天都会检查溶液pH，产生的废水很少。通过天然气加热器和顶棚风扇以及温室通风口的自动开关来调整室内温度，白天设为21℃，夜晚10 ~ 12.7℃。并放置30只特殊培育的非繁殖性蜜蜂（用黄色条纹来鉴别）进行授粉，蜜蜂购自荷兰，每3个月购买一批。用定期释放天敌来控制螨类和蚜虫（分别用捕食螨和五倍子瘿蚊）。从不使用化学农药，这样经过3年后他们就可以进行有机草莓生产。采收期从11月下旬至来年6月中旬。大部分产品在当地销售，也会根据客户需求沿大西洋沿岸向北供应远达纽约。他们已经销售了约270千克所产草莓，每株草莓在7 ~ 8个月的3轮生长周期中可以结出10 ~ 15个商品果。

该主意并非威廉·拉本自己想出的，他是在当地推广服务部门米尔顿·帕克的帮助和很多专家的建议下，并受几年前在佛罗里达迪斯尼乐园的'未来世界'中所看到的生长在培养液中的植株启发而建立的。据威廉所知，目前当地可能有8位生产者也在试验该生产系统，这是他经营该设施栽培的第4年。整个拉本家庭都致力于该经营的运作。威廉每天花两个多小时采摘和管理，他和玛丽都有全职工作，威廉是国际纸张公司的电工，玛丽则是护士。他们计划等退休后再建一座温室，将经营规模扩大一倍。草莓销售已收回了3万美元投资。威廉认为这就是未来特色作物特别是草莓的生产模式。他

还希望能在温室中生产蔬菜。

（以上信息来自2002年2月北美草莓生产者协会组织的参观见闻）

图1　在北卡罗来纳的威廉斯堡，威廉和玛丽·拉本夫妇所经营的温室草莓生产（下图的植株已大量结果，而上图中的结果较少，可能需要补光；上图中还有试栽的蔬菜）

图2 A～E. 于2月，一进入威廉和玛丽·拉本夫妇的温室，你就会被眼前成排的具不同发育阶段草莓果实所震惊，正准备采收上市。该生产系统具有诸多优点，但需要周密计划，前期投入大且在10月至翌年6月需每天都进行管理；F. 威廉·拉本；G. 品种为‘常德乐’(Chandler)；H. 玛丽·拉本。(奇尔德斯拍摄)

佛罗里达的平袋式草莓栽培

乔治·赫克马斯（George J. Hochmuth. Jr.）
佛罗里达大学，佛罗里达昆西

图1　这种在佛罗里达冬季室外栽培草莓的技术本质上与在北卡罗来纳州拉本的冬季温室操作一样，位于佛罗里达大学昆西试验站的乔治·赫克马斯正在指导这种栽培模式

利用聚乙烯扁平袋水培可成功地进行草莓商业化生产（图1），该培养模式适于缺乏土地资源或田间管理设备的小型农场。在平袋水培栽培模式中，将聚乙烯管带中装满珍珠岩基质，然后密封两端，在各地的许多温室设备店都可以买到这种聚乙烯管带。聚乙烯袋外面应为白色，里面则为黑色，以防止日光射入引起袋内水藻滋生。标准袋长一般为1米，只要便于填充基质，可使用任何长度的袋子。

将袋子首尾相接地摆放在生长面上，如果用于室外栽培，应先在地面上覆盖一层黑色材料，以防止尘土和土壤害虫。一般两排平袋并排地放在一起，每两排间留出一条窄通道用于生产作业，道宽最多1米。然后安装灌溉系统。在灌溉系统中用黑色聚乙烯管向植株输送液体水肥。在每个1米长的平袋表面切开两排孔（每排3个，排间孔错开），将灌溉滴头插入其中。利用灌溉系统湿透珍珠岩基质，然后在袋基部开设小的排水口，一般每袋开设3个。理想情况下，生长区的地面需铺设接收盘，以收集渗出液。渗出液可用来灌溉园中的其他植物，但不能在草莓上重复使用。

用无菌基质如珍珠岩或草炭繁育草莓移栽苗。在一个1米长的袋子上可栽植6株草莓苗，6株苗在平袋上的孔中“之”字形错开栽植。应每天用营养液灌溉数次，每次灌溉后袋底渗出液应保持在较低水平（15% ~ 20%渗出）。应使用完全营养液，一般含有N和K各140毫克/千克。多数温室材料店都会出售用于水培的肥料及其配方。长势良好的草莓植株一般每株能产果0.7 ~ 0.9千克。

欧洲中部的草莓设施栽培

飞利浦·列顿（Philip Lieten）
国家草莓研究中心，比利时莫尔

前　　言

在欧洲，对高质量新鲜草莓的周年需求强盛。2 ~ 5月，西班牙南部和意大利的草莓上市，并出口到中欧和北欧国家。在8月，意大利南部、法国和西班牙的高温使其很难在夏秋生产草莓。在中欧地区（英国、德国、荷兰、比利时和瑞士），短日照品种通常可在6、7月采收4 ~ 6周。斯堪迪纳维亚半岛国家的草莓果实生产通常从6月底至8月底。但近10年来，几个中欧国家的'反季节'草莓生产持续增加（表1），这主要是在温室或塑料大棚中利用冷藏苗进行持续栽培，也采用了生长季不同的品种。这些措施可使果实生产季延长至11个月（从2月底至翌年1月中旬）。在荷兰和比利时，温室或塑料大棚的生产创建了重要的草莓出口产业，可在夏秋季节出口到气温高的南部国家，而在春秋季节出口到气温低、日照时间短的北部国家。设施生产的发展使英国和德国近年来部分实现了草莓自给自足（图1）。

飞利浦·列顿在2001年2月于纽约举行的北美草莓生产者协会年会上发言

表1　中欧和南欧的草莓生产概况（1999）

国家	总产量（吨）	总面积（公顷）	设施栽培面积*（公顷）
比利时	46 000	2 800	520
荷兰	28 000	2 200	160
英国	43 500	3 200	600
爱尔兰	3 000	200	70
德国	108 000	9 270	20
瑞士	5 200	440	76
法国	67 000	5 100	420
意大利	176 000	7 100	3 025
西班牙	367 000	9 700	2 000
葡萄牙	10 000	600	300

*温室和大棚。

优点及缺点　设施生产模式可以在传统主产季外进行草莓生产，避免了6月的上市高峰期。免受风、雨和冰雹的影响而使得易于采摘并提高果实质量。通过延长同一品种的生产期，可实现对市场的持续供应，从而延长了销售期。在草莓收获季节的早期和晚期，国产草莓通常比进口草莓价格优惠。反季节生产让生产者增产增收，而且也利于劳动力分工。

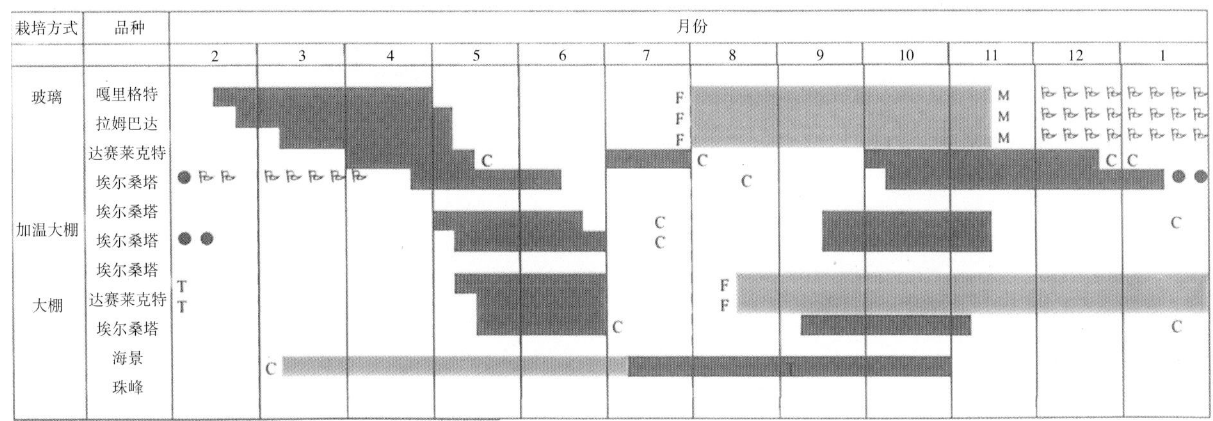

收获期
室外栽培
C 冷藏苗
F 鲜苗
n 自然冷处理
P 补光
M 移入温室
T 拱棚覆盖

图1 中欧草莓设施栽培概况

收获期；室外栽培；C 冷藏苗；F 鲜苗；n 自然冷处理；P 补光；M 移入温室；T 拱棚覆盖

应用温室及大棚生产草莓减少了对除草剂及杀菌剂的依赖，增加了害虫的综合治理潜力。草莓基质栽培主要在温室生产中应用，但在永久性大棚生产中也有，这减轻了土壤化学消毒剂的使用。另一方面，塑料大棚或温室生产也需要更多的投入，生产者也需要更多的技能。草莓设施生产也面临着一些典型的生理学如果实畸形、裂果、焦尖、着色不良、不能满足需冷量和日烧等问题。这些问题的产生一般与气候因子如温度、湿度、太阳辐射和灌溉等有关。

反季节生产 本文主要介绍中欧国家和地区的设施生产，这些国家和地区包括比利时、荷兰、英国、爱尔兰、德国、瑞士及法国和意大利的北部地区。

品种 目前中欧国家进行草莓生产的主要品种是短日照品种‘埃尔桑塔’（Elsanta），这一荷兰草莓品种适应性很广，从瑞典南部到意大利北部和法国中部，从爱尔兰、苏格兰到德国和奥地利都有栽培。其果实质优，深受零售商喜爱，适于超市零售或出口。在比利时和荷兰，有95%的草莓设施栽培采用‘埃尔桑塔’。在温室促成栽培时，‘拉姆巴达’（Lambada）是荷兰的主栽品种。‘达赛莱克特’（Darselect）则是比利时的主栽品种，用于春季大棚生产。在英国和爱尔兰，‘埃尔桑塔’是草莓设施栽培的主栽品种。而在法国，短日品种‘嘎丽格特’（Gariguette）和‘达赛莱克特’是其设施栽培的主要早熟品种。在意大利，‘埃尔桑塔’是山区的主栽品种，在波河平原地带短日品种‘马尔莫拉达’（Marmolada）占优势地位，随后是‘女士’（Miss）、‘阿迪’（Addie）、‘理想’（Idea）和‘帕蒂’（Patty）等品种。在设施栽培中采用四季性品种较少，在英国和瑞士，日中性品种‘保列罗’（Bolero）、‘艾薇塔’（Evita）、‘珠峰’（Everest）和‘大泽’（Everglade）用于夏季大棚生产，采收期可延长至秋季。在法国，日中性品种‘马拉波斯’（Mara de Bois）、‘海景’（Seascape）和‘赛娃’（Selva）用于秋季大棚生产，有时会延至来年春季生产。

设施栽培区域 温室草莓生产主要集中于荷兰（110公顷）和比利时（200公顷）。近来法国北部的一些旧番茄温室用来小规模（12公顷）栽培‘嘎丽格特’。英国和瑞士也有些玻璃温室生产，分别为36公顷和9公顷。在这些玻璃温室和可加热的联排结构中，所有的草莓都栽培在基质上，在最近10年中，这种生产模式很流行。草莓生长在桶、袋子或箱子内的基质中，基质为泥炭土混合物、松树皮、椰壳纤维或珍珠岩，也可用石棉板。在比利时，采用大棚基质栽培草莓的面积约为100公顷，占整个大棚草莓栽培面积（300公顷）的30%左右。在法国，草莓的反季节栽培采用可移动连栋大棚（400公顷）和小型大棚（1 100公顷），基质栽培约有70公顷，其中58公顷采用连栋步入式大棚。西班牙约有20%的草莓栽培在大型步入式大棚中，75%种植在小型大棚中。在意大利，超过40%的草莓栽培于大型连栋式大棚内。在意大利北部山区（如特伦托、维罗纳和皮埃蒙特），在大型步入式大棚中进行无土栽培的草莓面积大约有150公顷。由于前几年的恶劣气候及低产，在英国采用可移动连栋大棚进行生产的草莓面积已由1997年的150公顷迅速增加到1999年的600公顷，其中约75公顷的设施草莓是栽培在泥炭土和椰壳纤维基质中。同样，爱尔兰的大棚草莓生产面积也在激增，约有60公顷步入式大棚，其中的60%采用基质栽培。虽然在瑞士、德国和奥地利，设施生产不普遍，但最近也受到了重视。

植物材料　为了达到程序化的反季节生产，采用几种不同类型的草莓苗，每种都需要独特的栽培方法。以下简要介绍最常用的几种草莓苗类型及其特点。

鲜苗　从7月中旬（早熟品种如法国的‘嘎丽格特’和荷兰的‘拉姆巴达’）到7月底（比利时的‘达赛莱克特’）或8月初（‘埃尔桑塔’）从苗圃中起苗。这些裸根苗用于温室的基质促成生产（来年春季）或大棚土栽（用于来年5月进行果实生产）。

假植苗　假植技术起始于20世纪60年代末期的荷兰，鲜苗于7月底至8月中旬移栽于约1米宽的临时苗床中，按株距25厘米、行距25 ~ 30厘米、4行定植（每公顷约定植9万 ~ 11万株）。假植床中的植株需多次去除匍匐茎。一旦进入休眠期，就会起出并进行冷藏。假植苗植株较大，根茎约18 ~ 24毫米。假植苗植株通常会产生4 ~ 7个花序，产果数为40 ~ 65个。冷藏假植苗的最佳定植期是4 ~ 6月，用于当年夏季结果的露天栽培及秋季结果的大棚栽培。在荷兰和比利时，冷藏假植苗也用于大棚内11月或1月定植，春季结果生产。

A+匍匐茎苗　移栽前，在苗圃中于12月至翌年1月直接起出匍匐茎苗。起出后去除匍匐茎苗上的匍匐茎和叶片，依照根茎的大小分为若干等级。A+匍匐茎苗的新茎粗度大于15毫米。这种匍匐茎苗可用于一年生露天栽培或者温室及大棚中的促成或延迟栽培。A+匍匐茎苗约抽生3个花序，能结25 ~ 35个大果。

穴盘苗　从20世纪90年代早期开始，趋于采用穴盘苗进行长期冷藏。在‘埃尔桑塔’中，于7月15日至8月初，从基质中生长的母株上切下匍匐茎尖，将茎尖插入装有泥炭土的多孔穴盘中。有几种不同类型的穴盘用于穴盘苗生产，通常使用具有8 ~ 9个穴的60厘米 × 20厘米穴盘，每个圆锥形的孔穴容积约为300毫升。穴盘直线排列于室外，行间距为20 ~ 25厘米。对‘埃尔桑塔’这一品种而言，每平方米30 ~ 35株的密度是穴盘苗的最优密度。在9 ~ 10月利用特殊改造过的割草机去除新形成的匍匐茎。目前在荷兰和比利时，秋季用设施基质栽培的草莓中约有95%采用穴盘苗。穴盘苗比传统的土壤苗有些优点，如匍匐茎和茎尖是生长在基质中，这样可避免土传病害。穴盘苗的生长不需考虑地理位置和土壤类型，同时植株所需养分完全可控。即使在阴雨或霜冻天气也可方便地起苗，同时可保持其根系完好无损，这提高了植株的耐贮性，即使经过长时间的冷藏仍适合定植。由于恢复生长较慢且植株长势旺，一般会将果实采收期推迟3 ~ 5天，以增大果实体积。使用穴盘苗进行栽培的产量比用裸根假植苗高10% ~ 20%，也比使用A+匍匐茎苗高产。通常情况下，穴盘苗新茎粗度在12 ~ 18毫米，每株可产35 ~ 50个果实。

冷藏苗　冷藏是使草莓苗安全越冬的好方法，且可以弥补需冷量不足。起初，冷藏苗只在早春使用，目前已成为中欧地区夏季或秋季草莓生产中的常规措施。因为不同品种在不同环境条件下表现不同，因此推荐的起苗和贮苗期有很大差异。在北部地区（包括英国、德国、荷兰和比利时），对1 ~ 3个月的短期贮藏而言，于11月下旬起苗较好；而对3 ~ 9个月的长期贮藏则在12月中旬起苗较好。

而在南部地区（包括意大利和法国），最适起苗期为12月下旬至翌年1月下旬。能否长期贮藏的决定性因素是起苗时植株的形态，也与其所积累的休眠需冷量和碳水化合物储备量有关。起苗后，要抖净植株上的土，除去匍匐茎和叶片，打捆后放入聚乙烯袋中（20 ~ 40微米厚）进行冷藏。-1 ~ -2℃是最适于草莓苗长期贮藏的温度。

温室生产模式

在比利时和荷兰，采用温室生产草莓每年可收获2 ~ 3季，收获期得到拓宽，可从2月20日持续到来年1月15日（图1）。常用的栽培技术包括由计算机控制的精准肥水灌溉系统、环境系统、增加空气二氧化碳浓度系统和人工光照系统。病虫害综合防治及渗透液回收消毒是较新的技术，新的环境保护法要求生产中必须使用这两项技术。

提早促成和夏季生产模式　早熟是温室生产的既定目标，可采用早熟品种的鲜苗或穴盘苗来实现。在法国，‘嘎丽格特’穴盘苗于11月冷藏3 ~ 4周后即可定植于温室内，其收获季约始于2月中旬。在荷兰和比利时，则分别采用‘拉姆巴达’和‘达赛莱克特’。新起的裸根苗在7月底进行露天盆栽，于11月底将盆栽移入温室内强制解除休眠，如果其积累的冷量尚未达到解除休眠之要求，则进行3 ~ 4周的人工长日照补光处理。‘拉姆巴达’的收获季约始于2月25日，而‘达赛莱克特’的则始于3月中旬，其收获结束期约分别为4月30日和5月15日。在每平方米约12株的栽植密度下，‘嘎丽格特’‘拉姆巴达’和‘达赛莱克特’的平均产量分别为每平方米2.5、3.5和4.5千克。此外，冷藏的‘埃尔桑塔’A+匍匐茎苗可在12月定植，其收获季约始于3月下旬，持续至5月中旬。采用该技术，‘埃尔桑塔’的产量为每平方米5 ~ 5.5千克。

对夏季生产而言，在5月中旬结束第一季生产后可立即进行第二轮定植，可采用‘埃尔桑塔’的A+匍匐茎苗（每平方米12株）或穴盘苗（每平方米10株）。这些冷藏苗可定植于箱子、花盆或袋子等容器中，通常先于室外喷灌条件下生长2 ~ 3周，然后在开花前移入温室。根据气候条件，在定植后的7 ~ 8周（7月）即可开始结果，平均产量约为每平方米2.5 ~ 3千克。

对于秋季生产，可在8月进行第三轮A+匍匐茎苗或穴盘苗定植。于10月或11月采收，产量可达每平方米2.5 ~ 4千克。在夏、秋季生产中，湿度和灌溉系统对于降低植株的蒸腾作用、获得良好的成苗率至关重要。

越冬翌年生产模式　第二种草莓生产模式是只定植一次，收获两次，一次在春季，另一次在晚秋（针对圣诞节和新年需求）。在这种温室草莓一年生产中，应选用穴盘苗。与冷藏A+匍匐茎苗相比，穴盘苗根系完整、贮存养分多、长势旺且产果多。在8月中下旬，先在室外盆栽或袋栽，两周后移入温室。果实收获始于11月上旬，持续至来年1月中旬。平均产量约为每平方米3.5千克。植株越冬后可在春季收获第二茬果实。如有可能，可于1月将植株暴露于自然的寒冷条件下。据估计，‘埃尔桑塔’所需最低需冷量为7℃以下1 000小时，方可达到理想的营养生长状态及坐果量和产量。温室生长的‘埃尔桑塔’在某些年份可能会由于过长的采摘季和温和的冬季而达不到足够的需冷量。这种自然需冷量的不足可以通过在2 ~ 3月进行夜间间断性白炽灯人工补光来克服，进行每平方米10瓦白炽灯每小时15分钟的光照处理，这种周期性的暗期中断可使植株达到累积的长日照效果，该处理足以引起光周期反应。其春季生产通常比提早促成栽培模式下新定植的‘埃尔桑塔’晚几周，收获期约始于4月20日，持续至6月中下旬。平均产量约为每平方米6 ~ 7千克。相比于新定植植株，第二茬果的产量一般会高，但其品质（大小和果形）通常会差些。但这一生产模式的经济价值较为诱人。

塑料大棚生产模式

在20世纪70年代引入的PVC（聚氯乙烯）薄膜为设施栽培提供了前景。但到了80年代，更具优点的PE（聚乙烯）薄膜替代了PVC薄膜。PE薄膜的伸展性强、使用周期长且不易撕裂和变脆。PE的散光性强，穿透光线不会直接照射，从而避免叶片或果实的日烧。PE薄膜生产时可添加紫外线稳定剂、防冷凝剂及保温性强的6%～18%乙酰乙酸乙烯酯共聚物。在永久性建筑上通常使用寿命为4～5年的塑料薄膜，在可移动大棚中则使用寿命仅为1～2年的PE薄膜。

相对于露天草莓生产，大棚生产可提早春季采收期至少3周。如能利用燃气炉或加热管道进行辅助供热，则可使采收期再提前两周，并且可以使晚熟品种采收期延迟至果实品质很高的秋季。在意大利北部地区和瑞士使用双层薄膜大棚，在法国则在大棚内植株上覆以羊毛毡或打孔的塑料膜以提供额外的保暖和防霜冻保护。在夏季降水量多的地区（如英国和荷兰）使用临时性大棚保护定植后两个月的植株，提高其坐果率和果实质量并使其免受真菌侵染。聚乙烯大棚的利用、建造及其大小存在地区性差异。连栋式结构拥有更大的内部空间，并具有高效的通风设备。独栋结构则通常利用侧面通风。在永久性大棚中，无土栽培是主要生产方式，通常可利用秋季作物越冬或重新定植进行两季收获。

基质栽培　对草莓的秋季生产而言，穴盘苗和A+匍匐茎苗在7月的第1周进行定植。通常于室外在箱子、桶或小盆（管道系统）内定植，两周后移入大棚。密度通常为每平方米10～12株。9月初开始结果，约持续至10月中旬。采用A+匍匐茎苗的产量约为每平方米2千克，而采用穴盘苗的则约为每平方米3千克。如配备加热设备，收获期可延长至11月底，定植期为7月中下旬，平均产量约为每平方米3.5千克。某些地区的草莓在聚乙烯大棚内越冬，于春季进行生产。在无加热设备的大棚中，冬季时将盆栽或袋栽移至地面，并覆盖上毛毯以防止霜冻。'埃尔桑塔'品种很易发生冻害。也可采用冷藏假植苗或A+匍匐茎苗于1月在大棚内定植，有加热设备大棚的收获期始于5月初，无加热设备的则始于5月中旬，并可一直持续至6月底。平均产量为每平方米5～6.5千克。

传统的土壤栽培　在土壤中进行草莓栽培仍然在设施生产中占据最大比例。一般采用独栋式或连栋式临时大棚。用螺栓固定镀锌管框架，用麻线在两端的螺栓上固定聚乙烯膜，可移动大棚可跨盖3～5个垄床。当热量积累过多时，可卷帘通风。临时性大棚易于建造和拆除。目前已有多种机械设备用于建造大棚设施如管架运输车、独脚钻、塑膜卷防机和适配喷灌机等。在英国、爱尔兰、比利时和法国，'埃尔桑塔'和'达赛莱克特'在8月上中旬露天定植于覆有黑色薄膜的垄床上（每平方米4株），在1～2月在上面架设步入式大棚。这可使春季采收期提早1个月，'达赛莱克特'及'埃尔桑塔'可实现提早生产。也可在11月底定植假植苗（每平方米4～5株），并立即扣棚。在某些地区，于1月在大棚中高密度定植冷藏A+匍匐茎苗（每平方米6～8株），来达到大果早产。据不同品种和生产方式，春季平均产量可达每平方米2.5～4千克。

可将拆除的大棚于9月架设在四季草莓上，使其生产季延至11月。对于秋季短日照品种的生产，可于6月低至7月中定植冷藏假植苗和A+匍匐茎苗。在比利时，通常采用外白内黑的覆盖膜，在意大利，则把黑覆盖膜刷白以降低土壤温度。在9月，架设大拱棚覆盖园地。在光照充足的温暖条件下，有时也会以白色粉刷大棚以降低光密度和温度。种植在土壤里的'埃尔桑塔'的秋季产量一般在每平方米1.5～2.5千克。

欧洲中部的草莓基质栽培

飞利浦·列顿（Philip Lieten）
国家草莓研究中心，比利时莫尔

前　言

过去30年来，草莓基质栽培的进展可与花卉和蔬菜的媲美。于20世纪80年代中期，草莓基质栽培在比利时和荷兰兴起。当前，约有25%的草莓生产采用此栽培模式。在十年前，草莓生产还主要是依靠传统栽培技术在田间土壤中进行，但十年来，已发展为主要利用基质对草莓进行无土栽培。在中欧国家，草莓基质栽培已成为一种常规模式。这一栽培模式在荷兰、比利时、法国、英国、爱尔兰和瑞士也日趋流行。

基质栽培模式的优缺点　基质栽培模式受到了集约化温室和塑料大棚草莓生产者的极大重视。

收益　无土栽培最初是用来增加栽植密度和产量。虽然其设备和年均成本都比传统栽培高，但由于其高产和反季节生产带来的高价而获利。利用冷藏苗进行基质栽培可在一年中有十个月的果实生产期。此外，无土栽培模式还能稳定高价消费市场从而提高收益，也便于生产企业在较长的时间段内分配劳动力，并缩短收获高峰期，基质栽培条件下较好的工作环境也易于吸引劳动力。

减少农药的使用　无土栽培可在永久性建筑内受到污染的土地上进行草莓生产。盆栽或袋栽可使植株间隔开，从而避免土传病害的交叉侵染。此外，由于控制了土传病害和真菌病害，就不需进行土壤消毒，也不需使用除草剂。设施无土栽培增大了病虫害综合治理（IPM）的应用潜力。

对气候因素的敏感性　由于生根基质较少，无土栽培对温度波动较为敏感。夏季的根际高温可加速冷藏苗的生根及其营养生长，从而降低产量。另一方面，盆栽或袋栽植株由于其根和根状茎直接暴露在低温条件下，而易受霜害。在较冷的气候条件下，有必要提供辅助加热系统或对植株覆以聚丙烯板或聚乙烯膜，来防止霜害。由于在夜间基质比栽培土壤的温度低，从而使开花结果期延迟3～8天。

营养　由于基质栽培具有较小的根际环境，而需对营养液水平进行严密监控。尤为重要的是需要使用含盐量低的高质量水源。营养液中超量的硼（B）、锌（Zn）、氯（Cl）和钠（Na）离子会显著地抑制植株生长和产量。营养液的pH和微量元素（Mn和Fe）含量必须认真校准，方能优质高产。

果实品质　由于基质栽培的草莓植株悬挂在空中，果实干净且易成熟。果腐病及蛴螬或其他虫害罕见。果实的硬度和耐贮性可能会受到肥水施用间隔和栽培环境中温湿度的影响。基质栽培中的一个典型问题就是裂果，这可能是由过度灌溉或极端气候条件（高湿度和高根压）所致。

草莓基质栽培模式

营养液膜技术（NFT）　在19世纪末期，水培在德国只作为一种研究手段。水培于第二次世界大战期间起源于美国用于蔬菜生产。营养液膜技术最初由英国的库珀于1970年提出，用于蔬菜与花卉的生产。20世纪80年代初，在荷兰和比利时将此技术应用于草莓生产。NFT是将裸根苗生长在含有持续流动再循环营养液的水平槽（18～20厘米宽）中的一种水培技术。再循环营养液加热至20℃，每2～3周更新1次。通过使用交替水槽，栽植密度可达每平方米15株。这比传统的土壤栽培易于定

植和采摘。但采用该技术增加了草莓疫霉病发生风险。在20世纪80年代初，在水槽中置入石棉、聚氨酯和多酚等材料来改善根系发育和减少疫病侵染。然而，其效果不佳且成本高，那时，缺乏有效且廉价的措施对再循环营养液进行消毒处理。

盆栽 由于根部病害在NFT系统中极易传播，为解决此问题，于20世纪80年代初期，荷兰与比利时的生产者们开始在塑料花盆中栽培草莓。花盆高约22厘米，宽约20厘米，可容纳6 ~ 7升基质。通常，基质为草炭混合物，添有珍珠岩(10% ~ 20%)、木纤维或椰棕丝以提高孔隙度来加大空气流量和降低持水量。

由于每个花盆都单独滴灌，且渗出液不与其他花盆接触，这样，植株就不会发生根部病害交叉侵染。在一个典型的温室或大棚中，将花盆吊挂在一排相距1.2米的直线上，盆间距为40厘米。每盆定植4株，植株密度为每平方米8 ~ 12株。花盆可以放在水槽上或支架上。某些生产者在室外的桌架上安装了夏季栽培设施，用于四季草莓的生产，每盆只定植一株，密度为每平方米4株。

草炭袋栽 20世纪70年代中期在比利时，利用品种‘大果森加’(Senga Gigana)和‘普里麦拉’(Primella)第一次在草炭袋上进行了促成栽培试验，但因为营养液配比不适宜和高盐含量而没有成功。约十年后，在荷兰和比利时对这一栽培技术进行了改进。于90年代，草炭袋栽培已成为中欧地区的主要栽植模式。

草炭袋是含有8 ~ 18升草炭基质的小塑料袋（长、宽、高各约40厘米或60、25、10厘米）。袋的底部和顶端有15 ~ 20个排水孔，利用滴灌对袋内提供水肥。通常情况下，需额外滴灌20% ~ 35%的营养液以保证所有的植株都得到足够的营养。可将生长袋置于水槽(20厘米宽)中或分别用约相距8厘米的三个铁棒支撑。生长袋可悬挂在温室、塑料大棚或独立的小拱棚中进行栽培，在夏季也可置于室外。生长袋支撑结构的高度通常为1.2米，行距为1.1 ~ 1.2米。在欧洲中部地区，用石棉、纯珍珠岩、椰糠、椰棕丝和松树皮等作为生长基质，但多数仍用草炭混合物。

容器栽 草炭袋的高成本和由此而产生的塑料垃圾问题，使生产者们对容器栽培产生了兴趣。自20世纪80年代末至90年代以来，人们试验了几种直角形容器(Bato、Horflak、Verstappen、Meerle)。这些容器的长、宽和高各为50 ~ 60、20和15厘米，可容纳10 ~ 20升基质，并可以放在水槽中或特制支架上。通常将渗出液用排水槽或PVC管道收集起来，在草莓和其他作物上重复利用。

盆和管架栽 在20世纪60年代末期，所谓的草莓垂直悬空水培技术在意大利得到应用。该技术是将草莓定植在石棉方块中，然后将石棉块插入直立式PVC管孔中。定植密度为每平方米25 ~ 30株，较高产。该模式在南方国家应用广泛，因那里光照强度高。然而，因收获困难、投资高及果实品质和结实等问题，垂直栽培模式在中欧应用较少。在90年代中期，管架式栽培在比利时和荷兰受到了重视。PVC管悬挂在温室顶梁或放在支撑结构上，间距2米，距地面约1.5米。将草莓苗定植于装有泥炭基质的花盆（容积为2升，直径为15厘米）中，每盆两株，然后将盆栽嵌入PVC管孔中，距孔底约4厘米，以防盆底与渗出液接触，从而避免根系病害，密度为每米6盆（12株/米^2）。与草炭袋和容器栽培相比，该模式基质用量减少一半、需劳动力较少且不产生塑料垃圾。

冷藏草莓苗的应用

飞利浦·列顿（Philip Lieten）
国家草莓研究中心，比利时莫尔

冷藏是使草莓苗安全越冬和弥补其需冷量不足的好方法。冷藏苗最初只用于早春果实生产，但目前在欧洲中部已广泛应用于商业化生产，使果实生产期从7月延续至翌年1月。冷藏假植苗在荷兰和比利时于20世纪70年代初开始应用，目前已在草莓生产中占有相当大的比例，这些“所谓的”60天苗主要栽培于露天，7 ~ 9月生产果实。最近，冷藏假植苗在英国、德国和意大利北部等地得到广泛应用，以延长果实生产期。另外，在法国和德国冷藏A+匍匐茎苗传统上应用于春季果实生产之后的夏季露天生产。在过去的十年中，穴盘苗在塑料大棚和温室的秋季基质栽培中应用普遍。最近几年，‘反季节’草莓的生产在某些欧洲国家发展很快。改进苗木生产技术、提高苗木质量和改进冷藏条件的研究正在深入进行。

草莓苗的冷藏

低温贮藏的历史　在20世纪初，草莓苗通常贮藏于土沟中，上面覆盖水苔、秸秆或草炭，而在70多年前就已开始使用冰窖。有关草莓苗冷藏的科学报告可追溯至20世纪30年代。在美国，匍匐茎苗于4月中旬前约冷藏两周。在荷兰，木尊伯格（van den Muizenberg）于1939年定植了冷藏苗（3 ~ 4月进行冷藏），在7 ~ 8月收获到了果实。在美国，第一座冷藏库建于30年代后期，但直到60年代早期在草莓生产中才开始用来贮藏草莓苗。于60年代末期，几个欧洲国家对草莓苗进行了低温贮藏试验，几年后，冷藏苗已在生产中得到了广泛应用。

草莓起苗等　秋季的起苗时间是能否对其成功贮藏的决定性因素。在文献中关于建议起苗和贮藏期方面存在很大差异，这是由于品种间的差异及其对气候条件的要求不同所致。在北欧（德国、英国、荷兰和比利时），于11月下旬起苗用于短期贮藏（1 ~ 3个月），而于12月中旬起苗则用于长期贮藏（3 ~ 9个月）。如于11月中旬起苗，植株通常会成活率低、产量低且易受霜害和真菌病害。12月中旬之后，气候条件通常会恶劣，严重的霜冻、暴雨或大雪会导致耐贮性差和植株生长不良。在南欧（意大利和法国），最适起苗期为12月下旬至来年1月下旬。起苗时植株的生理状态是影响长期贮存的决定性因素。在进行长期贮藏之前，植株必须积累足够的低温，并达到一定程度的休眠。早期研究表明，植株只有积累了足够的储藏淀粉才能成功地进行长期贮藏。通常认为，晚定植导致的低产量在一定程度上归因于定植和缓苗期间的高温胁迫。糖和淀粉在长时间贮藏期间的下降与花朵发育不良及随后的坐果率降低有关。法国和比利时的研究人员发现，长期低温贮藏苗的根系中碳水化合物含量与新根发生相关。以品种‘埃尔桑塔’为试材的研究发现，秋季起苗时植株累积的需冷量、根中蔗糖含量与贮藏苗成活率和夏季的果实产量之间呈显著的正相关。在起苗过程中干燥和寒冷的气候条件（1 ~ 7℃）有利于其长期冷藏。然而，建议在起苗过程中保持植株湿润，起苗后保持植株洁净，为避免植株脱水，起苗后应尽快包装。

植株准备与包装　如进行长期冷藏，建议在贮藏之前去除植株老叶，以减少霉菌滋生。减少叶片的数量也降低了贮藏过程中的呼吸速率。此外，由于植株初始蒸腾速率较低，更适于夏季定植。在假

图1　20世纪80年代早期的营养膜技术

图2　温室草莓的早果生产

图3　温室和大棚中的早果和晚果生产

图4　温室利用草炭基质生产匍匐茎苗

图5　10月的苗

图6　8月初在假植苗床移栽鲜苗

图7　秋季室外的匍匐茎植株

图8　利用盆栽和PVC管架进行基质栽培

图9　利用盆栽和PVC管架进行基质栽培

图10　夏季室外的基质栽培

图11　温室中的桶栽

图12　左：垂直管式栽培模式；右：飞利浦·列顿在2001年2月于纽约举行的北美草莓生产者协会年会上发言

图13　大棚中草炭袋支撑结构

图14　温室中的水培

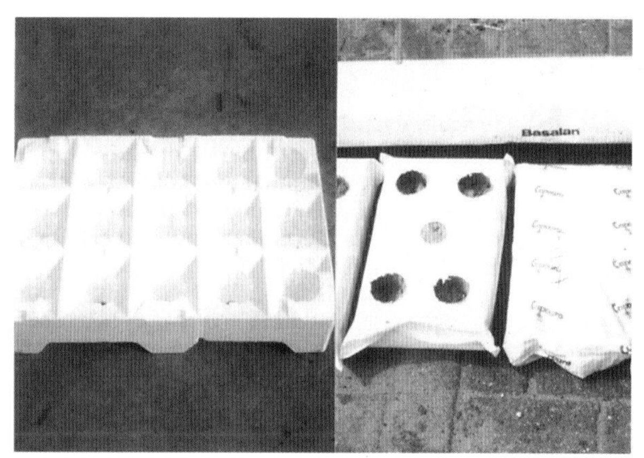

图15　左：石棉板；右:多孔盘

图16　大棚中的穴盘苗于12月底出圃

图17　施肥系统

图18　大棚中利用蜜蜂授粉，右侧是蜂箱

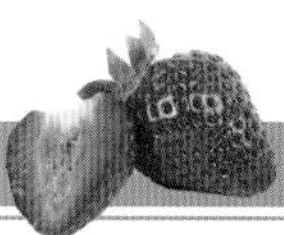

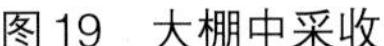

图19　大棚中采收

图20　研究站

植床和苗圃中，机械起苗之前通常去掉匍匐茎和老叶。起苗前喷杀菌剂或起苗后用杀菌剂浸泡，可对移栽苗增加额外保护，以防冷藏过中真菌引起的腐烂。生产上的做法是：起苗后抖落土壤，去掉匍匐茎和老叶，将植株绑成捆并放入聚乙烯袋中，将袋口折叠或打结，置入易于堆放且顶端具开口的纸箱中，纸箱最好有腿，以确保通风良好。建议使用20 ~ 70微米厚的聚乙烯袋进行包装。

冷藏温度　对于短期贮藏（4 ~ 6周），温度应设为0 ~ 1℃。然而，如果进行长期贮藏，此温度条件会引起霉菌滋生并使植株脱水。长期贮藏（3 ~ 9个月）的最适温度是-1 ~ -2℃。温度低于-3℃会损伤根状茎组织，降低其活力和后续果实产量，并会使植株在夏季定植后易感疫霉病。入冷库后如不能将植株迅速降至适宜温度会使植株退化。如2 ~ 3周内不能将植株降至适宜温度，植株就会发霉。霉变多由镰刀菌、白纹羽束丝菌、立枯丝核菌、柱孢霉菌和灰霉菌引起。起苗前或起苗期间恶劣的气候条件也会降低植株耐贮性。起苗时环境温度高、起苗后潮湿及沾满泥土的植株会不利于冷藏。如果冷库内通风不良或冷却能力不足，植株呼吸产生的热量会使贮藏温度升高，从而导致腐烂并降低植株活力，进而降低果实产量。无法将植株迅速降至-1.5℃的原因有：1）包装箱周围空气流通空间不足；2）将箱底直接堆放在另一箱底之上；3）短时间内塞满冷库；4）冷库中温度波动太大；5）包装箱过大。

解冻和定植　通常于定植前2天将冷藏的匍匐茎苗或假植苗从冷库中取出，让其解冻。穴盘苗、盆栽苗和草炭袋苗需要提前3 ~ 4天解冻。最好将包装箱直接置于避光冷藏室中（5 ~ 12℃）解冻。解冻后延迟定植会加快呼吸作用、减少碳水化合物储备并加快干燥和真菌的发生，从而导致植株生长不良。定植后应保持其最佳生长条件，采用喷灌可减少蒸腾损失。

移栽苗类型

为了实现‘埃尔桑塔’的反季节栽培，可使用几种类型的苗木，但每一种需要其特定的栽培模式。下面简要介绍常用移栽苗类型及其特点。

苗床假植苗　假植技术最初起源于60年代末期的荷兰。从7月底至8月中旬，将鲜苗移栽至临时苗床，苗床间隔约1米，每床定植成4行，行距25厘米、株距25 ~ 30厘米（9万 ~ 11万株/公顷）。生长期间需多次去除匍匐茎，于休眠时起苗冷藏。苗床假植苗植株较大，新茎粗度为18 ~ 24毫米，一般有4 ~ 7个花序，能结40 ~ 65个果实。

对一年生夏季和秋季户外果实生产而言，定植冷藏苗床假植苗的最佳时期是4 ~ 6月。然而在某些国家于12月和来年1月在塑料大棚中定植用于春季采收，或7月定植用于秋季采收。

由于定植期间新鲜匍匐茎苗短缺，而研发出了培育典型假植苗的替代方式。在英国有生产者正在利用容器来培育苗床假植苗。5月匍匐茎尖在5厘米容器中生根，7月中旬将其移植到假植苗床上。在比利时，有些生产者在7月中旬直接在假植床上扦插匍匐茎尖，然后用白色聚乙烯膜覆盖10天来避免干燥失水和促进根系生长。

冷藏匍匐茎苗 移栽前，在苗圃中于12月至翌年1月直接起出匍匐茎苗。起出后，去除匍匐茎苗上的匍匐茎和叶片，依冠径的大小分为若干等级。据报道，新茎的大小与花量及之后的产量之间呈正相关。然而，尽管总趋势是苗越大产量越高，但产量还受气候条件、繁殖方式和施肥等因素影响。匍匐茎通常分为以下几类。

A+匍匐茎苗 其新茎粗度大于15毫米。每株苗约抽生3个花序，能结25 ~ 35个大果。这种匍匐茎苗可用于一年生露天栽培或温室及大棚中的促成或延迟栽，其生产的果实个大且质量高。然而，其果实产量通常低于苗床假植苗。A+冷藏匍匐茎苗主要用于基质栽培，但近几年来，已被穴盘苗所取代。

A匍匐茎苗 根颈直径介于12 ~ 15毫米。每株苗通常会有两个花序，能结15 ~ 20个果实。在法国和德国，该类苗于5月和6月定植，夏天生产果实。然而，如果其发育成的植株在夏天表现不佳，可去除新生花序，让其越冬，在来年春季于露天条件下收获果实。

B匍匐茎苗 根颈直径小于12毫米，通常用作母株。然而在德国和英国，从5月到6月将该类苗定植于栽培垄上，每垄3 ~ 4行（6万 ~ 10万株/公顷）。就像在假植床上一样，去除花序从而促进生长。经过冷藏的匍匐茎植株生长迅速，起苗时已经具有几个根颈分枝。这类假植苗，或称作“二次冷藏假植”苗，长势很旺，但是并不比传统苗床假植苗高产。据报道，这些根茎多的植株对霉菌较敏感。

在不控制匍匐茎生长的苗圃中，通常每公顷可产30万 ~ 45万株匍匐茎苗，其中典型的A+匍匐茎苗占15% ~ 20%。然而，在荷兰和比利时，生产者已开发出了几种方法来提高A+匍匐茎苗的比例。典型的做法是高密度定植母株，从而形成较多的第一级和第二级匍匐茎苗。为了避免太多的小匍匐茎苗形成，于8月底和9月中旬用机械将匍匐茎切除，从而限制匍匐茎数量，所产A+匍匐茎苗的比例可达70%以上（12万 ~ 15万株/公顷），这类匍匐茎苗形成花芽多。

穴盘苗 从90年代早期开始，趋于采用穴盘苗进行长期冷藏。在‘埃尔桑塔’中，于7月15日至8月初，从基质中生长的母株上切下匍匐茎尖，将茎尖插入装有泥炭土的多孔穴盘中。有几种不同类型的穴盘用于穴盘苗生产，通常使用具有8 ~ 9个穴的60厘米×20厘米穴盘，每个圆锥形的孔穴容积约为300毫升。穴盘直线排列于室外，行间距为20 ~ 25厘米。对‘埃尔桑塔’这一品种而言，每平方米30 ~ 35株的密度是穴盘苗的最优密度。在9 ~ 10月利用特殊改造过的割草机去除新形成的匍匐茎。目前在荷兰和比利时，秋季用设施基质栽培的草莓中约有95%采用穴盘苗。穴盘苗比传统的土壤苗有些优点，如匍匐茎和茎尖是生长在基质中，这样可避免土传病害。穴盘苗的生长不需考虑地理位置和土壤类型，同时植株所需养分完全可控。即使在阴雨天或霜冻天气条件下也可方便地起苗，同时可保持其根系完好无损，这提高了植株的耐贮性，即使经过长时间的冷藏仍适合定植。由于恢复生长较慢且植株长势旺，一般会将果实采收期推迟3 ~ 5天，以增大果实体积。使用穴盘苗进行栽培的产量比用裸根假植苗高10% ~ 20%，也比使用A+匍匐茎苗高产。穴盘苗的新茎直径为12 ~ 18毫米，能结35 ~ 50个果实。

南半球的种苗 为了在定植时草莓苗能有高含量的碳水化合物储备，可采用南半球的种苗来缩短冷藏时间。在90年代初，英国、荷兰和比利时已经利用此类草莓苗进行商业化果品生产。在阿根廷的高海拔地区，A+匍匐茎苗于6月从苗圃中起苗，利用冷藏运输，6 ~ 8周后，在7 ~ 8月定植。虽然研究人员和生产者利用南半球种苗取得了肯定的结果，但高昂的运费和检疫法规阻滞了其大规模应用。

第六部分　草莓采收和加工

草莓采收、采后处理和加工

贾斯汀·莫瑞斯（Justin R. Morris）
阿肯色大学食品科学和工程系，阿肯色州费耶特维尔市

前　言

在20世纪90年代，美国是世界上最大的草莓生产国，其次是波兰和墨西哥（表1）。草莓生产在美国是一个很大的产业。在1999年，按消费量计算，草莓是世界上排在葡萄、苹果、桃和梨之后的第五大非柑橘类水果。按消费价值计算，草莓是排在葡萄和苹果之后的第三大非柑橘类果实。

目前，加利福尼亚州生产的草莓占美国总产量的80%以上。在2000年，美国草莓总产量约为81.6万吨，其中加利福尼亚州的产量约为65.8万吨。加利福尼亚草莓栽培面积约为10 500公顷。加州草莓的采收始于2月，5～6月达到高峰，其采收持续至10月。比在美国西北地区的采摘期长几个月。加州生产的草莓大部分用于鲜食，当鲜食市场饱和后，在园内仍有成熟果实，这些果实则用于加工。

在2000年，俄勒冈州草莓总产量约为16 001吨，其中14 500吨用于加工。在2000年，华盛顿州草莓总产量约为5 900吨，其中4 800吨用于加工。在过去3年中，密歇根平均每年生产4 800吨鲜食草莓及770吨加工草莓。其他主要草莓产区分别为佛罗里达、路易斯安那、宾夕法尼亚和北卡罗来纳州。

表1　世界草莓产量

单位：吨

	1995年	1996年	1997年	1998年	1999年
美国	727 200	737 500	736 370	741 610	819 730
波兰	211 271	181 213	162 509	149 858	178 211
墨西哥	131 839	119 148	98 398	118 805	141 464
英国	41 900	40 200	33 000	35 000	46 900
智利	15 500	15 800	26 000	28 000	32 000
罗马尼亚	12 696	11 735	13 499	11 760	14 638
匈牙利	11 600	12 531	12 914	13 432	12 000
中国	6 156	66*8	6 444	5 436	5 636
危地马拉	2 600	1 000	1 000	1 000	1 000

数据来源于FAO数据库（http:// apps.fao.org.default.htm），但关于中国草莓产量的数据并不准确。

在1999年，墨西哥冷冻草莓的产量是37 195吨。但由于其气候恶劣和经济不稳定使得该产量很难维持。表2总结了1995—1999年进口到美国的冷冻草莓包裹的数量。

于2001年在纽约州尼亚加拉大瀑布市举办的北美草莓生产者协会年会中，美国农业部位于俄勒冈州科瓦利斯试验站的查德·芬综合分析了俄勒冈州加工草莓业所处的困境。以下的总结来自于查德·芬的发言。

在20世纪，太平洋西北地区是加工型草莓的主要产区，其中俄勒冈州是主产地。于1972年，引入了品种‘图腾’（Totem），虽然在当时是一个好品种，但是没有人能预料到该品种能够在接下来的30年中成为该地区的第一大栽培品种。目前，‘图腾’占太平洋西北地区约75%的栽培面积（Hokanson和Finn，2000）。从该产业的初始至今，毯式栽培是标准的生产模式。虽然‘图腾’在塑料大棚中栽培产量会高很多，但由于加工草莓价格较低，很难弥补大棚生产的高成本（Daubney等，1993）。

表2　美国冷冻草莓包裹数（每包为1 000cwt　1cwt=45.4吨）

	1995年	1996年	1997年	1998年	1999年
加利福尼亚	3 932	3 619	3 716	4 466	4 970
俄勒冈	550	430	465	480	399
华盛顿	70	80	68	100	96
密歇根	12	4	11	13	19
			进口		
墨西哥	677.0	547.0	587.0	495.0	823.0
危地马拉	31.0	3.6	0.8	11.2	4.7
厄瓜多尔	19.4	12.7	10.0	12.0	28.0
波兰和其他	3.8	2.1	6.4	5.0	7.2
中国			2.0	11.7	15.2

数据来源：USDA，外国农业数据库（www.fas.usda.gov/）。

加州草莓产业的崛起使其产品占据了北美地区许多鲜食草莓批发市场。目前，加州草莓产量约为68万吨，俄勒冈州草莓产量约为2.3万吨。在加州，加工果实在果实总量中所占的比例基本保持

在25%～35%，但在俄勒冈州这个比例超过95%（图1）。尽管这样，俄勒冈草莓在加工市场上仍受瞩目，因为品种和气候优势，该州能生产出质量最好的加工草莓（图1），其果实价格比加州草莓高0.22～0.44美元/千克（图1）。1/3的俄勒冈草莓用于生产优质冰激凌。日本买家愿意出高价购买这些优质产品，其购买量达总产量的1/3。余下的1/3则用于生产多种产品，且常与着色不好的（较便宜的）草莓混在一起或者用于一些主要成分不是草莓的产品如酸奶和冰激凌。几十年来，大多数果酱和果冻生产商（其产品一半含糖一半含水果）用不起俄勒冈草莓。

太平洋西北地区主要依靠季节性农工对草莓进行采摘和分级。俄勒冈州有约3个月长的浆果采收期（不像加州全年都在进行）。在此区，采摘者想找一份全年的工作，而不仅仅几周。6周长的草莓采摘期给采摘者提供了部分工作机会，在其他时期，采摘者较可能待在加州或者推迟其北行，直至华盛顿州的苹果采收期。

当太平洋西北地区选育出高产优质加工品种时，加工企业则适应了利用'图腾''胡德'（Hood）和'红冠'（Redcrest），对新品种无兴趣。为保持其产品生产稳定性，这些企业不接受新品种。

收获方法

手工收获　手工收获对大多数加工用果树作物已不再可行。虽然早在20世纪60年代就已经研发出了草莓采摘机及其操作方法，但是草莓仍是唯一没有大规模采用商业化机械采收的主要浆果作物。在不久的将来，大部分美国草莓仍将采用手工采摘。但有必要介绍一下草莓机械化采收的发生和发展。在未来，经济发展将推动加工草莓的采收机械化，而不再依靠手工。

加工草莓机械化进程缓慢的原因主要是由于加州草莓，加州草莓主要是用于鲜食，当鲜食市场饱和时，其草莓就会转向加工。

机械化收获涉及的问题　草莓在历史上最不适合进行机械化采收。其自身的3个生理特性阻碍了其采收机械化：1）缺乏果实硬且成熟度一致的品种；2）高产品种在成熟期果实很大，一簇簇的都贴在地面上；3）完全成熟时果实很软，很易碰伤。

设计制造草莓采摘机械，需要解决一系列问题。如果进行机械化采收，其果实则需清洗、去除萼片和分级，因而需要研发其清洗、去萼和分级设备。当这个问题解决之后，这些机械采收的果实质量是否还能满足加工要求。最新研究显示：大量不成熟果实也能进行加工，生产出合格产品。下一步就是研究这些产品的长期品质。

每一步都解决了存在的问题，同时又出现了新问题。每一步的成功都基于草莓品种的特性。从一开始，我们需要的就是能在垄床上生产出高产、质优果实的品种。该品种果实需具集中成熟、易除萼、果肉全红、硬度高等综合性状。阿肯色大学试图培育出这样的品种但其果实未达到易除萼要求，利用其果实成功地生产出了果泥和果汁。目前市场上只有完整果实或其切片能卖较高的价格，这就严重地限制了草莓泥机械化生产的发展。

机械的研发　早期机械化试验开发出了一系列采收辅助设备。在50年代，某些生产者使用了轻便独轮车。手工采摘者可直接把果实放入独轮车上的包装箱或包装盒，此方法减少了触摸果实的次数，也减轻了采摘工携带采摘容器的劳动强度。

在20世纪60～70年代，载人采摘设备使用了很短的一段时间。利用这种设备可同时采摘1～16垄。多垄载人设备实际上是一个采摘平台，传送装置上放采摘容器。这些设备都是自身驱动且多数都装有照明系统，因此能在夜间进行操作。但是，这类设备不能提高采摘效率，而未得到广泛应用。

多年来，开发了几种不同类型的草莓机械采收设备，其成功程度各有不同（Booster，1974；Denisen和Buchele,1967；Di Ciolo和Zoli，1975；Fiedler，1987；Hansen，1976；Hansen等，1983；Hergert和Dale，1989；Hecht，1972、1980；Hoag和Hunt，1966；Kemp,1976；Lucignani,1979；Lucignani，1979；Morris，1978a；Nelson和Kattan，1967；Quick和Denisen，1970；Rosati，1980；

Ruff和Holmes，1967；Shikaze和Nyborg，1973；Stang和Denisen，1971；Thuessen，1988）。损伤果实、效率低且同时采有成熟度不同的果实是其问题（Booster等，1970；Denisen和Buchele，1967；Kattan等，1967；Quick和Denisen，1970）。也试验过通过改进栽培措施来提高机械采收效率（Ricketson，1968；Dale，1968；Dale等，1987；Dale和Vandenberg，1987；Sulton等，1988）。

草莓机械采收设备包括3种主要技术：第一是需要一个外围装置，如外置网；第二是能切割植株叶片并能从根茎上采摘果实；第三是将果实与叶片分离。

阿肯色大学和蓝莓设备公司（BEI）对草莓采收机械的研发 阿肯色大学成功地研发出了一种吸进分离式加工用草莓采收机。这是阿肯色大学农业试验站及其食品科学系和农业工程系和蓝莓设备公司（位于密歇根州南黑文）10年合作研发的成果（图2）。

第一台阿肯色大学草莓实验采收机由BEI建造（图3）。在该研发团队中，阿肯色大学有格伦·尼尔逊（Glenn Nelson）、卡顿（A. A. Kattan）和莫瑞斯（J. R. Morris）。

该采收机有3个基本功能：一是扯下果实及叶片；二是将果实与叶片及其他吸入物分离；三是传送到采收容器中。因为大多数草莓果实都耷拉在地，需要一个独特的设备将果实从地面上吸起并摘下，但不会动土或损伤果实。

该采收机的基本功能部件包括梳状分离装置、气动系统及传输和收集系统（图4）。在采收过程中，高速气流将果实从地面上吸到一定高度，然后用梳状装置将果实从植株上扯下来，扯下的果实会传送到一个闭气阀中，然后置入采摘容器。另外，除了吸叶片和果实外，高速气流系统在传送装置中还会部分地吸出叶片及其他杂物。

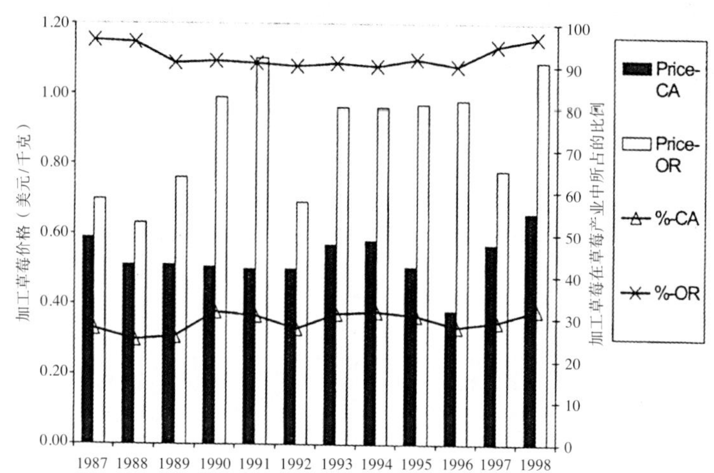

图1 1987年至1998年，加利福尼亚和俄勒冈州加工草莓价格及加工草莓在其草莓产业中所占的比例（NASS，多年）

图2 上图：阿肯色大学和BEI联合研发的草莓采收机；下图：吸进分离式加工用草莓采收机可同时采收两垄

阿肯色大学和蓝莓设备公司研发的自驱式两垄草莓采收机在密歇根和俄勒冈州得到应用（Morris，1978b）。2000年，该机械仍在俄勒冈州使用。

为实现加工草莓采收机械化，需要选育出一次性收获且高产的品种或研发出能对果实进行多次、选择性采收的机械。以上提到的采收机都是一次性采收机械。

研发草莓生产、采收、采后处理和加工一体化系统的步骤

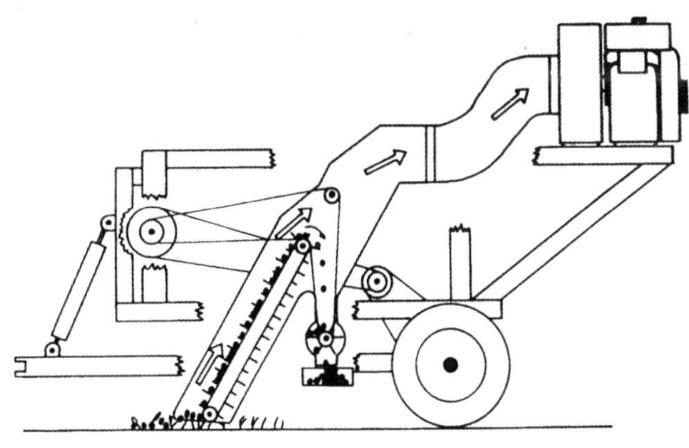

图3　上图：阿肯色大学制造的第一台实验性草莓采收机。中图：草莓采收机结构示意图，该采收机由一小型拖拉机带动，采摘系统采用轮式驱动，安装在机顶的风机吸出叶片等杂质　下图：阿肯色大学研发的新一代草莓采收机。（a）切割装置；（b）梳状采摘及传输系统；（c）风机；（d）密闭阀；（e）果实传送装置。

本部分描述在草莓机械化的研发中遇到的棘手问题及研究者怎样解决这些问题。因为笔者全程参与了阿肯色大学和蓝莓设备公司的机械研发，这里将着重介绍阿肯色大学在该研发中所遇到的难题。

阿肯色大学在草莓采收机研发过程中遇到了很多难题，如适宜的品种、栽培方法及采后处理系统等。阿肯色大学的研究表明，草莓生产、采收、采后处理等一体化对其机械化收获非常必要（Morris等，1978）。对BEI采收机而言，草莓毯式栽培垄距（中心距）应为122厘米，且垄式需适合采收机操作。垄床表面需宽阔、平整且宽度为61厘米。在每年草莓收获后，需及时将垄宽削减至15厘米左右，然后用圆盘培土器将其重新整成表面平整的垄床。初步研究表明，与普通栽培垄相比，该规格的垄可提高采收效率17%（Kattan等，1967）。这种垄床可使果实处在同一平面上，能使果实采摘率达到最高（95%）。

因为研发工作最早始于对草莓的机械化采收，这就很容易理解，改善栽培管理措施对确保高效率采收是多么重要。这些措施包括：保持植株密度均一、垄宽精准、垄床平整无石块、杂草控制、病虫害控制及适当的灌溉和施肥。这些措施在任何草莓生产中都很重要，但是在草莓机械化收获中尤为重要。

在草莓垄中出现缺株不利于机械化操作。在无气流收获机中，空白地带能打断果实流，导致果实的缺失。空白的区域使得临近植株贴地生长，不易进行采摘。风机也易于吸入尘土及其他异物，进而吹到采摘的果实上。

机械采收对垄宽要求严格。当两垄采收机工作时，垄距和垄宽必须精准。

机械采收适于平整而无石块垄床。杂草也会干扰机械正常运行，因此，需要使用除草剂来治理。耕作易形成大土块，这也会干扰采收机械运行。但在草莓收获后进行交叉耕作及在早春时期对毯式垄床进行整理，很难使其平整。

研发厂内清洗和分级系统 人工采摘的草莓干净，而机械采收的则不很干净，导致某些果实有损伤和带泥，尽管果实损伤在人工收获过程中也会发生。与人工采摘相比，机械采摘对果实硬度要求高，果实颜色也很重要，因为在果实采收、清洗、分级和速冻准备过程中，会有一定程度的脱色。总而言之，需要一整套清洗系统来除去所采果实中的泥沙。同时，硬果比软果在机械采收过程中不易受损和脱色。

在阿肯色大学研发期间，研发者很快就意识到，所研发的设备必须能够对草莓果实进行清洗和分级，否则，机械化采收就无优势可言（Morris等，1978）。因此设计者尝试研发采后果实清洗设备。最终研发出了可在厂房内进行清洗和分级的设备（图4）。

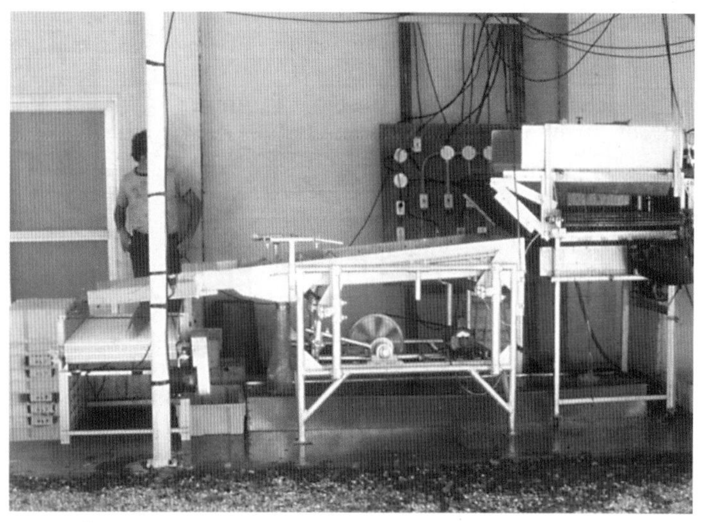

图4 机械化草莓采收清洗系统侧视图和后视图

该设备包括一个清洗罐，草莓果实中的石块和杂物将沉入罐底，通过排水阀不断排除。一起排除的果实会重新循环到清洗罐中。最终，清洗罐中的果实传送到一个直径为2.5厘米的反向旋转滚筒装置中进一步处理。

该清洗装置中的滚筒主要去除果梗和叶片，并将果实置于传送装置上，传送装置上有一个喷水器用于清洗滚筒和果实。将清洗后的果实置入震动洗涤器中，对果实进行最后清洗。洗净的果实传送至安装在震动洗涤器上的锥指形分级设备。因为洗涤器和分级设备连在一起，共同组成一个震动单元，它能作为一个传输装置来移动果实，根据果实大小来决定其成熟度从而进行分级。传送带上装有一个可调节隔离板，该隔离板能将分级装置初步分级的果实进行准确分级（图5）。

图5 传送带上的可调节隔板可将分级装置落下的果实按大小分开

厂内清洗和分级系统的评价 用3个不同采收期的果实来研究评价该系统的清洗和分级效率

（Morris等，1978；Morris等，1979a）。使用阿肯色大学和蓝莓设备公司研发的商业化采收机进行采收，该研究包括3个品种、4个阿肯色大学育成品系，分3个采收期，每期间隔约两天。

该研究结果表明，采摘越晚可利用果实产量越低。因为采收越晚，大果比例就会越低，从而减少了鲜果重，同时增加了烂果比例。但产量降低只发生于3个无性系中，在其他无性系中则无此现象。因此，表明在阿肯色条件下，大多数草莓无性系的机械化采收至少可持续6天。

产品质量　初级产品质量主要取决于果实的大小。小果中可溶性固形物、CDM‘a/b’比率、果实色泽度都较低，而可滴定酸度却较高。切力强度小于35千克/100克的无性系大果经清洗和分级后有损伤，效果不理想。延迟采收会增加小果中的可溶性固形物含量，但会稍微减少其在大果中的含量。

在这次试验中，大多数机械采收果实的质量都令人满意。草莓品系可利用果实产量、果实硬度、果实成熟集中性和加工质量等性状决定了其是否适合机械化采收。不同的品种都有其最适采收期，过了此期，果实质量和可利用产量都会降低。‘A5344’和‘A5350’这两个无性系在整个采收期间果实硬度保持良好，且在清洗和分级中效果也好。

由于精心选择具有优良特性的品种和对清洗和分级设备的不断改善，草莓酱和草莓汁企业完全可以用阿肯色大学研发的系统进行其生产和采收。从商业化角度看，该机械已广泛使用于人工采摘后的最后采收。

表3　机械采收后3个草莓品种大果的感官评价

品种	完整性	颜色密度	风味	总体表现	总体质量表现
‘鲜红’	6.6	8.9	6.6	7.1	29.1
‘早美人’	7.9	7.4	6.4	7.6	29.3
A-5344	8.0	7.4	6.1	7.7	29.2
LSD 5%	1.2	0.6	NS	NS	NS

机械收获后的果实利用　进行草莓采收机械化需要一整套系统，这包括生产、采收、采后处理和分级后果实的利用。研究方案包括：1）确定分级后大果用于切片和加糖加工的可行性；2）确定品种、果实成熟度和储存时间对所制果酱质量的影响（Morris等，1979a；Sistrunk和Morris 1978）。

冷冻产品评价　将3个草莓品种进行低垄毯式栽培，试验设24个小区。对每个小区进行机械采收，3个品种平均采摘率分别为96%、92%和94%。将大果切片与蔗糖按4 ∶ 1的比例混匀，在-18℃贮藏6个月。然后对贮后草莓片进行感官评价。如表3所示，3个品种的大果产品都有令人满意的感官品质特性，且这3个品种间在风味和总体表现上都没有显著差异。

用于机械化采收的草莓品种、品系和无性系

评价　在阿肯色大学研究了不同品系在机械采收进行1 ～ 2次人工采收对果实质量和总产量的影响（Morris等，1979b）。用具有机械采收某些特性的7个无性系进行了试验（Morris等，1978）。其中两个无性系产量高，一个无性系高产且集中成熟，另外3个无性系集中成熟。

试验结果显示，在7个无性系中，有3个不管进不进行人工采收，都不适合机械采收。虽然一个品系具高产和集中成熟特性，但果实着色差且果肉软而不适合机械清洗和分级处理。有两个品系不论采用何种采收方式，果实产量都很低。最先成熟的初级果不能进行一次性采收，为了保证大多数果实都能成熟，必须舍弃这些初级果。一些成熟期不集中但高产的品系，可先通过人工采摘，再进行机械采收，这些品系的总产量不会显著降低。

对一个具有集中成熟特性的无性系先进行两次人工采收，然后进行机械采收，会导致机械采收的低产量，因而在经济上不适宜。感官评价表明，在无人工采收的情况下直接进行机械采收，其果实制成的果泥质量也能达标，与100%成熟、人工采收的相当，只是可溶性固形物、有机酸和着色度低一些。

图6　成熟期不集中的品种‘鲜红’和成熟期集中的阿肯色大学品系‘A-5344’

期望的特性　适合机械采收的草莓特性主要由采收机开发人员确定，因为开发人员的目的就是要对果实进行一次性采收，然后进行加工处理（Denisen等，1969）。但是这些特性并不特别针对机械采收，也适用于鲜食草莓的采收。机械采收要求的3个最重要特性是：果实高产且成熟度一致、易脱萼和加工品质佳（Dale等，1995）。

（1）成熟期集中的品种最适于机械采收。高产品种需要在特定时期有高比例的成熟果实，且植株上的果实大小和数量都较一致。这些复杂因素，部分由遗传背景决定，还会受到当地气候条件和采收期的影响。图6显示成熟度不集中的品种‘鲜红’和成熟度集中的阿肯色大学品系‘A-5344’。

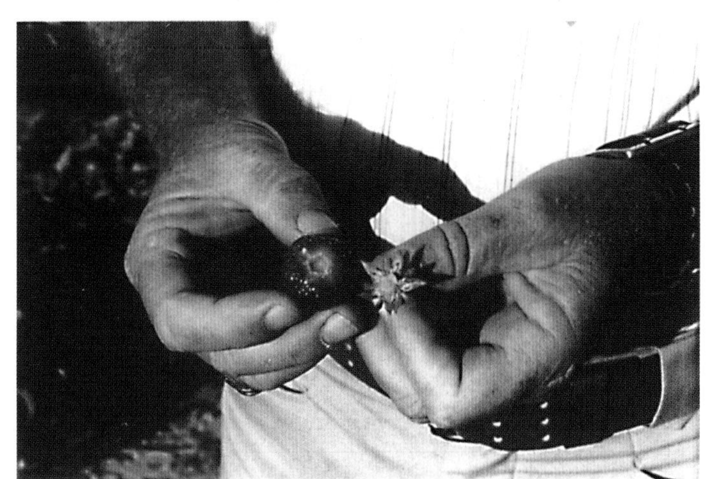

图7　一个采收时易除萼品系的果实

（2）脱萼性决定了采后无萼果实的比率。需要育种者选育具有长、粗花梗且果柄易脱的品种，才便于机械采收。易除萼还需要果实质地较软。图7显示了一个品系的果实采收时易除萼。需要选育果硬且易除萼的品种。

（3）机械采收的果实需具有采后立即进行加工或冷冻处理且生产高品质加工品的特性。这些特性包括：果皮厚实、果肉硬度高、内外色泽均匀、风味佳、酸度高、不易破损腐烂和冷冻加工特性佳。

采后保存和利用

采后保存　机械采收后的果实根据大小对成熟度进行分级：小——多为绿果、中——多数开始变红和大果——多为成熟果。将一部分果实在24℃下各保存48小时和96小时，另一部分在1.7℃下保存7天，然后转移至24℃下各保存0、48和96小时，然后将这些果实切片，进而与糖按4 ∶ 1的比例混合，接着进行冷冻处理，最后对这些处理的品质进行感官评价。

硬果能够进行机械采收，经采后处理，能在24℃下保存48小时，在1.7℃下保存7天，而不会明显降低果实品质。而在24℃下保存96小时后，果实霉菌量会增加且果实品质也会下降。

另外一项研究主要是评价乙醛熏蒸和浸泡对机械采收草莓硬果存储质量的影响。在20℃条件下，将果实在蒸馏水或1%乙醛水溶液（v/v）处理过的空气流中存放72或120小时。

当果实暴露在不含乙醛的气流中时，其可溶性固形物含量在72小时后显著减少。利用乙醛熏蒸

减少了果实脱色，同时也降低了果实的褐化率。因此，72小时熏蒸能保持果实的外观品质，但是进行120小时处理，(无论熏蒸与否）则不能保持果实外观品质。

利用未成熟果实进行加工　一次性机械化收获会同时采收成熟度不同的果实，从不成熟的绿果到过度成熟的红果，这是由于果实发育和成熟是逐步进行的（Morris等,1979b；Zielinski 1955）。根据果实大小，可利用锥形指状设备将不成熟与成熟果分开（Morris等，1978）。其小果（多为绿果和转色期果实）和大果（多为成熟果实）的比例主要取决于草莓品种及其采收期。

成熟度不同的果实可能具有不同的理化特性，这些特性可能会影响所产果泥的质量。一般认为绿果期和转色期的果实不适合加工（Moore 和Brown，1970；Sistrunk 和 Moore，1971)，与成熟果实相比，这些果实可溶性固形物含量低、着色差。但是，将一次性机械采收的成熟和不成熟果实按一定比例混合所生产的果泥可与大果制成的果泥具有几乎相同的品质（Morris等，1978)，该研究结果表明，对于草莓泥的生产，没有必要将绿果和成熟果分开。

为了阐明加工企业所担心的混有不同成熟度果实是否会影响所产果泥的稳定性，研究人员对机械采收后不同成熟度果实的理化特性进行了分析，并测定了存储过程中果泥颜色稳定性。用于该实验分析的果实来自两个具不同成熟模式但适合机械化采收的品种（Morris等，1978）。其中一个品种果实成熟期不很均一，但当果实成熟时，其花青素含量很高（Morris等，1979；Sistrunk 和Morris 1978）。另一个品种的果实集中成熟且硬度高（Morris等，1978）。

然后将这些果实分成5个成熟等级：1）不成熟绿果（小绿果）；2）成熟绿果（黄绿到有些发白的果实）；3）转色期果实（50%或以下变红的果实）；4）成熟果（完全变红且硬度较高）；5）过熟果（深红色且已发软）。

草莓果泥的储存研究　将不成熟和成熟绿果按1 ∶ 1（重量）混合，成熟果和过熟草莓按1 ∶ 1（重量）混合，最后将以上两部分均一的混合在一起。绿果和成熟果混在一起制成混合果泥，果泥中成熟果所占比例分别为：25%、50%、75%和100%。将这些果泥分别在10、30和50℃条件下储存1、12、24和36小时。

这两个品种都适于一次性机械化采收进行果泥加工（Morris等，1978）。正如预期，果泥颜色随着成熟果实比例的减少逐渐变淡。产自绿果果泥的颜色在储存前与产自含有相当比例的绿果果泥在储存后无显著差别。因此，不成熟果实改变果泥颜色主要是由于稀释作用而不是协同作用所致。因为随着成熟果比例的减少，可溶性固形物含量也随之减少，而酸度却相应的增加，且可溶性固形物和酸度在混合果泥储存前后并没有差别。但是，可溶性固形物和酸度的差异可以通过额外添加糖和酸来平衡。

储存温度和时间影响果泥颜色、可溶性固形物含量和酸度。随着储存时间的延长，在10、30和50℃条件下草莓泥质量的差别逐渐增大。在50℃条件下储存，随着时间的延长，色泽变淡、可溶性固形物含量和酸度增加，比在10℃和30℃条件下更为严重。

一次性机械采收果实的理化特性及其初级产品果泥的质量取决于果实的成熟度，而果实的成熟度又取决于特定品种的采收期。因为未成熟果实较成熟果实含有较多的纤维素，因此制成的果泥具有较好的粘性，这可能有利于果泥加工。

不成熟果实和成熟果实所产果泥相混，会使果泥颜色变淡，这主要是稀释作用而不是协同作用。但是，视觉分级和褪色指数分析表明，在储存过程中绿果果泥比成熟果果泥褪色严重。在储存过程中，随着时间的延长和温度的增加，果泥褪色主要由花青素的氧化和高温降解所致。总之，很可能是由于花青素、叶绿素（主要来自不成熟果实）和酚类物质的降解而导致褪色。

果酱评价　用于生产果酱的果实在果实成熟的中晚期进行采收。在机械采收后，大果和小果都进行速冻处理，储存4个月，然后进行果酱生产。对果酱的感官评价表明，机械采收后，将不同成熟度的果实进行混合，不成熟果实比例越小，所产果酱的质量越高。但是，对于3个花青素含量高的品种，即使未成熟果比例高达50%，其制成的果酱质量仍符合标准，与用低花青素品种的100%成熟果制成的果酱质量相当。口感评价显示，由高花青素品种制成的果酱在长达9个月储存后，其质量仍符合标准，由于这些品种成熟果实含有高水平的花青素，即使混有大量的不成熟果实，所产果酱的颜色强度仍然符合标准。

机械化采收的未来

戴尔（Dale）和何格特（Hergert，1990）报道，草莓机械化中许多问题已得到解决。几种类型的采收机械正在进行商业化生产，而且在欧洲和北美一些地区正在有限地应用。其结论是，将毯式栽培、机械采收、去除萼片及适宜的品种结合在一起，就可替代加工草莓的人工采收。同时，日中性品种能够延长采收期，甚至一年中可以采收3次。但是，这就可能需要使用生长调节剂来增加定植当年匍匐茎的数量（Pritts等，1986）。但是，机械化采收不大可能大范围应用，因为与鲜食草莓相比，加工草莓的栽培面积很小。在美国，大部分用于加工草莓是产自加利福尼亚的鲜食草莓，当鲜食市场达到饱和时，就会大量涌入加工市场。这些草莓果实廉价，其在成熟时必须及时采摘，以防大量过熟果和烂果的产生。

为了更有效地利用采收和加工机械，需要培育一系列采收期不同且适合机械化操作的品种（特别是加利福尼亚和佛罗里达以外的地区）。所需性状存在于世界范围的育种资源中，在不久的将来，能够选育出具有优良特性和广泛适应性的新品种。但是在这些新品种选育出来前，机械化采收的商业化进程将会缓慢。

需要改善毯式草莓栽培措施如施肥量、灌溉、杂草控制、耐寒性、越冬覆膜和防止土壤板结（Dale和Hergert，1990）。

采收机械化小结 草莓的机械化采收几乎在所有果实采收中最困难。已对整个草莓采收系统进行了充分的记录和总结，这些问题和困难的解决为其他作物机械化采收起到了很好的示范作用。阿肯色大学研发的系统已成功地应用于加工果泥和果汁的草莓采收，通过碎浆完成设备（pulper-finisher）来去除果实萼片和果梗。虽然已测试过几种除萼机械，但其经济有效的商业化机械还没有研发出来。值得一提的是，由阿肯色大学和BEI合作研发的两种草莓采收机已成功地在俄勒冈和密歇根州进行了商业化应用，在其草莓园区，垄规格符合要求，在进行一次性机械化采收前，人工采收1 ~ 2次以摘除大果。在这两州采收的果实都适合果泥加工，需求强盛。在加利福尼亚州的萨利纳斯也进行了相同的试验，在进行了一个半月的人工采收后，进行最终的机械化采收。该试验同时还在密歇根州立大学和加拿大圭尔夫大学进行。

虽然草莓机械化还没有得到广泛应用，但许多基础性研究已经完成。一旦开发出适宜的品种，同时解决了其他问题，草莓机械化采收就会经济可行。但是，机械采收鲜食草莓在短期内还不可行。

加 工 措 施

简单大量冷冻 在美国西海岸，一些大草莓园和合作公司已经在农场(或其他适宜地点）中建立了加工厂对其产品进行清洗、分级和批量冷冻。分级后的果实包装成罐（每罐14千克）或桶（每桶208升），立即运往当地的冷库进行冷冻。

单包速冻 大草莓园、合作公司或商业加工厂常进行单包速冷（IQF）。在14千克或208升的容器中进行速冷贮藏，然后直接销售。速冻果实解冻后仍很新鲜，这些果实其硬度高、全熟、着色充分且风味佳。果实需先在2℃下经过15 ~ 30小时的强制风冷处理，此处理会将果实重量减少4% ~ 5%（Acharya等，1989)，然后，对这些果实进行清洗、检验和分级。每2 ~ 4小时对检测线和设备进行一次消毒处理。在传送带上的果实置于亚冰点（4.4℃）的气流中处理足够长的时间，然后使果实在-12℃下完全冻透。如果利用低温处理进行快速冷冻，果实应单层摆放于托盘中，然后用液氮或二氧化碳气体（-30℃）进行处理。该处理方法花费较低，但工作量较大。马夫吉尔（Muftugil）

（1986）运用不同速度的气流进行果实冷冻，发现随着气流速度的增加，冷冻至-23℃所需的时间相应地缩短。

本森（E. J. Benson）将以上各种方法结合在了一起（美国专利3294553，1966.12.27）。将预冷分级果浸入液氮至果实表面冷冻，而完全冻透会使果实破裂，一旦将果实从液氮中取出，就不能达到完全冷冻状态。因此，液氮速冻的果实需要在-18℃以下进行其他冷冻处理，直至冻透，从而使果实内外温度保持一致。采用这种方法减少了冷冻花费且延长了保湿期，也减少了冰晶损伤（Hanson，1976）。

制冷剂的选择主要取决于其对特定产品的表现、花费、可用性、环境影响和安全性（Heap，1997）。与机械系统相比，低温冷冻箱花费较低且能在不改变系统的情况下灵活处理大量不同的产品（Miller，1998）。

在液氮冷冻箱中，包装或没有包装的食品放置在传送带上，通过喷液氮或吹液氮气体对其进行冷冻（Leeson，1987）。在食品从冷冻箱中移除前，将其达到要求的存储温度（-18 ~ -30℃之间），或将其移至另一个机械冷库来完成冷冻过程。气态氮的使用减少了对食品的热冲击。循环风机也增加了散热速度。萨莫斯（Summers）在1998年设计了传送带下有风机的装置，来产生气体漩涡，该设计将冷冻品产出提高了一倍，与长度相同的传统的冷冻箱相比，液氮损失减少了20%，果实水分损失减少了60%。

李逊（Leeson）在1987年总结了液氮冷冻箱的优点：一是操作简单、价格低廉（比机械系统低20%）；二是产品水分损失少；三是速冻保持了产品较好的感官和营养品质；四是冷冻过程中排除了氧化损伤；五是操作准备时间短；六是较低的能量消耗（Leeson，1987）。但其主要缺点是制冷剂成本较高。最昂贵的方法是使用冷冻干燥法，该方法不适于农场或农场合作公司操作。

将食品浸在液氮中对产品重量没有损失，但是会引起热冲击。这对某些产品可行，但对很多产品而言，其超速冷冻会导致食品开裂或破损。使用小型设备（如：1.5米长的液氮箱，每小时冷冻1吨小颗粒食品）就可快速冷冻大量IQF食品。

使用冷冻草莓加工成果酱、果冻和蜜饯　一些小型浆果园（包括草莓园）仍然会通过在路边摊或农贸市场上销售其部分产品。有些果园会生产果酱、果冻或蜜饯来延长其园内销售。在大多数情况下，最可行的就是选择一个合作生产商，以利用其商标。与有关生产商合作，需要知道相关程序。

生产草莓果酱、果冻和蜜饯主要包括煮果实，然后将其汁液与甜味剂及果胶混合，形成适当的胶状物。美国联邦法律规定了其组分、比例和可溶性固形物的最终浓度。果酱、果冻、蜜饯和水果黄油中总可溶性固形物与果实甜味剂的最小比例，美国食品药品监督管理局对此已有明文规定，如表4所示。

表4　可溶性固形物与果实甜味剂情况

制成品	可溶性固形物	重量份数	
		果实	甜味剂
草莓黄油	40% 最小值	5	2
草莓果冻	65% 最小值	47	53
草莓蜜饯/果酱	65% 最小值	47	53

来源：Rushing，J. E. http://www.cals.ncsu.edu/ncsu

果酱和蜜饯由整个或破碎的果实制成，而蜜饯和果酱的区别仅是蜜饯中果块较果酱中的大。

甜味剂　由于液态甜味剂和糖浆易于混合，玉米甜味剂在果冻和果酱加工中的应用日趋广泛。现在已能从玉米淀粉中生产出任意组合黏度和甜度的糖浆。

在任何蜜饯配方中都可用玉米糖浆来替代蔗糖，例如，用0.5千克的玉米糖浆可替代0.45千克的蔗糖。

令人满意的胶体必须能够摊开，这就需要水—甜味剂—酸—果胶以适当的比例进行混合。如果果实中的酸或果胶含量不足，就不能形成适当的胶体，联邦法规允许对其进行合理补充。因为联邦条例不允许向葡萄汁或葡萄果实中添加任何成分，所以葡萄产品中糖、酸和果胶的最终浓度是不定的。

酸 加工过程中添加最多的酸是乳酸、酒石酸和柠檬酸。酒石酸的酸值最高，但有苦味。添加适量的酸使pH降至3.2左右。

果胶 果胶是存在于所有植物中的一种碳水化合物，和纤维素一起保持植物的结构特性。商品性果胶通常提自柑橘或苹果，添加于胶状产品如果冻、果酱和蜜饯中。这些产品的生产都与国际上对成分和纯度的规定相一致。

脱水 在果酱、果冻和蜜饯中使用果胶有两个主要目的：形成人们所希望的质地和能够保持水分。如果水分保持不完全，胶体就会收缩出汁，此现象称为脱水。当可溶性固形物含量处于40%～60%时，将胶状结构破坏后，仅会有少量水脱出。当可溶性固形物水平低于40%时，脱水收缩现象就会很明显。如要生产不脱水产品，就需添加将低酯果胶及其他亲水性胶体（如大豆胶体）。

真空制作草莓蜜饯的方法是将草莓果实置于密闭的低压锅中蒸煮。此法的主要优点是蒸煮所需温度低且时间短。这两个优点使得最终制成的产品外观、颜色和风味都很好。

在果实烹制中，会产生果实漂浮问题。防止果实漂浮的一个好方法是先将果汁从果实中榨出，然后将其混合物在真空锅中进行蒸煮。当果实和果汁重新结合在一起后，用真空法蒸煮制作蜜饯。

将蜜饯或果酱装罐时，需要保证其每罐重量并代表整个产品。当出现果实漂浮时，通常的做法是在蒸煮结束后，加入快速凝固果胶来增加其黏稠度，从而使得果实分布均一。当在开口锅中进行蒸煮时，在装罐前，需要将其置于有夹套的平底锅中冷却至71℃或60℃。如果不进行真空蒸煮和冷却，只能通过添加额外的果胶来抑制果实漂浮，但这样会使蜜饯很稠。

政府规定 美国政府规定草莓果冻、果酱或蜜饯必须经过加工处理。21 CFR150文件具有NCDA和食品药品保护部门的标准。他们同时也会提供其他有关规定。

选择合作加工商

雇佣合作加工商对草莓酱和蜜饯等加工品进行生产和包装是一个很重要的决定。加工商具有所有设备和设施来生产你所需产品，但同时也会收取加工费用。与自己购置设备进行生产相比，加工商能够使产品较快地进入市场。加工厂商应已有生产许可等证件及其生产保险和产品标准来生产你的产品。因此，加工厂商应对质量问题、食品安全规定和存储参数完全熟悉。另外，加工商还可提供一些生产者很难实现的其他服务如产品稳定性检测、营养成分标记、配方保证、成分替换、包装和标签选择和其他产品开发服务。

在选择合作加工商前，需要了解自己的商业和市场计划及其需求。也可咨询大学的食品科学系及其推广服务部门或食品检测实验室。与商业律师和保险代理人进行深度的咨询也很重要。

网上的一篇文章，题目是“如何选择和雇用合作加工商”，作者是北卡罗来纳州立大学食品科学系的约翰·陆生（John Rushing）博士。在这篇文章中，作者列举了在选择加工商前你需要咨询的所有问题。虽然选用合作加工商可简化很多事情，节约很多时间和金钱，但需要做许多工作。

第七部分　直销、自采摘和成本

自采摘园销售注意事项

卿贝尔（G.C.Kingbell[1]）和卡罗·巴克灵（Carroll Barclay[2]）
[1]威斯康星大学，威斯康星州麦迪逊；[2]新泽西州富力赫德

品种选择对高品质水果的生产非常重要。在选择之前，可咨询当地生产者和农业技术人员。一定要确保在现有生产条件下能正常生长、果实成熟期连续并符合预期的品种。需要给老年人和妇女在短距离内提供充足的停车位（每4公顷草莓约需提供200个停车位），还需给12岁以下儿童提供玩乐场所。将采摘注意事项公告贴在显眼位置。扩音设备很有用，现场管理人员应统一穿戴，并且能及时回答问题、疏导客流和维持秩序。需提供能装2.7 ~ 4.5千克果实的采摘容器（为5 ~ 6升），这可加速结账并提高销量。

其他建议：

必须购买责任保险。

每天可能会收入很多钱，需及时将钱款存入银行并确保园内钱款安全。

在整个采摘季节需要有一整套标准的采摘流程并对此流程坚决执行。从早上7时半至下午3时适合大多数自采摘园区。

提前在当地媒体做广告，并在路边竖立广告牌。广播及报纸广告也能带来客源，广告中应提及应对货不应求的措施。每年累积客户姓名和地址信息，提前将印有开摘日期的明信片寄给客户。

下文是卡罗·巴克灵提供的建议，他以前居住在阿肯色州盖市，现居住在新泽西州富力赫德。可在下文编者注中查看相关信息。

具有农场名称和标识的广告对于自采销售很重要，可将这些信息印刷在传单、采摘容器和设备上。良性竞争合理合法，首先要让客户知道你的园区。

有关鲜果直销的一些想法

草莓生产者卡罗·巴克灵（Carroll W. Barclay），已退休

编者注：我与卡罗·巴克灵共事近40年。他是园内直销和自采摘模式的先驱，在生产和销售进入新阶段前，他总是认真而周密地计划。他和夫人珍妮特（Janet）（已病故）携手合作，其生意在新泽西州仍享有美誉，他们在管理员工、水果生产和市场营销方面成为梦幻组合。目前，他经营草莓和树莓。

设立园区名称和标识是营销计划的重要组成部分。将名称和标识印刷在传单、采摘容器和设备上，以突出园区特色。一个成功的商业模式需要参考别人的案例。我们过去在新泽西的路边营销经验证实了对园区名称和标识投资的明智性。良性竞争合理合法，首先要让客户知道你的园区。

这是在阿肯色州盖市的经验。首先，我们在距农场五六千米的25号公路旁竖立了一个大广告牌，数百米外都能看到。通过热线电话广告园区地址和采摘信息，这样客户就会很易找到广告牌和马路对面的小学，从而找到园区。当然，我们也印制了含有标识的传单，其内容包括作物信息、营业时间、行车路线和园区简介。将传单分发给周边城镇的商业伙伴和朋友。传单主要是为新客户定制，这些新客户又很易告知其朋友关于果园的信息。

报纸广告的尺寸与传单相似，长20厘米、宽13厘米 。作物信息随着品种成熟期而更换，但行车路线、营业时间和其他信息则不变。起先，广告宣传只在康威和福克尔县南部进行，后来随着采摘面积的增加，在北部销售市场增加了报纸广告的种类。旺季时，也在小石城报纸上登广告。某些客户会将广告从报纸上剪下来保存。

电话是保持我们与客户沟通的重要渠道。我们设置了专线，通过自动语音系统广告采摘信息。我们所有的广告和传单都建议来前电话咨询。超过一半的客户都是通过电话获知果实采摘时间、价格、包装大小、营业时间及行车路线，这些信息都在长达60秒钟的电话录音中。该电话系统会自动记录当天打进电话的数量，据此我们可推测当天来园的客户数量，以便做好准备。

路边的标志对指引客户进入园区很重要。清晰的标志可避免客户迷路或无法找到园区。一旦进入园区，标志牌以及标志性的引导车辆会指引客户到采摘区旁临时设置的销售棚。我们在阿肯色州盖市和新泽西州管理客户的措施可描述为“停车—步行”。客户将车辆停在临近销售棚的停车场上，然后步行到销售棚获取采摘容器、价格及其他有关信息。

客户希望从销售人员处获得准确有用的信息。除了礼貌待客，销售人员还需要熟悉园区、园内品种及其生产过程。我们园区的所有销售人员都在园内从事生产工作，而生产者最有资格和能力销售其产品。

为便于管理，客户进出园区都限制在销售棚附近。我们的销售棚可移动，由拖拉机拖挂。当园区

的桃进入成熟期，我们每天移动销售棚，确保离棚90米范围内的果实得到均匀采摘。销售棚三面开窗，后面的门可观察停车场，这便于销售人员在棚内监控全场。繁忙时，会在棚外安排员工接受咨询和分发采摘箱。

客户离开销售棚后，自由采摘。每行的终端都有品种编号牌，客户可根据编号进行自采摘。

我们使用带电池的电子收款机，这可让客户相信其消费准确性。操作人员除向客户开发票外，也获知客户数量、销售总量和平均销售量等信息，这些信息都会记录在内置的存储带上。以重量销售通常使用14千克的手提秤。在新泽西州所有的水果销售都使用何巴特牌台秤称重。每个销售棚有一名销售人员。旺季时，会设多个相邻的销售棚。周六下午可能需要3个销售棚，每小时能处理200个客户需求。

旺季时，交通和停车位必须充足有序。诸如“车头向里”或“斜位停车”等标志都有助于正确停车。繁忙时，最好划分单行车道，连接独立的入口和出口。

客户注重果实品质，喜欢大小适中、颜色鲜艳、风味浓郁、自然成熟且无病虫的果实。市场上买不到树上自然成熟的果实，即使生产者也喜欢吃采摘前树上成熟的果实。我们努力让客户摘到成熟的果实。摘取鲜红、成熟的果实才是客户驱车前往园区的目的。充分成熟前，我们不会因为少数落果或过熟果而过早地开放采摘区。需要良好的病虫害治理措施，以减少损失。草坪修剪得当、杂草控制良好以及鲜花装点的整洁农场，会使客户对其初次旅行倍感温馨，并且还会再次光临。如果农场拥有景观、迷人的池塘和微风吹着的山坡，将这些整合到停车场和道路沿线会增加休闲体验。摘取美丽的水果将变成让全家开心愉悦的时光。获得质优价低的果实仅仅是来农场的部分原因。客户离开时，同时获得了采果和观光体验。如果两样都能做好，客户们会多次光临，还会告知其亲朋好友。所有这些，都是企业成功的“秘密”。

A. 在阿肯色，采摘园入口处高度适宜且具吸引力的广告牌非常重要；B. 园区提供的采摘箱最高效；C. 卡罗·巴克灵和经理马克·西沃托利（Mark Ciotoli）；D. 地膜覆盖高垄及充足的垄间距为采摘者提供了充足的采摘和行走空间；E. 孩子是客户们前来采摘的重要原因，但是12岁以下儿童必须得到有效监管并为其提供娱乐场所；F. 在阿肯色州的盖市，诺尔曼·奇尔德斯夫妇与巴克灵夫人珍妮特（已病故）在一起，珍妮特是事业发展中最重要的成员。

FREEZING STRAWBERRIES

WASH, CAP AND DRAIN STRAWBERRIES IN COLANDER. SLICE AND ADD SUGAR AS PER YOUR TASTE. PLACE IN AIR TIGHT CONTAINERS AND PLACE IN YOUR FREEZER IMMEDIATELY.

A

A. 采摘箱上印制的冷冻草莓制作方法：将草莓洗净，去萼片和沥干，切片并按你的口味加糖。保存到气密容器，立即放入冰箱；B、C. 电子称重、收款机和语音电话很有利于销售；D. 采摘旺季，可设置多个销售棚；E. 新泽西远近闻名的树莓自采摘园；F. 采摘者像牛吃草那样工作

2000年新泽西草莓生产成本预估

马克·罗布逊（Mark G. Robson）
罗杰斯大学医学和牙医学院环境和职业健康部，新泽西州皮斯卡塔韦

前　　言

本文估测的成本谨为新泽西州草莓生产提供参考，数据来源于2000年。不同地区可根据当地成本和其他因素做以调整。在特定园区，该预测成本可分摊至2 ~ 3年的结果期中。成本、产量和利润取决于所用栽培措施、收获方式和营销策略。

生产成本是基于新泽西大学农业试验站和罗杰斯合作推广站所推荐的商业生产模式得出，会随着物价通胀而增加。劳动力成本和劳动量需求是基于雇佣非专业性劳动力。

客户自采是对雇工采收的替代，该方式显然会改变收获成本。感谢罗布逊农场协助审阅2000年生产季的生产成本估算。

人们倾向于在容器内尽可能多地摆放草莓，按重量销售

每公顷固定成本	单位（美元）
苗木[1]	1 334
土壤熏蒸[2]	1 976
劳动力[3]	494
机械	494
小计	4 298
每年每公顷生产成本	
劳动力[4]	1 482
机械	988
肥料和石灰	655
农药[5]	1 729
灌溉[6]	445
覆盖材料[7]	741
土地[8]	247
小计	6 287
每年每公顷收获成本——产量预估为每公顷19 760夸脱（1夸脱=1.1升）	
a. 采摘、处理和包装，每夸脱0.40美元	7 904
b. 包装盒每夸脱0.08美元	1 581
c. 纸箱托每个8夸脱，1.4美元	3 458
小计	12 943

注：[1] 每公顷定植13 500株（包括补栽），随行距而变化。
[2] 用于消除土传病害、土壤虫害和杂草，随农药种类和使用方式而变化。
[3] 移栽和补植。
[4] 锄草、灌溉和机械操作，但不包括收获。
[5] 新泽西推荐使用的杀菌剂、杀虫剂和除草剂等，随气候状况和病虫害程度而变化。
[6] 灌溉水15厘米（厚度），每公顷土地每厘米水需30美元。
[7] 每公顷7.5吨稻草，每吨100美元。
[8] 基于土地租金，每年每公顷250美元。
[9] 平均产量，每公顷18 708升，产量会有变化。

参考文献（略）

美国中西部小果生产预算

托尼·布拉奇（Tony Bratsch）
伊利诺伊大学园艺学推广专家，伊利诺伊州爱德华德斯韦尔

小果生产使小块园地获得高额回报成为可能。但必须牢记，小果生产是劳动密集型，某些小果作物如多年生无刺黑莓、蓝莓和葡萄等在开始获得回报前需较多的投入。当然，生产草莓可很快获得回报。

小水果生产企业是劳动密集型的且有风险，还可能会有病虫害和草害等问题，恶劣的气候因素也常会影响果实产量和品质。在投入生产前，生产者应评估产业信息和产品是否具有市场。

在建园前，必须知道商业化草莓和树莓需要到下一年才能有产量。黑莓会在第二年有产量，但要到第三年才能高产。葡萄和蓝莓分别要到第三和第四年才能有产量，到第六和第八年才能达到高产水平。

本文编制的预算仅作为参考。表1、表2和表3中列出了伊利诺伊州南部小果生产的成本和回报情况。由于本州各地价格和成本不同，当应用到某特定农场时需要进行适当调整。

设备成本取决于其利用率。对特定农场而言，面积大小和设备用于其他作物的程度决定了设备成本。材料成本包括绑扎材料、草炭、肥料、农药、覆盖作物种子、覆盖材料及其他耗材。

劳动力成本按照每小时6美元计算，表中给出了支出总额和总工作量。该成本可能会由于农场大小、机械多少和栽培管理措施不同而有所变化。因为大多数小果销售都是通过自采摘方式进行，所以本文没有列出收获成本。表4中监管自采摘销售的劳动力投入可能会差别很大。小农场可能只是季节性的短期用工，而大农场则是长期用工。

也没有列出采摘容器成本，因为这与采摘量直接相关。预算中没有列出诸如地租、熏蒸、灌溉系统的安装操作以及设备设施的固定成本。生产者可将这些成本加到预算中，这样形成的生产总成本就更具参考价值。

表1　1999年伊利诺伊南部小果生产（从建园至第一年生产果实）劳动力和现金成本估算[a]（需随通胀而做出调整）

单位：美元/公顷

项目	水果种类						
	草莓（毯式栽培）	树莓		黑莓		蓝莓	无籽葡萄
		黑树莓	秋红树莓	有刺	无刺		
苗木[b]	1 525	4 500	2 538	4 363[c]	1 538	5 850	6 700
用工费6美元/小时	1 800	1 125	675	825	1 800	1 500	2 400
（工时）	120	75	45	55	120	100	160
材料	1 488	788	413	413	263	1 388	575
设备[d]	900	400	400	575	775	713	775
棚架					3 413		3 413
总计[a]	5 713	6 813	4 025	6 175	7 788	9 450	13 863

[a] 不包括地租、土壤熏蒸、收获成本、灌溉系统和雇工固定成本。

[b] 苗木成本基于每公顷栽植密度：草莓15 563株、树莓3 625株、有刺黑莓3 025株、无刺黑莓1 135株、蓝莓1 513株、葡萄1 363株，另外加上15%的运输成本。

[c] 基于苗木考虑，扦插苗价格较低。

[d] 设备成本基于目前通常的利用率。

表2 1999年伊利诺伊南部小果生产（产量稳定后）劳动力和现金成本估算（需随通胀而做出调整）

单位：美元/（公顷·年）

项目	草莓（毯式栽培）	树莓		黑莓		蓝莓	无籽葡萄
		黑树莓	秋红树莓	有刺	无刺		
用工费6美元/小时	1 113	1 275	363	825	1 575	1 050	1 288
（工时）	74	85	24	55	105	70	86
材料	1 600	250	250	537.5	800	1 000	900
设备[b]	713	375	263	313	313	375	288
总计[a]	3 425	1 900	875	1 675	2 688	2 425	2 475

注：草莓至无籽葡萄各列均属"小果种类"。

[a] 不包括地租、收获成本、灌溉系统和雇工固定成本。
[b] 设备成本基于目前通常的使用率。

表3 1999年每公顷小果生产成本、产量、价格、劳动力和客户数量估算（需随通胀调整）

种类	固定成本[a]		生产成本[b]		产量[c]	采摘价格	销售额	采摘人数[d]
	时间（年）	成本（美元）	工时（小时）	成本（美元）	（千克）	（美元/千克）	（美元）	（个）
草莓	1.25	5 646	183	3 385	8 896	1.78	15 835	988
黑树莓	2	6 734	210	1 878	3 002	4.11	12 338	445
秋红树莓	1～2	3 978	59	865	4 448	4.11	18 281	741
有刺黑莓	2	6 104	136	1 656	5 449	3.11	16 946	741
无刺黑莓	2	7 697	259	2 656	8 896	3.11	27 667	988
蓝莓	4	9 341	173	2 397	6 672	2.11	14 078	1 112
无籽葡萄	3	13 702	213	2 446	8 896	1.56	13 878	1 977

[a] 从建园至第一年生产果实所需苗木、材料、人工和设备费，如表1所示。
[b] 不包括地租、土壤熏蒸、收获成本、灌溉系统和雇工固定成本，如表2所示。
[c] 保守产量。无刺黑莓平均3年中1年可能无产量。
[d] 根据产量和客户平均消费量计算。

表4 小果采摘监管用工估算

小果种类	收获周期[a]（天）	大概采摘次数[b]（次）	监管时间	
			1公顷（小时）	2公顷（小时）
黑树莓	10	4	60	100
紫树莓	14	5	75	140
春红树莓	14	5	75	140
秋红树莓	42	14	210	420
有刺黑莓	14	5	75	140
无刺黑莓	40	14	210	400
蓝莓	42	8	100	420
葡萄（鲜食）	12	2	25	60
草莓	24	12	180	240

[a] 周期因品种而异，面积大时可能延长。
[b] 小面积农场可能因摘完而关闭。

蓝莓生产要点

道尔（C. C. Doll）伊利诺伊大学园艺学顾问，已退休

注：某些草莓生产者也喜欢生产蓝莓，因为它正好在草莓采收后开始采收。蓝莓很受欢迎，几乎适合所有人食用。在南北各州，只要条件适合，都可以栽培高干蓝莓用于自采摘销售。

建园和土壤选择 需选择缓坡，既通风又便于排水的地块。避免低洼地带，因低洼地带易发生花期霜害。

蓝莓根系对渍水和淹水很敏感，而需土壤排水良好。沙质壤土最好，排水良好的黏土也可。

蓝莓需要酸性土壤，最适pH为4.8 ~ 5.2，5.5也可以。可通过施用酸性肥料来降低土壤酸碱度。

对pH高于6.0的土壤可通过施用农用硫黄来使其降低，这需要在定植前一年就施用。在定植蓝莓前，可种植玉米、大豆或绿肥作物。为将pH从6.0降至5.5，沙壤土每亩需施用22.4千克硫黄，黏壤土则需要37.4千克。

多年生杂草如匍匐冰草、石茅、狗牙根草、马利筋和田旋花需在定植前清除。某些治理这些杂草的除草剂如草甘膦尚未在蓝莓生产中得到使用许可。

高垄 高垄有利于黏质土壤排水，进而利于根系生长并有助于防止雨季涝害。

垄要宽，垄侧要具缓坡，这不仅有利于主根延伸，也利于覆盖及其他栽培和收获操作。

用犁板起垄可将垄间土壤翻到垄上，这样垄间形成了熵沟，然后使用盘耙等农具将垄成型，垄高应为16 ~ 32厘米。

建议在秋季耕翻，以使土壤在冬季充分冻融，春季做垄定植。

蓝莓是甜美的小果，深受人们喜爱，且无对其过敏现象

苗木选择 多数蓝莓苗圃都出售二年生裸根苗和盆栽苗，也会提供一年生扦插苗。

应选择二年生、46到60厘米高的裸根苗或同样规格的盆栽苗进行定植，这些苗木通常成活率高、生长快且结果早。盆栽苗比裸根苗成活率高且生长快，其定植时间较宽泛。生产者可将盆栽苗短期集中摆放在环境条件好、光照适宜并便于浇灌的地方，在土壤湿度适宜且能安排开劳动力时进行定植。休眠裸根苗在定植前必须冷藏。

生产者可能更喜欢盆栽苗，但由于其体积和重量，运输费用可能会很高。

一年生扦插苗需进行假植，以便于精心管理，1 ~ 2年后可进行移栽。

定植计划 由于蓝莓需要异花授粉才能获得高产，因此需要间隔交替定植两个或多个品种，最多

每隔4行需更换一个品种。

推荐的行距为3 ～ 3.6米、株距为1.5 ～ 2.1米。‘柏克利’（Berkely）、‘晚兰’（Lateblue）以及其他长势旺的品种，株距不能低于1.8米，也能在后期封行。每公顷定植1 119到2 691株[1]。

行向以南北为最好，这有利于光照。当然，如果地形不适于南北走向，东西走向也可。

对于自采摘园定植，需要考虑其方便采摘。行内每隔60 ～ 90米需设置一条车道或人行道。根据成熟期来定植品种，确保收获能够有序进行。

定植　草炭有利于裸根苗生根。需配置草炭混合物：将0.08米^{3}草炭放入体积为208升的桶中，边搅拌边加水至约95升。如果草炭不易吸水，可在水中添加85克X-77或其他湿润剂。每株施用3.8升混合物。也可对盆栽苗施用草炭，但草炭对裸根苗更为重要。

可用人工挖定植穴，也可使用拖挂在拖拉机上的螺旋钻。植株定植深度应与苗圃中深度一致。

定植时，需要在穴底放置1.9升草炭混合物，剪去断根和多余的根系。

定植后，需重度修剪树干（剪除1/3至2/3），以便与根系平衡并刺激新梢生长。

对盆栽苗而言，如果盆中基质与根系完整，则不需进行修剪。如根系与基质已分开，则需修剪整理。

裸根苗应在早春萌动前定植，而盆栽苗可在早春或生长季定植。

覆盖　即使在有灌溉的条件下，在定植当年也需进行覆盖。这可降低夏季土壤温度、保持土壤湿度和抑制一年生杂草生长。4 ～ 5年后，覆盖便不重要。

锯末或碎玉米芯是首选覆盖材料，1 ： 1的木屑和锯末混合物也可，木屑可以防止风吹锯末，也可单独使用已堆制6 ～ 12个月的烂木屑。碎玉米秸秆是很好的覆盖物，稻草也可，但不如上述材料。

覆盖厚度应足以抑制杂草生长，依不同覆盖材料，通常为10 ～ 20厘米。覆盖宽度一般为60 ～ 120厘米。

地鼠可能会侵袭覆盖物并损伤植株根系，应密切观察，如有鼠害，需进行治理。

灌溉　蓝莓植株根系浅和无须根使其对干旱很敏感，因此灌溉对商业化蓝莓生产很重要。可以减少覆盖，但不能减少灌溉。若要高产，整个生长季都需要保持适宜的土壤湿度，这也包括采后8 ～ 9

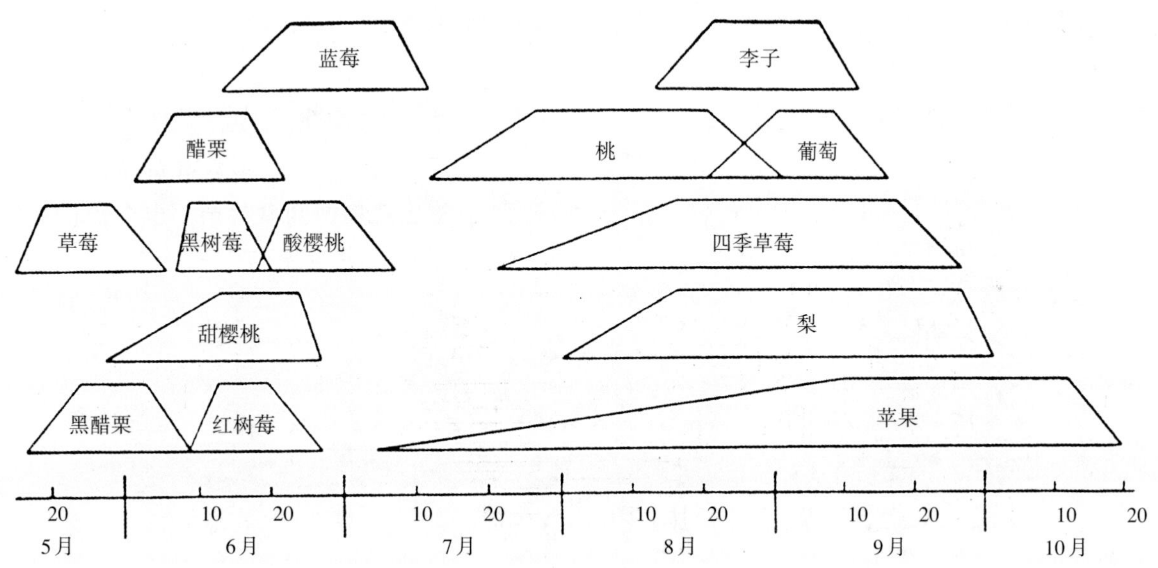

图1　在洛基山脉以东的多数州份，草莓最先成熟，如果生产和营销得当，可马上销售。这是弗吉尼亚地区主要水果的成熟期，在其他地区其成熟顺序也应一致（弗吉尼亚理工和州立大学，布莱克斯堡）

注：咨询当地农业推广站技术人员和蓝莓生产者，来选择适宜品种，定植时应将根系伸展开并覆以1.9升草炭，然后填实灌水。

月的花芽形成期。

滴灌和喷灌都可满足水分供应。滴灌能节约用水，但喷灌可防春季霜冻。

营养 覆盖后第1 ~ 2年内，由于覆盖物锁住了部分氮营养，可能需追施氮肥。应密切注意是否有缺氮症状（如叶色失绿）。氮肥施用量一般为纯氮45 ~ 79千克/公顷，可撒施或通过滴灌施用。

萎黄（叶片瘦黄、不生长或很少生长）表示可能植株缺铁，这是由于土壤pH过高，将铁元素固定在土壤中，使植株不能吸收到足量。这需要对土壤pH进行调整，同时叶面喷施螯合铁或是根系施用螯合铁来暂时缓解症状。

叶面施肥是补充铁和其他微量元素最有效的方法。也可通过叶面施肥补充氮磷钾。某些生产者发现，开花前1 ~ 2次、开花后1 ~ 2次叶面喷肥可促进植株生长和提高产量。

根据肥料标签上的说明进行叶面施肥。常规肥料可能不溶于水或不能被植株吸收，甚至伤害植株。许多叶面肥料都可与杀虫剂或杀菌剂混合喷施。

修剪 果实来源于一年生枝（上一年的新梢）上的花芽。大多数结果枝都是多年生主枝上的侧枝。

定植后的前几年内，修剪目的是让植株尽早形成结果性冠型，每年都要剪除弱枝、生长慢及徒长枝。定植当年和下一年要抹除花芽，以促进植株营养生长。根据植株的长势，在第三至第六年才能开始形成果实产量。

不修剪会使植株结果过多，从而会导致果实变小、成熟期延长并降低来年的果实产量，因此，有必要对结果枝进行适当疏剪。随着主枝逐年衰老，结果性能会变差，一般从第六年开始，需更新主枝来稳定产量。每年需剪除1个或几个最老的主枝，以达到更新主枝和疏剪结果枝的目的。也要剪除弱枝和徒长枝。对留下主枝上的结果枝也要适当疏剪。

图2　草莓生产者也喜欢种植其他小果类作物，以保持采收期连续

鸟害 鸟类对果实危害有时会很严重。用防鸟网沿行覆盖植株很有效。防鸟网需要在浆果成熟前架设，收获时暂时移除。

其他参考资料（略）

第八部分　国外草莓生产概况

墨西哥的草莓生产[1]

帕卓·甘扎里兹（Pedro A. Davalos-Gonzalez）

历　史

历史上，墨西哥的草莓生产在世界上排前十名。1965年，该国以15万吨产量位居世界第二，此后，其产量下降至10万吨，在美洲仅次于美国。据记载（Wilhelm和Sagen，1974），约于17世纪墨西哥土著人就开始栽培野生森林草莓。目前，广泛栽培的杂交草莓（凤梨草莓）可追溯至1885年，当时'莫雷尔博士'（Dr. Moreré）品种从法国引到伊拉普托地区（Zerecero，1965）。"二战"以后，由于美国在冬季对鲜草莓的高需求，墨西哥的草莓生产也得到扩展。目前，平均每年出口3万吨，其中70%用于冷冻，其余用作鲜食。约80%出口到美国，其余的出口到加拿大、欧洲和日本。在墨西哥，草莓多为小规模生产，也能为加工和包装材料（箱子、篮子）行业提供就业机会。每年每公顷草莓园区最少可提供730个工作日的就业机会（Dávalos-González等，1992年）。

生产区和气候

草莓通常仅在米却肯和瓜纳华托州生产，后者位于低洼地区。这两个州是墨西哥中部的主要产区，产于墨西哥城东北300千米的萨莫拉和400千米的伊拉普托郊区。总栽培面积约为4 000公顷，其中60%位于萨莫拉。自1980年以来，米却肯州马拉华托、锡塔夸罗、帕宁迪卡阿罗和帕斯托奥尔蒂斯等市发展了约500公顷的新产区。米却肯和瓜纳华托产区平均产量分别为每公顷20吨和15吨。

自1985年以来，昂塞纳达市附近的下加利福尼亚地区发展成重要的草莓产区，栽培面积约500公顷，每公顷平均产量约50吨。美国加利福尼亚大学为该地草莓生产提供技术咨询。

米却肯和瓜纳华托产区位于北纬19°～20°、海拔1 500～2 000米的地区。由于高海拔，常年为亚热带温和气候，伊拉普托和萨莫拉的平均气温约为20℃，夏季降水量为714～720毫米，而昂塞纳达为地中海气候。

---

[1] 感谢Jose Lopez博士对本文修改和翻译。

定植模式

有三个因素决定墨西哥中部的草莓生产：移栽苗定植时间、冷藏时间和定植密度。在下加利福尼亚，移栽苗类型（冷藏）、定植期（深秋至初冬）和栽培措施都与美国加利福尼亚产区的一致（Welch，1989年）。

墨西哥中部草莓生产的主要特点是：

图1 园内的‘卡姆罗莎’已经成熟

图2 苗圃（所有照片来自作者）

图3 漫灌园中正在定植当地苗圃生产的鲜苗

图4 草莓采收。采摘容器通常为10升桶

图5 ‘卡姆罗莎’草莓果实不同发育阶段（从绿果到红果）

图6 冷冻前手工清理果实（去除萼片和杂质）

1.直接利用鲜苗定植。这在米却肯和瓜纳华托州的4 500公顷中占90%，该模式利用苗圃中夏（8月和9月）未经冷藏的鲜苗直接进行定植。采用高垄栽培，每垄定植2行，萨莫拉和米却肯地区每公顷定植8万株，伊拉普托和瓜纳华托地区每公顷定植10万株。虽未经低温冷藏，但由于白天日照短和夜间温度低，定植后很快就开花，80天就能收获果实。与下面两种模式相比，该模式有以下优点：高产、优质（果实大小和硬度）、病虫害少且成本低。

2.利用冷藏苗定植。该模式用的是休眠苗，这些苗产自加利福尼亚低海拔苗圃并经2个月以上的冷藏（–2.2℃）。于3 ~ 4月定植，每垄2行，垄间距为0.9 ~ 1.0米，数月就可收获。该模式的主要优点是可在9月收获果实，而此时的鲜苗定植模式还未形成产量。该栽培模式与加利福尼亚的夏季草莓模式相似（Welch，1989）。

3.用冷藏苗半定植。该模式是前两种模式的结合，类似于"稀疏毯式栽培"。移栽苗类型、定植时间和收获季节都与用冷藏苗一致。不同的是，为了降低冷藏苗成本，该模式每公顷只定植1.5万株。从这些母株产生的匍匐茎苗最后发展成每公顷8万株，多余的除掉。

育　　苗

鲜苗定植模式每年需要4亿株移栽苗，这些苗都在当地（一般由草莓生产者）繁育。注册或认证母苗来自加利福尼亚低海拔苗圃。母苗于1 ~ 2月定植，子苗在8 ~ 9月出圃。

品　　种

纵观历史，使用现代草莓品种的进程可分为3个阶段。

1. 1885年从法国引进‘莫雷尔博士’品种，开始了草莓生产。

2. 20世纪前半期利用来历不明的墨西哥栽培品种。美国农业部的乔治·达柔（Geroge Darrow）博士（1953年）曾根据其形态特征推断，这些品种可能来源于智利草莓的实生种。

3. 从1952年开始，陆续引进美国加利福尼亚品种。这些品种很适应米却肯和瓜纳华托州的环境条件，在墨西哥草莓生产中占很大比例。佛罗里达大学的品种虽然高产，但由于果实硬度低而很少采用。

短日照品种通常比日中性品种更适应墨西哥气候条件。墨西哥栽培品种按比重降序排列为：在萨莫拉是‘卡姆罗莎’（Camarosa）、‘给维塔’（Gaviota）、‘芳香’（Aromas）和‘钻石’（Diamante）；在伊拉普托是‘卡姆罗莎’‘给维塔’‘芳香’‘派扎罗’（Pajaro）和‘甜查理’（Sweet Charley）；在马拉华托是‘给维塔’‘海景’（Seascape）、‘芳香’和‘钻石’。在墨西哥两个主要草莓产区（萨莫拉和伊拉普托），‘卡姆罗莎’面积约占总面积的70%。

栽 培 措 施

很少利用溴甲烷熏蒸土壤。取而代之的是，土传病害的预防主要是通过在无草莓种植史的土地上生产，或是轮作。草莓与谷类和蔬菜作物每4 ~ 5年轮作一次。土壤多为黏土，pH趋于中性。

很传统的预防土传病害的方法是淹水。在萨莫拉，定植前淹水半米深（持续流水）至少1个月，效果好。在该地已开始在垄上覆盖黑色或银色塑料膜。

草莓施肥主要是每公顷300 ~ 400单位氮、100 ~ 150单位P_2O_5和等量的K_2O。地面灌溉在萨莫拉和伊拉普托仍是主要方式。灌溉水来自水库或深井。冬季每周灌一次，春季每隔4 ~ 5天灌一次。在萨莫拉已开始使用滴灌。

杂草治理主要依靠人工锄草，偶尔放鹅及其他家禽或使用机械。很少使用除草剂。

病 虫 害

虫害 最主要的害虫是二斑叶螨（*Tereanychus urticae* Koch）、仙客来螨（*Phytonemus pallidus* Banks）、玉米螟（*Heliothis* sp.）、西花蓟马（*Frankliniella tritici* Fitch）、绿盲蝽（*Lygus* sp.）和蚜虫（*Chaetosiphon* sp.）。在伊拉普托，自从1980年草莓新品种替代‘提奥加’（Tioga）和‘弗莱斯诺’（Fresno）后，二斑叶螨、绿盲蝽和蚜虫问题开始严重发生。

害虫治理主要使用美国环保署注册的杀虫剂或杀螨剂。最近，开始使用捕食螨控制二斑叶螨。

病害 根部和根颈腐病是墨西哥中部草莓的主要病害。这些病害由以下病原（影响程度降序排列）引起：尖孢镰刀菌（*Fusarium oxysporum* Schlechtend. Fr. f. sp. *fragariae* Winks & Williams）、黄萎病菌（*Verticillium* spp.）、立枯丝核菌（*Rhizoctonia* spp.）、疫霉菌（*Phytophthora* spp.）和炭疽菌（*Colletotrichum* spp.）（Castro-Francoy Davalos-Gonazalez，1990年；Martinez-Alemany del Rio-Mora，1975年）。甘扎里兹（Castro-Francoy Davalos-Gonzalez）（1990年）报道，尖孢镰刀菌可致产量损失达50%。病害在旱季（5 ~ 6月）发生严重，‘索拉纳’（Solana）比‘道格拉斯’（Douglas）和‘常德乐’（Chandler）耐病，而‘提奥加’、‘派扎罗’和‘奥格’（Oso Grande）则比其感病。

叶部病害通常不很严重。但在高湿环境下，某些病害尤其在苗圃中很严重。最常见的叶部病害有叶斑病、白粉病、叶焦病和角斑病（Davalos-Gonazalez，1992年）。

在果实成熟季节，遇雨会引起果实腐烂，经济损失可达25%以上。主要病害是炭疽病、革腐病和灰霉病。从11月至第二年3月，白粉病也会发生，尤其是感病品种‘卡姆罗莎’。

于1985年，甘扎里兹（Davalos-Gonazalez）等（1985年）就报道了在伊拉普托可能存在草莓皱缩病毒（SCV），在几个草莓园区首先发现‘提奥加’和‘塔夫兹’（Tufts）品种上有症状，这些发现后来由奥提斯（Teliz-Ortiz）和瑞耶斯（Trejo-Reyes）证实（1989年），他们发现在萨莫拉和伊拉普托分别有20% ~ 25%和60% ~ 93%的草莓植株受到侵染。另一病毒病害是草莓斑驳病毒（SMV）。这些研究者指出如果利用其他指示植物很可能会鉴定出更多病毒种类。

科 研

近年来，政府机构如国家林业、农业和畜牧业研究所（INIFAP）、调查和高级研究中心（CINVESTAV）及研究生院（CP）开展了很多研究项目。INIFAP主持了大部分研究项目。从1972年至1977年在萨莫拉进行了一个研究项目，该项目于1977年移至伊拉普托继续进行。

制约墨西哥中部地区草莓生产的主要问题有：（1）国外品种易感枯萎病并且只有部分品种能适应本地区；（2）枯萎病高发；（3）育苗管理不足；（4）缺少生产无病毒认证种苗的全国性机构；（5）病虫害治理不到位；（6）栽培技术落后；（7）缺少技术转让和推广制度（Davalos-Gonazalez，2000年）。

基于以上问题，INIFAP制定了以下条文：

苗圃管理。由于墨西哥缺乏生产无病、高质量种苗技术，根据研究做出以下结论（Davalos-Gonazalez，1984年；Davalos-Gonazalez，2000年）：

1.1 需要将苗圃转移至隔离区域，远离生产区。

1.2 只使用健康母株育苗。

1.3 使用溴甲烷（98%浓度，每公顷400千克）治理土传病害，增加子苗产量。

1.4 最佳定植期是从12月20日至翌年1月20日。

1.5 需要冷藏母株45 ~ 60天以达到最高产量。

1.6 采用适当施肥方案，氮磷钾分别不超过120、60和60单位。栽前施用一半氮肥和全部磷钾肥，栽后2个月施用另一半氮肥。

当前，应根据加利福尼亚模式建立生产认证草莓苗的本地技术体系。墨西哥具有原种苗生产技术，但需将苗圃移至拥有理想土壤和冷凉气候的墨西哥山区，隔离繁育原种苗、注册苗和认证苗。

栽培措施　我们的研究主要方向是栽培技术和病虫害识别和治理以及引进品种的区域栽培试验，同时也启动了一项育种计划。结果表明，像‘提奥加’、‘弗莱斯诺’和‘派扎罗’品种的最佳定植时间是从8月中旬至9月中旬（Davalos-Gonazalez，1985年）。同时也发现，如果将这些品种及‘卡姆罗莎’的定植密度从通常的每公顷10万株增加到20万株，果实产量至少会增加40%。

由于枯萎病是最主要的土传病害，我们也探索了其综合防控策略。结果发现，该病害主要通过染病母株或子株传播。同时也发现，鲜苗比冷藏苗更易感病（Davalos-Gonazalez，2000年）。除了应用无病苗，土壤熏蒸或土壤暴晒（3个月）也能有效预防此病。土壤熏蒸和暴晒是控制枯萎病和其他土传病害的有效措施，能使果实产量增加80%（Davalos-Gonazalez，等，1992年）。

另一项主要任务是对引进品种进行区域性栽培试验。近30年来，评估了超过80多个品种。1997年，启动了一个育种项目（Davalos-Gonazalez，2000年），目标是选育适合墨西哥中部环境且对枯萎病有一定抗性的早熟、高产品种。利用加利福尼亚大学和佛罗里达大学的品种以及野生智利草莓无性系作亲本，后者表现出抗枯萎病（Davalos-Gonazalez，2000年），‘火花’、‘卫士’（Guardian）和‘日出’（Sunrise）也具有抗病性，但是这些品种不适合墨西哥中部栽培（Davalos-Gonazalez，1990年）。5年来，评价了8.5万株实生苗，其中25个优系正在进行组培。

参考文献（略）

南美洲草莓生产概况

詹姆斯·汉阔克（James F. Hancock）

来源于D. S. Kirschbaum和J. F. Hancock 的文章，Hortscience 35(5) 807-811. Aug. 2000。Hancock博士是《草莓》(237页，1999年，CABI出版社，Wallingford，England OXON OXIO-8DE）的作者

詹姆斯·汉阔克（James F. Hancock）博士，密歇根州立大学，密歇根东兰辛

他和加利福尼亚大学的丹·克瑞奇包姆（Dan Krischbaum）参观了南美的草莓产业

在南美洲，近60%的草莓是在6 ~ 11月生产，40%在11月至翌年5月生产。50% ~ 70%用作鲜食，30% ~ 50%用于速冻。大多数草莓生产者都采用地膜覆盖高垄栽培加利福尼亚品种，栽培管理措施也大致相同。不过，南美洲有两种不同栽培模式：（1）冬季生产模式成熟期最早；（2）夏季生产成熟期最晚。一般冬季温暖地区如热带的玻利维亚、阿根廷北部、智利中部、巴西、巴拉圭和乌拉圭北部采用冬季模式。而冬季寒冷地区如智利、阿根廷中部和南部、乌拉圭南部、玻利维亚和阿根廷北部高原则采用夏季模式。

两种生产模式的主要病虫害不同，冬季生产以炭疽病为主，而夏季生产则以红中柱根腐病为主。但是，诸如螨类和灰霉病在两种模式中都存在。阿根廷、巴西和智利已经实施了草莓苗认证措施，这是丰产的基础。

南美洲草莓生产（尤其是加工草莓生产）有望在短期内得到提升。这是因为从1996至1998年，世界上加工草莓主产地（FAO，1999）如墨西哥、波兰和俄罗斯等国家的产量下降了6万吨。

地膜覆盖高垄栽培，每垄栽植两行。加利福尼亚大学戴维斯分校著名育种家罗伊斯·伯令格哈斯特博士正在调查其品种在智利的表现

A. 智利康塞普西翁附近的高垄栽培草莓园区及其喷灌设施（M. Pritts 拍摄）；B. 土壤肥沃的低海拔地区地膜覆盖高垄栽培园区；C. 10月智利奇廉附近的地膜覆盖高垄栽培园区，品种为‘派扎罗’、‘赛娃’和‘常德乐’，正在进行采摘；D. 智利地区广泛使用的采摘盘（Dan Kirscbbaum 拍摄）；E. 哥斯达黎加莱蒙地区，12月圣荷西公司装载到运输船上的成箱草莓。（N. Childers 拍摄）

A、B、D、E和G. 阿根廷土库曼西北地区冬季地膜覆盖高垄栽培的‘卡姆罗莎’；C. 海拔2 000米谷地的夏季两年生草莓；F. 高海拔苗圃（A. Borquez、D. Kirschbaum和C. Zamora提供）。

西班牙的草莓生产

洛佩兹-阿兰达（J. M. Lopenz-Aranda）、麦迪那（J. J. Medina）、
玛莎（J. I. Marsal）和巴图尔（R. Bartual）

西班牙草莓产业史

西班牙草莓生产历程可分为两个阶段：采用美国加利福尼亚技术之前（1964年之前）和之后。第一阶段，草莓生产没受到足够重视，只是在某些地区广泛种植，并且主要供应本地市场。品种主要来源于欧洲，如'哈雷惊奇'（Surprise des Halles）和'姆托夫人'（Madame Moutot）等。定植后连续几年生产，无地膜覆盖且灌溉粗放。草莓苗来自生产者自己园区的小型苗圃（Lopenz-Aranda和Bartual，2001年）。

从1964年开始的新技术引进，使得西班牙草莓产业获得了瞩目的进展。综合运用了短日品种如'提奥加'、'阿里索'（Aliso）和'赛奎亚'（Sequoia），以及溴甲烷对土壤进行熏蒸、夏季定植冷藏苗、地膜覆盖和在中北部高海拔地区育苗等措施（图1），这些新技术由位于安达卢西亚地区的专业先驱者们（生产者和农学家）从美国加利福尼亚引进。从1970至1990年，西班牙很多地区发展了草莓产业，在加利西亚、加泰罗尼亚、卡斯蒂利亚-莱昂、瓦伦西亚和安达卢西亚地区的栽培面积达200多公顷、总产量达3 000多吨（Lopenz-Aranda和Bartual，2001年）。

至1986年，西班牙草莓栽培面积达到约1万公顷，总产量达到20万吨。值得说明的是，由于这些数据是基于西班牙中北部95%的高海拔苗圃统计的，故关于栽培总面积可能会有出入。在西班牙东部，瓦伦西亚省南部重点发展草莓，从1979至1982年其栽培面积（700 ~ 1 200公顷/年）超过了韦尔瓦（600 ~ 1 200公顷/年）。但1990年后，瓦伦西亚地区的草莓面积明显下降。加泰罗尼亚（400 ~ 700公顷、1万 ~ 2万吨/年）的玛拉斯密地区（巴塞罗纳附近）利用日中性品种进行集约化和专业化生产（Lopenz-Aranda，1996年）。

同样，在安达卢西亚省（西班牙南部）的韦尔瓦地区也有集约化和专业化的草莓生产。1994年，大西洋沿岸的韦尔瓦地区占据了该省97%的草莓面积，在70年代，该地区草莓生产还位于地中海沿岸的马拉加地区之后，但后者的栽培规模下降了。可以说，西班牙最主要的草莓产区位于韦尔瓦海岸（与临近的卡迪斯地区一起生产了全国90% ~ 95%的草莓）（Sbrighi等，1998年）。因此，本文着重介绍韦尔瓦地区（西班牙西南部）的草莓生产。

西班牙是世界上唯一草莓生产增加50倍的国家，从20世纪60年代的年产6 500吨到目前的34万吨。韦尔瓦地区拥有8 500公顷、30万吨的鲜果生产规模。这些数据也证实了西班牙是欧洲最主要的草莓产区。事实上，西班牙是继美国（主要是加利福尼亚州）之后的第二大草莓生产国。韦尔瓦地区平均产量已经达到每公顷45吨。从2月第一周开始采收，至6月底或7月初结束。这意味着韦尔瓦地区又是欧洲草莓最主要产区。

苗圃生产　西班牙高海拔地区草莓苗圃面积为1 100公顷。每年约生产6亿株商品化匍匐茎苗。数据表明西班牙是欧洲草莓苗的主产区。高海拔苗圃位于海拔800 ~ 1 100米、拥有大陆性气候的卡

图1　西班牙韦尔瓦地区以地膜覆盖栽培为主，高海拔苗圃位于巴利阿多利德地区（图片来源于作者）

斯蒂利亚-莱昂省（西班牙中北部）的沙性平原地区。通过土地租赁，育苗地点经常变换。生产是一年性的（一个生长季），4 ~ 5月定植，10月起鲜苗出售。每年有95%的母苗来自美国加利福尼亚大型苗圃。迄今为止，由于土壤的溴甲烷熏蒸，西班牙苗圃基本能满足无病害要求。主要病害是恶疫霉、黄萎病、炭疽病和植原体及杂草（Melgarejo等，2001年）。

植株生长需求　草莓对气候条件要求严格。品种适应性取决于产区的气候条件。砂性土最适于草莓生产和育苗。中度或重度碱性土可能会导致缺铁，酸性土壤和灌溉水适于进行草莓生长，灌溉水电导率高于1分西/米会导致减产。

在西班牙，苗圃需要高度隔离，从而为苗木提供良好的生长和无病虫环境。保证苗木最低需冷量使植株达到生理平衡状态对生产很重要，例如加利福尼亚和西班牙品种，高海拔苗圃从9月初至10月中旬需保持7℃以下150 ~ 200小时。沙质壤土、排水良好、酸性土壤、低电导率灌溉水、平整和冷凉等适合育苗的条件以及果实生产所需的适当气候条件，使西班牙的卡斯蒂利亚-莱昂地区（育苗）和韦尔瓦地区（鲜果生产）成为世界草莓产区中的佼佼者。

苗圃应保证其所产苗木无土传病害，这需高度依赖于溴甲烷对土壤进行熏蒸处理。欧盟推行蒙特利尔条约关于禁用溴甲烷的法案，使西班牙草莓产业急需找到其替代品。

表1　西班牙主要草莓产区（2000—2001年）

地区	面积（公顷）	产量（吨）	栽培季节（月份）											
			1	2	3	4	5	6	7	8	9	10	11	12
韦尔瓦	8 500	300 000	X	X	X	X	X	X				X	X	X
玛拉斯密	600	14 000	X	X	X	X	X	X	X	X	X	X	X	X
卡迪斯	400	14 000	X	X	X	X	X	X				X	X	X
其他	500	12 000	X	X	X	X	X	X	X	X	X	X	X	X
总计	10 000	340 000												

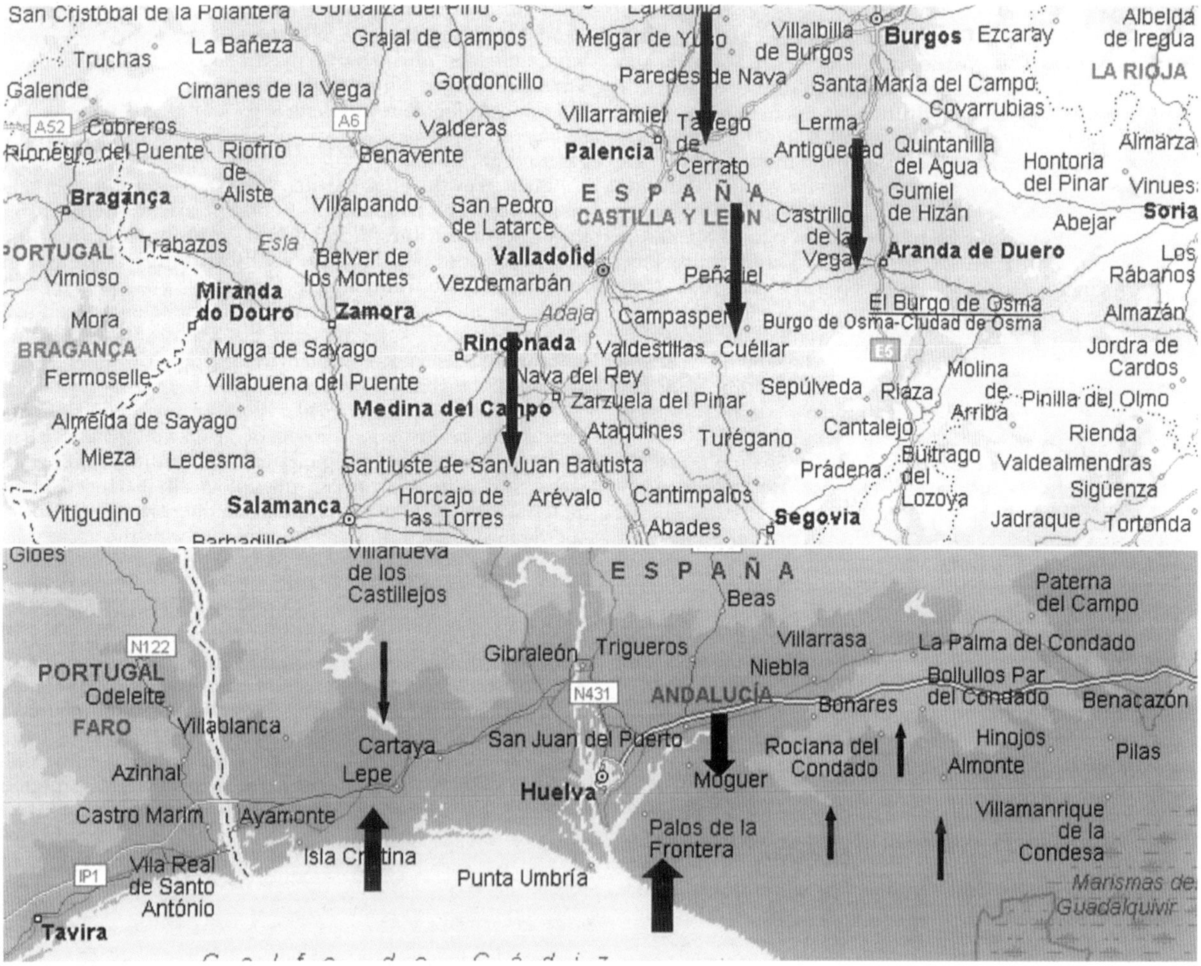

图2　箭头标出西班牙卡斯蒂利亚—莱昂地区高海拔草莓苗圃（上图）；箭头标出韦尔瓦省的主要草莓产区（下图）

表2　西班牙全国和韦尔瓦地区草莓出口量（1994—1997年）

单位：千吨

月份	1994年		1995年		1996年		1997年	
	西班牙	韦尔瓦	西班牙	韦尔瓦	西班牙	韦尔瓦	西班牙	韦尔瓦
1	1.8	1.7	3.1	2.8	0.8	0.6	1.0	0.9
2	8.3	7.9	14.9	14.1	3.6	3.2	11.9	11.3
3	40.9	39.2	47.3	44.9	22.7	21.2	59.7	55.2
4	58.5	55.9	62.1	58.1	75.5	69.0	75.3	65.9
5	29.5	26.9	36.1	34.2	31.2	29.3	48.3	43.6
6	14.5	13.6	9.7	8.9	21.2	20.8	8.8	8.0
7	2.5	1.9	0.9	0.8	1.5	1.3	1.2	0.9
8	0.3	0.1	0.2	0.4	0.7	0.6	0.7	0.6
9	0.0	0.0	0.2	0.1	0.1	0.0	0.0	0.0
10	0.0	0.0	0.1	0.1	0.1	0.0	0.0	0.0
11	0.1	0.1	0.6	0.5	0.5	0.2	0.1	0.1
12	1.0	0.9	0.8	0.6	1.0	0.8	1.0	0.8
合计	157.4	148.2	176.3	165.5				

数据来源：西班牙对外贸易协会（ICEX）。

表3　韦尔瓦地区草莓出口国（1999—2001年）

单位：吨

国家	1999年	2000年	2001年
德国	71 495.6	71 718.9	74 844.6
法国	43 032.2	38 198.9	37 257.0
英国	13 789.1	12 634.1	10 527.1
意大利	8 823.6	11 313.9	9 505.2
荷兰	8 521.1	8 226.1	5 018.9
比利时	6 630.9	8 655.7	7 872.2
葡萄牙	3 319.8	4 760.8	2 953.1
瑞士	2 678.5	2 674.3	2 194.7
奥地利	2 324.2	2 626.1	1 897.2
丹麦	412.7	497.9	668.0
捷克	103.4	437.6	508.4
匈牙利	32.7	40.1	61.3
爱尔兰	63.7	37.9	14.8
俄罗斯	0.7	0.4	37.4
波兰	17.9	39.9	9.0
斯堪的纳维亚国家	116.0	36.3	21.7
西班牙	66 445.2	57 978.2	56 249.5
鲜果市场	227 810.3	219 876.7	209 137.1
加工市场	92 053.5	71 987.3	46 988.3
总产量	319 863.8	291 864.0	256 125.4

数据来源：生产者协会（Frehuelva），2001年。

表4　西班牙高海拔育苗品种趋势

单位：公顷

品种	1993年	1994年	1995年	1996年	1997年	1998年	1999年	2000年	2001年
‘常德乐’	189	140	48	23	7	0	0	1	0
‘奥格’	354	552	640	378	68	16	6	9	2
‘派扎罗’	23	17	23	31	15	21	6	6	4
‘米西·吐德拉’（Milsei-Tudla）	212	123	110	96	90	88	75	76	24
‘卡姆罗莎’	0	0	124	318	671	763	950	950	842
‘卡图诺’（Cartuno）	0	0	34	49	14	0	5	5	0
其他	19	56	24	35	44	51	58	54	146
合计	797	888	1 003	930	909	939	1 100	1 101	1 018

数据来源：卡斯蒂利亚-莱昂农业畜牧局。

高海拔苗圃一览（照片来源于作者）

多用途机械起垄

P-EVA膜小拱棚

小拱棚细节

分两个等级采摘果实

开花前霜冻引起的畸形果

表5　西班牙韦尔瓦地区病虫害治理方案

月份	病虫种类	喷药次数/时间	农药有效成分
11	夜蛾类幼虫	1/11月中旬	毒死蜱48%
	白粉病	1/11月中旬	硫黄粉98.5%
12	夜蛾类幼虫	1/12月中旬	毒死蜱48%
	白粉病	1/12月中旬	三唑醇25%
1	白粉病	1/1月中旬	甲苯吡啶酮20%
2	白粉病	1/2月中旬	戊菌唑10%
	二斑叶螨	1/2月中旬	阿维菌素1.8% +噻螨酮10%
3	白粉病	1/3月中旬	氯苯嘧啶醇12%
		1/3月底	腈菌唑12.5%
	二斑叶螨	1/3月中旬	阿维菌素1.8% +噻螨酮10%
4	白粉病	1/4月中旬	甲苯吡啶酮20%
	蓟马	1/4月中旬	伐虫脒50%
5	白粉病	1/5月中旬	腈菌唑12.5%
	蓟马	1/5月中旬	罗素发7.5%

表6　滴灌方案

时期	次数/周	时长（分钟/次）	用水（米^3/公顷）
10月	5	30	220
11月	3	20	158
12月	3	20	158
1月上半月	3	20	80
1月下半月	4	22	127
2月上半月	4	22	127
2月下半月	7	15	308
3月	7	22	452
4月上半月	7	两次14分钟	575
4月下半月	7	两次20分钟	821
5月	7	两次20分钟	821
总计			3 847

表7　韦尔瓦地区草莓施肥方案（通过滴灌进行）

营养	单位	11月	12月	1月	2月	3月	4月	5月	合计
氮（N）	千克/公顷	20	20	20	26	30	30	14	160
	%	12.5	12.5	12.5	16.25	18.75	18.75	8.75	100
磷（P_2O_5）	千克/公顷	0	7	10	17	15	12	6	67
	%	0	10.45	14.93	25.37	22.39	17.91	8.96	100

（续）

营养	单位	11月	12月	1月	2月	3月	4月	5月	合计
钾（K_2O）	千克/公顷	0	11	22	33	44	44	22	176
	%	0	6.25	12.5	18.75	25	25	12.5	100
钙（CaO）	千克/公顷	0	6	8	10	12	10	5	51
	%	0	11.76	15.69	19.61	23.53	19.61	9.8	100
镁（MgO）	千克/公顷	0	2	2	4	4	4	0	16
	%	0	12.5	12.5	25	25	25	0	100

商业和经济概述

经济重要性　在草莓产区，草莓生产对社会经济的重要性不言而喻。西班牙草莓产业涉及2 000多家企业和35家苗圃，这些企业的草莓生产直接提供了5.5万多个就业岗位，同时带动了塑料产业、运输业、包装业和农业投资等相关辅助行业。每年经济收入超过3.9亿欧元（3.5亿美元）。例如在韦尔瓦地区，草莓产业占整个农业的60%，是拉培、卡尔塔亚、莫格尔、帕洛斯-德拉弗龙特拉和阿尔蒙特等重要地区的主要经济来源。

商业化途径　需要指出的是，与其他主要草莓生产国不同（如波兰），西班牙草莓专供欧洲和国内鲜果市场［仅5 ~ 6月收获的果实（占10% ~ 20%）用来冷冻加工］（Shrighi等，1998年），例如，韦尔瓦地区1999年生产季数据显示，30万吨中有22.5万吨用作鲜果市场消费，只有7.5万吨用于加工。

出口　在冬季（2 ~ 3月），西班牙供应大部分欧洲草莓鲜果市场。在其他季节则有所不同。4 ~ 6月，存在意大利和法国草莓的商业性竞争。1 ~ 3月，来自摩洛哥草莓的竞争压力逐年增加。数据显示西班牙（韦尔瓦地区）草莓出口至关重要，例如，1997年韦尔瓦（25.1万吨）产品销售情况：国内市场（6万吨）、欧洲市场（17.4万吨）和加工（1.7万吨）。最主要出口国是德国（7.2万吨）、法国（5.54万吨）和英国（1.54万吨）（表1）。

采后处理　草莓属于非后熟性水果且很易受碰伤。在西班牙，其货架期通常不超过5 ~ 7天。因此，应按照下列规程操作：精心采摘；采后贮藏温度为0 ~ 2℃；贮藏相对湿度接近饱和。采后环节的主要问题有：机械损伤、各种事故（挤压、脱水、过熟等）和病害（灰霉、白粉和水霉病）。基本市场营销步骤是：采收、运输、接收、快速预冷、包装、气调、低温贮藏、卡车低温运输和分销（Lopez-Aranda和Bartual，2001年）。

品种　从1964年引进‘提奥加’后，也逐渐引进了一些替代品种。按顺序引进的主要品种有‘道格拉斯’‘常德乐’‘欧格兰德’和‘卡姆罗莎’。韦尔瓦地区，短日性加利福尼亚品种占主导地位。在玛拉斯密地区（巴塞罗纳），日中性品种如‘海景’‘赛娃’和‘伊尔维尼’（Irvine）与短日性品种‘派扎罗’和‘卡姆罗莎’并存。在瓦伦西亚地区，西班牙品种‘阿达那’（Andana）已替代‘派扎罗’。西班牙公共和私人育种机构正在努力进行草莓育种工作（Bartual等，1997年；Bartual等，2000b；Lopez-Aranda和Bartual，2001年；Ruiz-Nieto等，1997年）。

病虫害治理

园区的卫生状况通常较好。主要病虫害是灰霉病（*Botrytis cinerea*）、白粉病（*Sphaeroteca macularis*）以及二斑叶螨（*Tetranychus urticae*）。另外，炭疽病（*Colletotrichum* sp.）在生产园和苗圃建立初期可能会严重。有必要指出，植原体病害也开始出现。搞好园区卫生对预防灰霉病很重要。佛

A. 西班牙西南部韦尔瓦地区草莓园区是典型的加利福尼亚模式，‘卡姆罗莎’已进入成熟期；B. 正在进行溴甲烷熏蒸；C. 在新定植园区内，覆盖大、小塑料拱棚以改善气候、促进早产和提高收益；D. 正在垄上架设大拱棚；E. 连栋大拱棚；F. 西班牙西南部韦尔瓦附近大棚内正在开花结实的早熟草莓品种。这里是世界上最大的草莓产区之一（照片由作者提供）

罗里达大学对此问题的研究在韦尔瓦产区很受重视。在12月至翌年1月的简易塑料拱棚中，植株结实初期的畸形果在很大程度上是由于恶劣气候（冻害、降雨等）引起的授粉不良所致。关于杂草，只有高密度莎草（*Cyperus* spp.）是问题。草莓病虫害与环境条件和品种抗性（敏感性）直接相关。以‘卡姆罗莎’为例，韦尔瓦地区化学防控的通常措施如表5所示。

栽培措施（韦尔瓦地区）

自20世纪80年代以来，基本栽培措施仅有少许变化。通常采用短日性加利福尼亚（及一些西班牙）品种鲜苗、高垄双行定植（密度为7万～8万株/公顷）、黑地膜覆盖、简易滴灌施肥水、小型和大型塑料拱棚等栽培措施。由于‘卡姆罗莎’长势旺而植株高大，定植密度改成了5.5万～6万株/公顷（Lopez-Medina等，2001年）。产区保护地模式为小拱棚（80%）和大拱棚（20%）。

精心进行土壤准备，使垄形端正、结构结实。使用一种多用途机械同时进行起垄、施用熏蒸剂（溴甲烷和氯化苦，50 ∶ 50，40克/米^2）、黑色地膜覆盖和铺设滴灌管带。在整个10月都可进行定植（秋季定植模式），以10月初为多（Lopez-Medina等，2001年），但10月初起苗过早，植株达不到需冷量会影响生长（如2001—2002年季节）。定植初期（10～11月）滴灌与喷灌同时进行。定植后立即进行喷灌对缓苗至关重要。

溴甲烷问题 关于土壤熏蒸，经过5年试验，溴甲烷替代品的国家项目（INLA SC97-130）于2001—2002年在韦尔瓦和瓦伦西亚的多个园区开始全面示范，这包括在垄内施用氯化苦（欧洲注册名为Telone C-35，40毫升/米^2）、在起垄前或起垄后施用棉隆（50克/米^2）太阳暴晒同时施用威百亩（75毫升/米^2）和生物熏蒸剂（5千克/米^{2}鸡粪）。然而，该项目在高海拔草莓苗圃地区的有效实施出现了困难，由于圃地的变动和冬季消毒等特点，每年的试验结果不一致。但还是得到了在高海拔苗圃区替代溴甲烷的一些重要结果：1）优质地膜垄覆膜结合溴甲烷和氯化苦（50-50，20克/米^2）垄内施用是欧盟“慎重使用”溴甲烷的有效措施；2）已开始全面研究氯化苦（Telone C-35）、棉隆和威百亩等作为土壤熏蒸剂的特性。关于对高海拔苗圃的土壤消毒处理，还需进一步研究。加利福尼亚和佛罗里达州溴甲烷替代品的试验结果也与此类似（Bartual等，2000a；Lopez-Aranda，1999年；Lopez-Aranda等，2000年；Lopez-Aranda等，2001a,b；Melgarejo等，2001年）。

在韦尔瓦地区，利用小型（覆盖两垄）和大型（覆盖4～6垄）塑料拱棚来防霜冻。目前，小拱棚常用PEVA638聚合膜（80微米厚）、大拱棚用PE膜（160微米）（Lopez-Aranda，1996年）。于11月中旬也就是定植后1个月开始架棚，来保护植株正常生长。还针对拱棚覆盖材料替代物进行了一些改进试验，如利用丙烯酸丁酯（EBA）来覆盖小拱棚。

施肥量呈现明显下降趋势。生长季通过滴灌系统每公顷施用氮、磷、钾肥各200千克、150千克、150千克。韦尔瓦地区合理施肥方案如表6所示。

作物综合管理（ICM） 1996年11月，安达卢西亚自治政府对韦尔瓦地区颁布了针对草莓生产的特别法规，该法规与OILB / IOBC法规相配套。这些法规将综合生产协作组的生产者分配成最多为10户、最大为30公顷的单元，每单元有1位指定农学家协调工作以保证这些法规顺利实施。ICM法规包括土壤管理、种植、有机无机肥施用、灌溉系统、病虫草害治理、机械使用、采收和采后处理等措施的基本操作、严禁操作和推荐操作。目前，韦尔瓦地区有3 000多公顷的草莓生产正按该法规进行。

前　　景

韦尔瓦地区的综合栽培技术使西班牙草莓生产取得了长足进展。看来，栽培面积已达最大化。欧盟关税下调可能会让地中海南岸的竞争者抑制西班牙草莓继续发展。当前，生产和科研人员已开始利用无土栽培和日中性品种来拓展10～12月的草莓供应。然而，只有进行综合性的有机生产模式才能打开有利的竞争局面。目前，西班牙草莓生产者需要优先考虑三件事：一是针对大量的鲜果生产有必要拓宽销售市场；二是探索独立的育种技术来发展本国品种；三是探索快速解决溴甲烷替代品问题的有效方案（Lopez-Aranda，2001年；Lopez-Aranda和Bartual，2001年）。

参考文献（略）

地中海沿岸国家的草莓生产

瓦尔特·法迪（Walther Faedi）和甘露卡·巴鲁兹（Gianluca Baruzzi）

前　言

地中海（意思是陆地之间的海洋）为很多作物提供了良好的生长条件，其气候特点是冬季温暖湿润、夏季炎热干燥。草莓是本地区重要的经济作物，年产量接近78万吨，占世界草莓总产量的26%、面积的15%。过去10年中，其产量增加了29%，其生产不断拓展到其他暖冬国家。除意大利和法国外，其他地中海国家的草莓产量都在上升（表1）。

西班牙、意大利和土耳其是地中海地区的主要草莓生产国，从1996年至2000年其平均年产达58万多吨，占地中海地区总产量的77%、总面积的70%。

过去10年，在地中海地区主要草莓生产国中，土耳其（+116%）和西班牙（+70%）的草莓产量增长最快，而意大利的则出现了下降（–26%）。在产量较少的国家（在2000年少于7万吨）中，增长最快的是突尼斯和摩洛哥。

地中海地区草莓果实生产从12月持续至翌年6月，出口到中北欧国家。夏季的高温使得很难生产高品质果实。某些地区通过采用“秋季栽培”，使秋季草莓生产有所增加。大多数国家完全依赖于加利福尼亚品种，但个别地区也栽培本地品种。

西　班　牙

从1999年到2000年，草莓面积增加了7%接近1.1万公顷，果实产量增加了70%，达到35.02万吨。由于栽培技术的改进和高产品种的采用，平均产量增加了58%，达到每公顷33吨。目前，西班牙利用不到世界草莓总面积5%的土地生产出了占世界总产量12%的草莓。西班牙约有90%的草莓生产在西南部的韦尔瓦省，该省降水量较低，具大西洋海岸的温和气候以及排水性良好的沙质壤土，非常适合草莓生长，这里是全世界最重要的草莓产区之一。

大部分产区集中在莫格尔和帕洛斯-德拉弗龙特拉地区，由中小型家庭农场（大约2公顷）生产。合作生产公司很普遍（占有总产量的80%），4个最大的合作公司生产了韦尔瓦地区约40%的草莓。

在韦尔瓦产区，超过95%的草莓生产采用秋季定植模式，即在10月底至11月初采用高海拔苗圃生产的鲜苗进行直接定植。西班牙所有的苗圃（1 000公顷）都位于海拔约700米的卡斯蒂利亚-莱昂地区，每年约生产6亿株匍匐茎苗。该地区繁育的匍匐茎苗在初秋由于经历低温（低于7℃）而发生了重要的生理变化。通常，高海拔苗圃的气候条件会使草莓植株获得生理上的平衡，加上适当的管理，可生产出采收期长、果大诱人且高品质的果实。定植后，经历秋冬两季，草莓植株持续生长。

因此，该模式只能局限于冬季温和且不低于零度的地区。高海拔繁育的草莓苗在起苗前原则上需要250 ~ 400小时的低温积累。但实际上从未完全达到此充足的低温需求。仅部分满足低温需求的草莓苗会表现出中度营养生长，且营养生长和生殖生长之间呈现良好的平衡，使得植株从1月底至6月持续结果。

种植密度为每公顷8万 ~ 9万株。最常用的定植模式是高垄双行黑膜覆盖、垄距1 ~ 1.2米、株距20 ~ 30厘米。普遍使用溴甲烷土壤熏蒸，但溴甲烷即将禁用，目前急需找到其替代品。氯化苦可能会是适宜的替代品。

栽培区全部使用塑料拱棚。以前，小拱棚（只覆盖2行）很普遍，但现在很多生产者使用大拱棚，这可较早地获得匍匐茎，若前期采收遇降雨，还会减轻灰霉果腐病害。最常用的盖棚膜是醋酸乙烯酯共聚物(EVA)。利用滴灌施肥水，施肥量是每公顷200千克氮、150千克磷(P_2O_5)和200千克钾(K_2O)。定植前，每公顷施用腐熟有机肥30吨。

目前，主栽品种是'卡姆罗莎'（占韦尔瓦草莓总产量的90%）。加利福尼亚品种在西班牙占主导地位，从开始的'提奥加'、'道格拉斯'、'常德乐'到后来日趋重要的'欧格兰德'。

1984年，一私营企业普拉纳萨（Planasa）和一由政府和私人研究机构（巴伦西亚农业研究所、马拉加农业研究培训中心、韦尔瓦大学和维沃若斯加州研究中心）组成的团队分别开展了两个不同的育种项目，其目标是培育完全适应西班牙东部和东南部气候的品种。迄今为止，普拉纳萨育成的一些品种在韦尔瓦（卡图诺地区）和意大利（杜克拉地区）有少量栽培。韦尔瓦草莓主导2 ~ 3月的欧洲市场，从4月开始，意大利草莓进入市场进行竞争。80%的韦尔瓦草莓出口到欧洲其他国家，尤其是德国、法国、英国和意大利。西班牙约有10%的草莓在瓦伦西亚和巴塞罗纳地区生产。瓦伦西亚曾经是主产区，但在过去20年，韦尔瓦上升到首位。这些产区，主要是夏季（7月至8月中旬）定植冷藏苗，密度为6万 ~ 6.5万/公顷，比韦尔瓦地区的成熟期晚1个月。

表1　1990—2000年地中海国家草莓产量

单位：吨

	年度										
	1990	1991	1992	1993	1994	1995	1996	1997	1998	1999	2000
突尼斯	100	200	500	800	1 000	2 000	3 000	4 400	8 000	8 000	8 000
希腊	8 592	6 700	7 700	8 800	9 200	9 350	9 000	11 000	9 200	9 300	10 000
摩洛哥	1 000	1 900	3 000	6 000	8 000	10 000	10 000	10 000	11 000	12 000	12 000
黎巴嫩	6 000	7 559	8 278	8 900	10 500	11 500	12 471	12 500	12 760	12 500	15 500
以色列	14 284	12 826	12 748	12 820	13 000	12 860	13 460	14 800	15 500	15 500	15 500
埃及	43 053	29 927	25 200	25 000	27 000	32 000	36 994	45 938	52 321	53 639	54 000
法国	87 000	80 000	81 044	81 460	81 955	79 735	77 000	80 700	73 700	67 700	68 300
土耳其	51 000	51 000	50 000	60 000	65 000	76 000	107 000	110 000	110 000	110 000	110 000
意大利	188 266	191 190	186 359	194 325	190 024	190 100	175 577	161 577	156 638	208 599	138 514
西班牙	206 500	181 100	218 200	261 400	282 200	285 500	229 200	273 734	308 300	367 700	350 200
地中海地区总产量	605 795	562 402	593 029	659 505	687 879	709 045	673 702	724 629	757 419	864 938	779 014
世界总产量	2 459 036	2 392 481	2 396 523	2 550 824	2 624 389	2 772 760	2 729 639	2 715 995	2 783 023	3 083 287	3 031 876

来源于：FAO

意 大 利

过去10年中，意大利草莓面积下降了40%至约5 400公顷，产量下降了26%至不足14万吨，但平均单产增加了24%至25.5吨/公顷。此增长的直接原因是采用了意大利本地的大果和高产品种。

许多地区开展了一些育种工作。自1993年以来，水果试验研究所（ISF-FO）承担由意大利农业和林业部（MiPAF）、巴斯利卡塔、艾米利亚-罗马涅和皮埃蒙特地区以及某些私人生产合作公司资助的国家项目"果树栽培"，开始进行草莓育种，13个隶属于意大利农业和林业部的研究机构、国家研究委员会和各大高校也加入其中，育种目标是培育和改良适栽区域广（意大利南部、波河流域和北部山区）、宜做甜点且适应不同环境条件和栽培技术的品种。该育种项目培育出的主要品种有：'阿迪''女士''理想''昂达'和'帕蒂'。私人公司Consorzio Italiano Vivaisti-Ferrara和New Fruit-Cesena也在从事草莓育种，前者育成了多个品种，最重要的是'马尔莫拉达'（Marmolada）（1989年育成），主栽于意大利北方，其育成的'特兹斯'（Tethis）在南方和维罗纳地区栽培。后者最近育成的'玛雅'（Maya）和'罗克珊娜'(Roxana)在塞纳产区日趋重要。

意大利有两个不同的草莓产区，分别位于北方和南方。南方产区占总产量的60%、总面积的55%。与北方相比，南方的高产归因于较长的采收期（3个月对比25 ~ 30天）、适于冬季温和气候的栽培品种以及塑料棚保护地模式。在南方产区，草莓栽培主要分布于西西里岛、卡拉布里亚区、坎帕尼亚区和巴西利卡塔等地。西西里岛和卡拉布里亚区（占总面积的10%）主要采用秋季定植模式，利用西班牙高海拔苗圃生产的'卡姆罗莎'和'吐特拉'（Tudla）鲜苗（裸根苗）从10月中旬至11月上旬进行定植，从1月底开始采收，至5、6月结束，穴盘苗逐渐替代了裸根苗。在坎帕尼亚和巴西利卡塔地区（占总面积的35%），主要在夏季（8月底至9月中）利用冷藏苗定植，在2000年，主要品种是'派扎罗''吐特拉''特兹斯'和'帕劳斯'（Paros），采用的是一年一栽模式，这包括栽前土壤熏蒸、滴灌和高密度定植（每公顷6万 ~ 9万株）以及高垄双行。

在波河谷北部（艾米利亚-罗马涅和威尼托区占总面积的30%），于夏季（从7月的最后一周至8月的第一周）采用冷藏苗高垄定植，密度为每公顷4万 ~ 5万株。在艾米利亚—罗马涅地区，只有

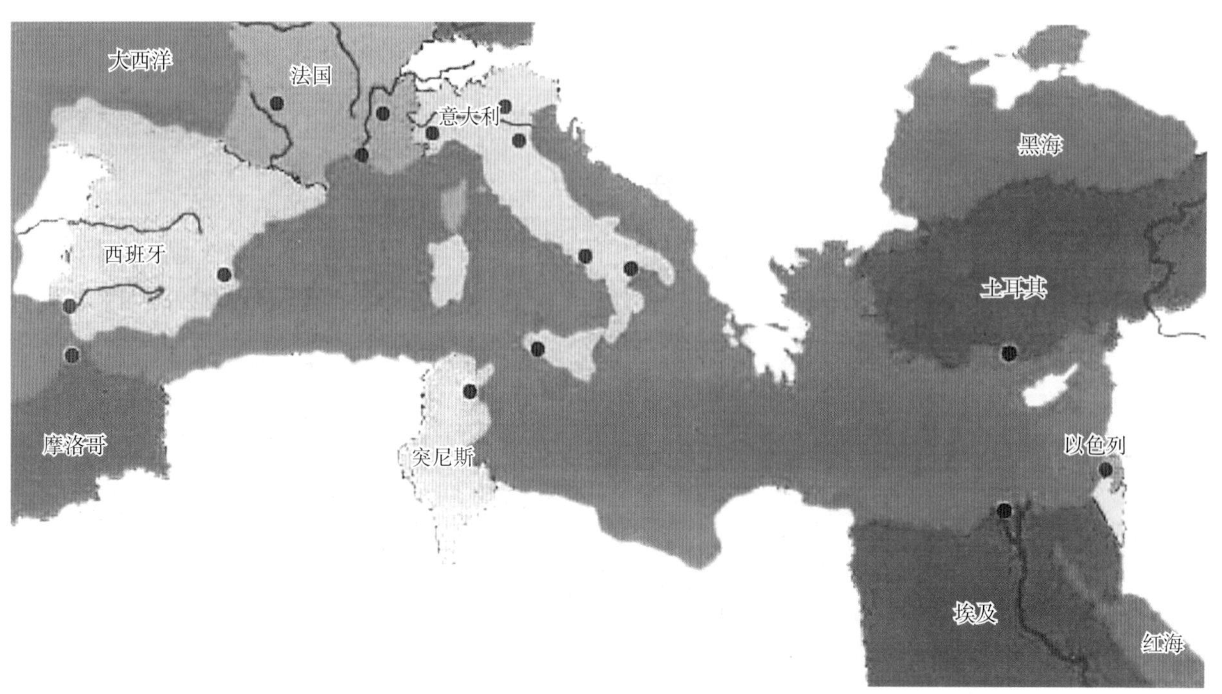

图1　地图上表示的是地中海沿岸的主要草莓生产国

25%～30%的面积利用拱棚栽培。威尼托地区几乎全部利用拱棚，该地区采用一种叫“秋季栽培”的方式进行秋季和春季果实生产，采用规格大的冷藏苗（A+、苗床假植和穴盘苗）在8月底定植，密度为每公顷7万～8万株，在10月上旬开始采收，约于12月中旬结束，秋季产量为1～2千克/米^2，植株越冬后在春天开始第二次开花结实，主要品种有‘帕蒂’（25%）、‘马尔莫拉达’（20%）、‘特兹斯’（19%）和‘吐特拉’（15%）。在艾米利亚-罗马涅区（切塞纳地区），拱棚栽培的约于4月中旬开始采收，露天栽培的则晚1个月，于6月中旬结束采收，本国品种如‘昂达’（Onda）、‘马尔莫拉达’‘女士’‘帕蒂’和‘理想’占主导地位。

北方山区（皮埃蒙和特伦蒂诺地区），寒冬加上少量的积雪经常使草莓根颈受冻害。在皮埃蒙地区（占意大利栽培面积的10%），短日品种（‘女士’和‘马尔莫拉达’）和日中性品种（‘海景’和‘钻石’）都有栽培。短日品种冷藏苗在6月定植，来年6月初开始成熟（纬度不同可能会有差异）。日中性品种在春季（4～5月）定植，夏季生产果实，采用拱棚栽培以避免连续降水导致的烂果问题。

在特伦蒂诺地区（占意大利栽培面积的7%），采用‘埃尔桑塔’的苗床假植苗或托盘苗进行定植。该地区草炭袋栽培很流行（超过100公顷）。据不同定植期，从7月至9月底开始采收。

意大利使用的冷藏苗绝大部分产自于艾米里亚-罗马涅地区（亚得里亚海附近）和威尼托地区（排水良好的沙质土壤）的苗圃。

土　耳　其

过去10年中，草莓生产几乎遍布全国。总产量增加了116%，达到12万吨，几乎所有的产量都来自小型家庭农场（0.5～5公顷）。草莓产区有很多，但是地中海沿岸地区由于拥有温和的气候和沙质土壤最具发展潜力。这些区都采用太阳暴晒消毒、黑膜覆盖、滴灌肥水和塑料大拱棚等现代栽培技术。

在地中海和爱琴海区域，夏季7～8月定植，在地中海沿岸地区2月或3月开始采收，持续至7月；而在爱琴海沿岸地区则3月开始采收；在黑海东部沿岸地区，4～5月开始采收。在所有这些产区，主要用加利福尼亚新品种冷藏苗进行夏季定植，部分移栽苗产自位于安纳托利亚中部的卡帕多西亚地区苗圃，其他则依靠进口。秋季定植无优势可言，因为此时定植的苗木质量低，且恰逢阴雨、冷凉季节。因露天栽培，早期的花通常会遭受霜冻。

早期定植的穴盘苗长势旺，与冷藏苗一样，能抽生几个新茎分枝，且比秋季和夏季定植开花早很多。早期定植穴盘苗的产量比秋季定植的高很多，但比夏季定植的低。为了促进单株高产，早期定植穴盘苗很有必要。

法　　国

过去10年中，法国的草莓产量下降了21%（至约7万吨），平均产量13吨/公顷。法国南部有两个不同的主产区，各有不同的气候、土壤、品种和市场。其他产区的生产规模都较小（占25%），通常只供应本地市场。阿基塔尼亚是主产区，占有50%的产量，位于西南部，其气候条件受大西洋影响。

阿基塔尼亚产区包括两个省：洛特和加龙（占25%）和多多格纳（占25%）。洛特和加龙省从4月开始采收，约5月底结束，只栽培短日品种如［‘嘎丽格特’（Gariguette）、‘埃尔桑塔’‘达赛莱克特’‘派扎罗’和‘卡姆罗莎’］；而多多格纳省的采收则晚1个月，短日品种（‘埃尔桑塔’‘达赛莱克特’和‘嘎丽格特’）和日中性品种［‘海景’‘马拉波斯’（Mara des Bois）］、‘赛娃’都有栽培，日中性品种（占多多格纳地区25%栽培面积）在夏季和秋季产量都较高。

在阿基塔尼亚产区，采用地膜覆盖、高垄双行和滴灌等传统栽培技术，同时采用大、小拱棚。约有20%的产量来自西南部的洛汉谷地区，山区（阿碧—洛汉）栽培‘埃尔桑塔’和‘马拉波斯’品种，从5月底开始采收（小拱棚），持续至整个夏季。在普罗旺斯沿海地区，‘派扎罗’为主栽品种，

A 露天栽培，秋季覆盖大棚（法国佩里戈尔地区）；B 西班牙韦尔瓦大棚双行高垄栽培的‘卡姆罗莎’草莓，秋季用鲜苗定植，从1月底开始采收；C 意大利南部的连栋大棚栽培。通常于夏季定植冷藏苗，3月开始采收；D 莫塔庞托是意大利南部最重要的草莓产区。中、大型农场用连栋大棚栽培，夏季定植；E 位于意大利北部切塞纳地区的Gabriel Mosconi农场大棚内正在进行人工采收；F 切塞纳地区（意大利北部）5千克托盘包装的‘昂达’（Onda）草莓。

该地区全部采用大、小拱棚栽培，于4月开始采收，在夏季定植，采用黑膜覆盖高垄模式。

法国草莓生产者采用鲜苗和冷藏苗定植。鲜苗用于获得早期产量（4 ~ 5月）。与冷藏苗相比，鲜苗可生产出高品质果实（果个大且畸形果少），但产量低且缓苗困难。虽然早定植可提高产量，但8月无高质量苗。事实上，苗圃于8月初至9月中旬起苗，然后立即移栽，密度为每公顷4万 ~ 5万株。

采用穴盘苗具很多优势。与鲜苗相比，穴盘苗无根部病害、易缓苗、在7月就有苗源且产量高。冷藏苗在8月中旬以同样密度定植。

草炭袋栽培模式正在兴起，使用粗壮的冷藏苗（A+、苗床假植或穴盘苗）可进行生产反季节生产。

在法国，有一些草莓育种项目。公共项目由区域草莓研究试验中心（CIREF）和国家农业研究所（INRA）共同实施，项目开始于1988年，目标是选育外观诱人、风味佳且抗疫霉病的短日和日中性品种。最近推出了6个短日品种［‘希格林’（Cigaline）、‘希福罗特’（Ciflorette）、‘希格丽特’（Cigoulette）、希雷纳（Cireine）、‘希拉蒂’（Cilady）和‘希罗’（Ciloe）］和3个日中性品种（‘希乔色’（Cijosee）、‘希拉好’（Cirafine）和‘希拉诺’（Cirano））。私人育种公司有Darbonne和Jaques Marionnet G.F.A.，前者育成了‘达赛莱克特’，该品种在某些欧洲地区正逐步取代‘埃尔桑塔’；后者育成的最重要品种是‘马拉波斯’（Mara des Bois）（日中性）和‘马拉斯考’（Marascor）。

埃　及

埃及草莓产业有所发展。过去10年中，产量增加了25%而达到5.4万吨。草莓产区位于尼罗河附近的开罗和亚历山大之间。地膜覆盖模式逐步扩大，以生产早熟高品质的鲜果进行出口，主要出口英国。

通常使用鲜苗定植、透明地膜覆盖加小拱棚。苗圃位于夜间气温低的典型沙漠气候区，于10月起苗移栽。主栽品种为‘卡姆罗莎’。

以　色　列

过去10年，草莓产量增加了9%而达到1.55万吨，主要产区集中在加沙和耶路撒冷。于9月底至10月初定植，主要采用位于帕特达甘的以色列公共机构沃尔卡尼中心培育培育的品种如‘亚厄1号’（Yae 1）、‘塔玛尔’（Tamar）、‘马拉赤’（Malach）、‘多利特’（Dorit）、‘哈达斯米里’（Hadas Miri）和‘贝拉’（Bela）（全部于1991年至1997年推出），这些品种占总栽培面积（380公顷）的80%。加利福尼亚品种‘欧格兰德’和‘卡姆罗莎’约占20%。

早定植的于11月开始采收，采收期持续6 ~ 8个月。匍匐茎苗在本国苗圃中繁育。常见问题是12月至翌年3月由于低温授粉不良引起的畸形果。冬季使用大、小拱棚进行设施栽培。

摩　洛　哥

摩洛哥草莓产业不断扩大。过去10年，产量增加了11倍，达到1.2万吨，较重要的产区位于唐格瑞附近。从西班牙高海拔地区引入‘卡姆罗莎’移栽苗，于10月底定植。栽培技术与西班牙韦尔瓦地区的相似。

突　尼　斯

过去10年，突尼斯草莓产量增长了79倍，达到8 000吨，科尔巴·莫纳斯提尔地区是主产区。一半以上是采用从西班牙高海拔苗圃引进的‘吐特拉’和‘卡姆罗莎’苗进行秋季定植。夏季定植（9月初）的是从意大利和埃及引入的‘常德乐’冷藏苗。采收期从1月中旬（保护地栽培）至7月中旬。

参考文献（略）

索　引